国家出版基金项目
NATIONAL PUBLICATION FOUNDATION

"十三五"国家重点出版物出版规划项目

中国东北药用植物资源
图志 6

周繇 编著 肖培根 主审

Atlas of
Medicinal Plant
Resource in the Northeast of
China

黑龙江科学技术出版社
HEILONGJIANG SCIENCE AND TECHNOLOGY PRESS

图书在版编目（CIP）数据

中国东北药用植物资源图志 / 周繇编著. -- 哈尔滨:
黑龙江科学技术出版社,2021.12
ISBN 978-7-5719-0825-6

Ⅰ．①中… Ⅱ．①周… Ⅲ．①药用植物－植物资源－
东北地区－图集 Ⅳ．①S567.019.23-64

中国版本图书馆 CIP 数据核字(2020)第 262753 号

中国东北药用植物资源图志
ZHONGGUO DONGBEI YAOYONG ZHIWU ZIYUAN TUZHI
周繇 编著　肖培根 主审

出 品 人	侯 擘　薛方闻
项目总监	朱佳新
策划编辑	薛方闻　项力福　梁祥崇　闫海波
责任编辑	侯 擘　朱佳新　回 博　宋秋颖　刘 杨　孔 璐　许俊鹏　王 研
	王 姝　罗 琳　王化丽　张云艳　马远洋　刘松岩　周静梅　张东君
	赵雪莹　沈福威　陈裕衡　徐 洋　孙 雯　赵 萍　刘 路　梁祥崇
	闫海波　焦 琰　项力福
封面设计	孔 璐
版式设计	关 虹
出 版	黑龙江科学技术出版社
	地址：哈尔滨市南岗区公安街 70-2 号　邮编：150007
	电话：（0451）53642106　传真：（0451）53642143
	网址：www.lkcbs.cn
发 行	全国新华书店
印 刷	哈尔滨市石桥印务有限公司
开 本	889 mm×1 194 mm　1/16
印 张	350
字 数	5 500 千字
版 次	2021 年 12 月第 1 版
印 次	2021 年 12 月第 1 次印刷
书 号	ISBN 978-7-5719-0825-6
定 价	4 800.00 元（全 9 册）

▲暴马丁香枝条（花期）

丁香属 *Syringa* L.

暴马丁香 *Syringa reticulata* subsp. *amurensis*（Rupr.）P. S. Green et M. C. Chang

别　　名	荷花丁香　白丁香　暴马子
俗　　名	青杠子　山丁香　兜罗罐子

▲市场上的暴马丁香树皮（干）

▲市场上的暴马丁香树皮（鲜）

▲ 市场上用暴马丁香叶制作的茶

▼ 暴马丁香花

药用部位 木樨科暴马丁香的树皮、树干及茎枝。

原植物 落叶小乔木或大乔木，高4～15 m。树皮紫灰褐色，具细裂纹。叶片厚纸质，宽卵形、卵形至椭圆状卵形，或为长圆状披针形，长2.5～13.0 cm；叶柄长1.0～2.5 cm。圆锥花序由一到多对着生于同一枝条上的侧芽抽生，长10～27 cm，宽8～20 cm；花序轴具皮孔；花梗短于2 mm；花萼长1.5～2.0 mm，萼齿钝、凸尖或截平；花冠白色，呈辐状，长4～5 mm，花冠管长约1.5 mm，裂片卵形，长2～3 mm，先端锐尖；花丝与花冠裂片近等长或长于裂片可达1.5 mm，花药黄色。果长椭圆形，长1.5～2.5 cm，先端常钝，或为锐尖、凸尖，光滑或具细小皮孔。花期6—7月，果期8—10月。

生　境 生于山地河岸及河谷灌丛中。

分　布 黑龙江伊春市区、铁力、勃利、尚志、五常、海林、东宁、宁安、绥芬河、穆棱、方正、密山、虎林、饶河等地。吉林长白山各地。辽宁丹东市区、宽甸、凤城、本溪、桓仁、抚顺、新宾、清原、西丰、鞍山市区、岫岩、庄河、北镇、凌源等地。华北、西北、华中各地。朝鲜、俄罗斯（西伯利亚中东部）、日本。

采　制 四季砍伐树干，剥取树皮，除去杂质，切片，晒干。全年割取枝条，切段，除去杂质，晒干。

▼ 暴马丁香花（背）

性味功效 味苦，性微寒。有清肺消炎、镇咳祛痰、平喘、利水的功效。

主治用法 用于咳嗽、痰鸣喘咳、慢性支气管炎、支气管哮喘、心脏性水肿等。水煎服。

用　量 25～50 g。

附　方

（1）治心脏性水肿、慢性气管炎：暴马丁香树皮45～50 g，水煎服或加少量白糖内服，每日3次。

（2）治咳喘咳嗽：暴马丁香内皮150 g，青萝卜50 g，加水300 ml，煎成60 ml，加适量白糖。日服2次，每次30 ml。10 d为一

▼暴马丁香种子

▼暴马丁香花序

▲暴马丁香枝条（果期）

个疗程。或用暴马子内皮20 g，满山红10 g，水煎服。

（3）治慢性气管炎：暴马丁香、小檗各25 g，松萝10 g，水煎服；或单用暴马丁香25 g，水煎服；或用暴马丁香内皮150 g，青萝卜150 g，水煎，加冰糖200 g，分3次内服。

（4）治急、慢性气管炎：暴马丁香500 g，松萝

▲暴马丁香植株

市场上的暴马丁香茎枝

▲暴马丁香果实

200 g，小檗 500 g，蔗糖 500 g，制成糖浆。每服 25 ml，每日 2 次。

附　　注

（1）在民间用本品的皮熬水喝可治疗咳嗽、肺水肿和支气管哮喘等。在花期将刚要绽放的花蕾采收起来，放在阴凉处阴干。用其泡水当茶饮可治疗感冒、哮喘、咳嗽、肺气肿、气管炎及支气管炎等。

（2）本品为《中华人民共和国药典》（2020 年版）收录的药材。

◎参考文献◎

［1］江苏新医学院．中药大辞典（下册）[M]．上海：上海科学技术出版社，1977:2614-2615.

［2］朱有昌．东北药用植物 [M]．哈尔滨：黑龙江科学技术出版社，1989:884-885.

［3］《全国中草药汇编》编写组．全国中草药汇编（上册）[M]．北京：人民卫生出版社，1975:916-917.

▼市场上的暴马丁香花蕾（干）

▼市场上的暴马丁香花蕾（鲜）

▲北京丁香枝条

北京丁香 *Syringa reticulata* subsp. *pekinensis*（Rupr.）P. S. Green et M. C. Chang

▲北京丁香树干

药用部位 木樨科北京丁香的树皮。

原 植 物 落叶大灌木或小乔木，高 2 ~ 6 m。树皮褐色或灰棕色，纵裂。叶片纸质，卵形、宽卵形至近圆形，或为椭圆状卵形至卵状披针形，长 2.5 ~ 10.0 cm；叶柄长 1.5 ~ 3.0 cm，细弱。花序由 1 对或 2 至多对侧芽抽生，长 5 ~ 20 cm，宽 3 ~ 18 cm；花序轴散生皮孔；花梗短于 1 mm；花萼长 1.0 ~ 1.5 mm，截形或具浅齿；花冠白色，呈辐状，长 3 ~ 4 mm，花冠管与花萼近等长或略长，裂片卵形或长椭圆形，长 1.5 ~ 2.5 mm，先端锐尖或钝，或略呈兜状；花丝略短于或稍长于裂片，花药黄色，长圆形，长约 1.5 mm。果长椭圆形至披针形，长 1.5 ~ 2.5 cm，先端锐尖至长渐尖，光滑。花期 7 月，果期 9—10 月。

▼北京丁香花序

生 境 生于山坡灌丛中。

分 布 辽宁凌源、建平、北票等地。河北、山西、河南、陕西、宁夏、甘肃、四川。

采 制 四季剥取树皮，阴干或晒干药用。

性味功效 有清肺化痰、止咳平喘、利尿的功效。

用 量 适量。

◎参考文献◎

［1］江纪武. 药用植物辞典 [M]. 天津：天津科学技术
出版社，2005:788.

▲北京丁香植株

▲红丁香植株

具皮孔；花梗长 0.5 ~ 1.5 mm；花芳香；花萼长 2 ~ 4 mm，萼齿锐尖或钝；花冠淡紫红色、粉红色至白色，花冠管细弱，近圆柱形，长 0.7 ~ 1.5 cm，裂片成熟时呈直角向外展开，卵形或长圆状椭圆形，长 3 ~ 5 mm，先端内弯呈兜状而具喙，喙凸出；花药黄色，长约 3 mm，位于花冠管喉部或稍凸出。果长圆形，长

▲红丁香种子

▲市场上的红丁香花序

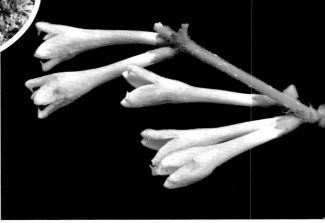

▲红丁香花（侧）

红丁香 *Syringa villosa* Vahl

药用部位 木樨科红丁香的花蕾。

原植物 落叶灌木，高达 4 m。小枝淡灰棕色，具皮孔。叶片卵形，椭圆状卵形、宽椭圆形至倒卵状长椭圆形，长 4 ~ 15 cm，上面深绿色，下面粉绿色；叶柄长 0.8 ~ 2.5 cm。圆锥花序直立，由顶芽抽生，长圆形或塔形，长 5 ~ 17 cm；花序轴

▲红丁香居群

▼红丁香果实

1.0 ~ 1.5 cm，宽约 6 mm，先端凸尖。花期 5—6 月，果期 9 月。

生　境　生于山坡灌丛、沟边及河旁等处。

分　布　吉林通化、集安、临江、柳河等地。辽宁庄河、瓦房店、大连市区、营口市区、建昌、朝阳、凌源、建平、北票、绥中等地。河北、山西。朝鲜、俄罗斯（西伯利亚中东部）。

采　制　夏季采摘花蕾，除去杂质，阴干。

性味功效　有温胃散寒、降逆止呕的功效。

用　量　适量。

◎参考文献◎

[1]　中国药材公司.中国中药资源志要[M].
　　　北京：科学出版社，1994:943-944.

[2]　江纪武.药用植物辞典[M].天津：天
　　　津科学技术出版社，2005:788.

▲红丁香枝条

▼红丁香花序

▲红丁香花

▼红丁香花序（白色）

▲辽东丁香枝条

▲辽东丁香花序

辽东丁香 *Syringa wolfii* Schneid.

药用部位　木樨科辽东丁香的树皮。

原　植　物　落叶直立灌木,高达6 m。枝粗壮,灰色。叶片椭圆状长圆形、椭圆状披针形、椭圆形或倒卵状长圆形, 长3.5 ~ 15.0 cm; 叶柄长1 ~ 3 cm。圆锥花序直立,由顶芽抽生, 长5 ~ 30 cm, 宽3 ~ 18 cm; 花梗短于2 mm; 花芳香; 花萼长2.0 ~ 3.5 mm, 截形或萼齿锐尖至钝; 花冠紫色、淡紫色、紫红色或深红色, 漏斗状, 长1.2 ~ 1.8 cm, 花冠管长1.0 ~ 1.4 cm, 裂片近直立或开展, 不反折, 长圆状卵形至卵形, 长2.5 ~ 4.0 mm, 先端内弯呈兜状而具喙; 花药黄色, 长1.5 ~ 2.5 mm, 位于距花冠管喉部0 ~ 1.5 mm处。果长圆形, 长1.0 ~ 1.7 cm, 宽约4 mm, 先端近骤凸或凸尖, 皮孔不明显。花期6月, 果期8月。

生　　境　生于山坡杂木林中、灌丛中、林缘、河边及针阔叶混交林中, 常聚集成片生长。

分　　布　黑龙江宁安、东宁等地。吉林安图、抚松、长白、柳河、和龙、敦化、汪清、珲春、临江、靖宇、江源、集安、通化等地。辽宁凤城、本溪等地。河北。朝鲜、俄罗斯(西伯利亚中东部)。

采　　制　四季剥取树皮, 阴干或晒干药用。

性味功效　有清肺化痰、止咳平喘、利尿的功效。

用　　量　适量。

◎参考文献◎

[1]中国药材公司.中国中药资源志要[M].北京:科学出版社,1994:944.

[2]江纪武.药用植物辞典[M].天津:天津科学技术出版社,2005:789.

▲ 小叶巧玲花植株

小叶巧玲花 *Syringa pubescens* Turcz. subsp. *microphylla* （Diels）M. C. Chang & X. L. Chen

别　　名	小叶丁香　四季丁香
药用部位	木樨科小叶巧玲花的树皮。
原 植 物	落叶灌木，高 1 ~ 4 m。树皮灰褐色。小枝带

四棱形。叶片卵形、椭圆状卵形、菱状卵形或卵圆形。长 1.5 ~ 8.0 cm。圆锥花序直立，通常由侧芽抽生，稀顶

▼ 小叶巧玲花花（白色）

▲ 小叶巧玲花果实

生，长 5 ~ 16 cm，宽 3 ~ 5 cm；花序轴明显四棱形；花梗短；花萼长 1.5 ~ 2.0 mm，截形或萼齿锐尖、渐尖或钝；花冠紫色，盛开时呈淡紫色，后渐近白色，长 0.9 ~ 1.8 cm，花冠管细弱，近圆柱形，长 0.7 ~ 1.7 cm，裂片

▲小叶巧玲花枝条

展开或反折，长圆形或卵形，长 2 ~ 5 mm，先端略呈兜状而具喙；花药紫色，长约 2.5 mm，位于花冠管中部略上，距喉部 1 ~ 3 mm 处。果通常为长椭圆形，长 0.7 ~ 2.0 cm，先端锐尖或具小尖头，皮孔明显。花期 5—6 月，果期 6—8 月。

生　境　生于山坡灌丛及石砬子上。

分　布　吉林集安、通化等地。辽宁鞍山。河北、山西、陕西、山东、河南、湖北、四川。朝鲜。

采　制　四季剥取树皮，阴干或晒干药用。

主治用法　用于牙痛、腹泻、感冒、喉痛、肝炎等。水煎服。

用　量　适量。

◎参考文献◎

［1］中国药材公司.中国中药资源志要[M].北京：科学出版社，1994:943.

［2］江纪武.药用植物辞典[M].天津：天津科学技术出版社，2005:788.

▼小叶巧玲花花（侧，白色）

▲ 紫丁香群落

▼ 紫丁香枝条

紫丁香 *Syringa oblata* Lindl.

别　　名	华北紫丁香
俗　　名	丁香
药用部位	木樨科紫丁香的叶。
原 植 物	落叶灌木或小乔木，高可达 5 m。树皮灰褐色或灰色。

▲ 紫丁香花（3 瓣）

▼ 紫丁香果实

▲ 紫丁香植株（花粉红色）

小枝较粗，疏生皮孔。叶片革质或厚纸质，卵圆形至肾形，宽常大于长，长2～14 cm；叶柄长1～3 cm。圆锥花序直立，由侧芽抽生，近球形或长圆形，长4～20 cm，宽3～10 cm；花梗长0.5～3.0 mm；花萼长约3 mm，萼齿渐尖、锐尖或钝；花冠紫色，长1.1～2.0 cm，花冠管圆柱形，长0.8～1.7 cm，裂片呈直角开展，卵圆形、椭圆形至倒卵圆形，长3～6 mm，宽3～5 mm，先端内弯略呈兜状或不内弯；花药黄色，位于距花冠管喉部0～4 mm处。果倒卵状椭圆形、卵形至长椭圆形，长1～2 cm，先端长渐尖，光滑。花期5—6月，果期9—10月。

生　境　生于山坡丛林、山沟溪边及山谷路旁等处。

▼ 紫丁香花

▼ 紫丁香花序

▲ 紫丁香花序（白色）

分　　布　吉林集安。辽宁本溪、凤城、盖州、朝阳、北镇、凌源、喀左、义县、阜新、北票。河北、山西、陕西、山东、河南、湖北、四川、贵州、云南。朝鲜。

采　　制　春、夏、秋三季采摘叶，阴干或晒干药用。

性味功效　味辛，性凉。有清热燥湿、止咳定喘的功效。

主治用法　用于黄疸型肝炎、暴发性火眼、疮疡肿毒、咳嗽痰喘、流行性腮腺炎、泄泻、痢疾。水煎服。外用鲜品捣烂敷患处。

用　　量　5～10 g。外用适量。

▲ 紫丁香花（5瓣）

▲ 紫丁香花（侧）

◎参考文献◎

［1］朱有昌 . 东北药用植物 [M]. 哈尔滨：黑龙江科学技术出版社，1989:883-884.

［2］钱信忠 . 中国本草彩色图鉴（第五卷）[M]. 北京：人民卫生出版社，2003:67-68.

［3］中国药材公司 . 中国中药资源志要 [M]. 北京：科学出版社，1994:943.

▲ 紫丁香植株（花淡粉色）

▲ 百金花花

龙胆科 Gentianaceae

本科共收录 8 属、22 种。

百金花属 *Centaurium* Hill.

百金花 *Centaurium pulchellum* var. *altaicum* （Griseb.）Kitag. et Hara

别　　名	麦氏埃蕾　东北埃蕾
俗　　名	龙胆草
药用部位	龙胆科百金花的全草（入药称"埃蕾"）。
原 植 物	一年生草本，高 4 ~ 15 cm。茎直立。叶无柄，叶脉 1 ~ 3；中下部叶椭圆形或卵状椭圆形；上部叶椭圆状披针形，长 6 ~ 13 mm。花多数，排列成疏散的二歧式或总状复聚伞花序；花具明显花梗；

花萼5深裂，裂片钻形，长2.5～3.0 mm，边缘膜质；花冠白色或粉红色，漏斗形，长13～15 mm，冠筒狭长，圆柱形，喉部突然膨大；雄蕊5，稍外露，着生于冠筒喉部，整齐，花丝短，花药矩圆形，长0.5～0.7 mm；子房半二室，椭圆形，长7～8 mm，花柱细，丝状，长2.0～2.2 mm，柱头2裂，裂片膨大，圆形。蒴果无柄，椭圆形，长7.5～9.0 mm；种子黑褐色，球形。花期5—6月，果期6—7月。

生　境　生于潮湿的田野、草地、海滨、水边及沙滩地等处。

分　布　吉林通榆、镇赉等地。辽宁彰武、喀左、桓仁、大连等地。内蒙古新巴尔虎右旗、巴林左旗、扎鲁特旗等地。河北、山西、陕西、甘肃、山东、浙江、江苏。朝鲜、俄罗斯（西伯利亚）、日本。

采　制　春末夏初采收开花的全草，晒干或鲜用。

性味功效　味苦，性寒。有清热解毒的功效。

主治用法　用于肝炎、胆囊炎、头痛、发热、牙痛、

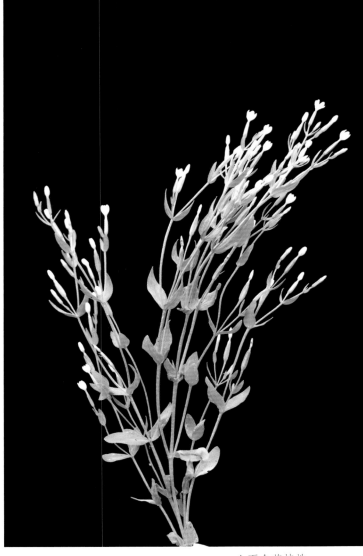

▲百金花植株

咽喉肿痛、扁桃体炎等。水煎服。或研末冲服。

用　量　10～15 g。

附　方　治头痛发热、牙痛、扁桃体炎：埃蕾、栀子、桃色女娄菜、黄连各等量，研末，每服2.5 g，日服2次。

◎参考文献◎

［1］江苏新医学院.中药大辞典（下册）[M].上海：上海科学技术出版社，1977:1769.

［2］朱有昌.东北药用植物[M].哈尔滨：黑龙江科学技术出版社，1989:885-886.

［3］中国药材公司.中国中药资源志要[M].北京：科学出版社，1994:946.

▲百金花花（侧）

▲ 三花龙胆花

龙胆属 *Gentiana* L.

三花龙胆 *Gentiana triflora* Pall.

俗　　名　龙胆草　关龙胆
药用部位　龙胆科三花龙胆的干燥根及根状茎。
原 植 物　多年生草本，高 35 ~ 80 cm。根状茎平卧或直立，具多数粗壮、略肉质的须根。花枝单生。茎下部叶膜质，中部以下连合成筒状抱茎；中上部叶近革质，线状披针形至线形，长 5 ~ 10 cm，先端急尖或近急尖，叶脉 1 ~ 3。花多数；每朵花下具苞片 2，苞片披针形，长 8 ~ 12 mm；花萼外面紫红色，萼筒钟形，长 10 ~ 12 mm；花冠蓝紫色，钟形，长 3.5 ~ 4.5 cm，裂片卵圆形；雄蕊着生于冠筒中

▲ 三花龙胆花（白色）

部，整齐，花丝钻形，长 7 ~ 10 mm，花药狭矩圆形，长 4.0 ~ 4.5 mm；子房狭椭圆形，长 8 ~ 10 mm。蒴果内藏，宽椭圆形，长 1.5 ~ 1.8 cm；种子褐色，线形或纺锤形，长 2.0 ~ 2.5 mm。花期 8—9 月，果期 9—10 月。
生　　境　生于林缘、灌丛、草甸及路旁等处。

分　布 黑龙江漠河、塔河、呼玛、嫩江、黑河市区、孙吴、逊克、萝北、饶河、勃利、汤原、虎林、宁安、安达、肇东、肇州、青冈、兰西、明水、依安、齐齐哈尔市区、杜尔伯特、依兰、泰来、林甸、甘南、富裕、北安、五大连池、伊春市区、铁力、海林、尚志等地。吉林汪清、敦化、珲春、和龙、柳河、靖宇、集安、长白等地。辽宁桓仁、沈阳等地。内蒙古牙克石、阿尔山、科尔沁右翼前旗等地。朝鲜、俄罗斯（西伯利亚中东部）。

采　制 春、秋季采挖根及根状茎，除去泥土，洗净，晒干。

性味功效 味苦，性寒。有清热燥湿、清泻肝火的功效。

主治用法 用于肝经热盛、惊痫狂燥、头痛、目赤、咽痛、湿热、黄疸、热痢、肿痛疮疡、阴囊肿痛、阴部湿痒、乙型脑炎。水煎服。

用　量 5～10 g。

附　注 本品为《中华人民共和国药典》（2020年版）收录的药材，也为东北地道药材。

◎参考文献◎

［1］江苏新医学院.中药大辞典（上册）[M].上海：上海科学技术出版社，1977:627-629.

［2］朱有昌.东北药用植物[M].哈尔滨：黑龙江科学技术出版社，1989:895-897.

［3］《全国中草药汇编》编写组.全国中草药汇编（上册）[M].北京：人民卫生出版社，1975:255-257.

▲三花龙胆植株

▼市场上的三花龙胆根

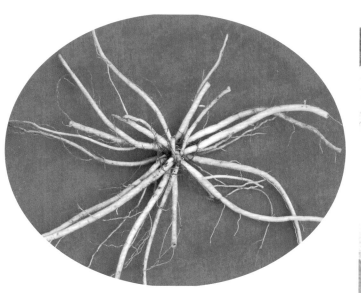

▲三花龙胆根

▲ 朝鲜龙胆花序

▲ 朝鲜龙胆花

▼ 朝鲜龙胆花（侧）

朝鲜龙胆 *Gentiana uchiyamai* Nakai

别　　名　金刚龙胆

俗　　名　水龙胆 龙胆草

药用部位　龙胆科朝鲜龙胆的干燥根及根状茎。

原 植 物　多年生草本，高 30 ～ 70 cm。根状茎平卧或直立，短缩或长达 4 cm，具多数粗壮、略肉质的须根。花枝单生。茎下部叶膜质；茎中、上部叶草质，披针形，长 5.5 ～ 15.0 cm，叶脉 1 ～ 3。花多数；每朵花下具苞片 2，苞片卵状披针形，长 2 ～ 3 cm，宽 0.4 ～ 0.7 cm；花萼筒长 1.4 ～ 1.6 cm；花冠蓝紫色，漏斗形或筒状钟形，长 4 ～ 5 cm，裂片卵形，长 6 ～ 7 mm，先端钝，

▲ 市场上的朝鲜龙胆花

全缘，褶偏斜，截形或宽三角形；雄蕊着生于冠筒中部，整齐，花丝钻形，长 9 ～ 12 mm，花药狭矩圆形，长 3.5 ～ 4.5 mm；子房线状椭圆形，花柱短。蒴果内藏，宽椭圆形；种子褐色，线形或纺锤形。花期 8—9 月，果期 9—10 月。

生　　境　生于林缘、沼泽、草地及河边湿地等处。

▲ 朝鲜龙胆根

▼ 朝鲜龙胆幼苗

▲ 朝鲜龙胆植株

分　　布　吉林柳河、安图、和龙、敦化、汪清、抚松、长白、临江、江源等地。辽宁新宾、桓仁等地。朝鲜、俄罗斯（西伯利亚中东部）。

附　　注

（1）其采制、性味功效、主治用法、用量同三花龙胆。

（2）本品为《中华人民共和国药典》（2020年版）收录的药材。

◎参考文献◎

［1］江纪武.药用植物辞典[M].天津：天津科学技术出版社，2005:354.

市场上的朝鲜龙胆植株

▲ 朝鲜龙胆幼株

▲ 龙胆花（淡粉色）

龙胆　*Gentiana scabra* Bge.

别　　名	粗糙龙胆　草龙胆
俗　　名	龙胆草　胆草　关龙胆
药用部位	龙胆科龙胆的干燥根及根状茎。
原 植 物	多年生草本，高 30 ～ 60 cm。根状茎平卧

或直立，短缩或长达 5 cm，具多数粗壮、略肉质的须根。花枝单生。枝下部叶膜质；中、上部叶近革质，叶

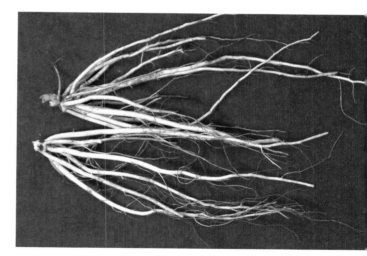

▲ 龙胆根

▼ 市场上的龙胆根

脉 3 ～ 5。花多数，簇生枝顶和叶腋；每朵花下具苞片 2，苞片披针形或线状披针形，长 2.0 ～ 2.5 cm；花萼筒倒锥状筒形或宽筒形，长 10 ～ 12 mm；花冠蓝紫色，筒状钟形，长 4 ～ 5 cm，裂片卵形或卵圆形；雄蕊着生冠筒中部，整齐，花丝钻形，长 9 ～ 12 mm，

▲ 龙胆植株

花药狭矩圆形，长 3.5 ~ 4.5 mm；子房狭椭圆形或披针形，长 1.2 ~ 1.4 cm，柱头 2 裂，裂片矩圆形。蒴果内藏，宽椭圆形，长 2.0 ~ 2.5 cm；种子褐色，线形或纺锤形。花期 8—9 月，果期 9—10 月。

生　境　生于山坡草地、路边、河滩、灌丛、林缘、林下及草甸等处。

分　布　黑龙江漠河、呼玛、黑河市区、逊克、嘉荫、萝北、饶河、密山、虎林、宁安、东宁、穆棱、泰来、安达、肇东、肇州、青冈、兰西、明水、拜泉、北安、讷河、五大连池、富裕、依安、安达、林甸、杜尔伯特、齐齐哈尔市区、五常、尚志、阿城、双城、海林、勃利、富锦、依兰、铁力、汤原、伊春市区等地。吉林洮南、九台及长白山各地。辽宁西丰、抚顺、清原、新宾、本溪、铁岭、东港、凤城、岫岩、宽甸、桓仁、盖州、庄河、鞍山市区、海城、大连市区、彰武、绥中等地。内蒙古额尔古纳、牙克石、扎兰屯、科尔沁右翼前旗等地。陕西、湖北、湖南、安徽、江苏、浙江、福建、贵州、广东、广西。朝鲜、俄罗斯（西伯利亚中东部）、日本。

采　制　春、秋季采挖根及根状茎，除去泥土，洗净，晒干。

性味功效　味苦，性寒。有清热燥湿、清泻肝火的功效。

主治用法　用于胆囊炎、膀胱炎、肾盂肾炎、尿路感染、湿热黄疸、急性传染性肝炎、中耳炎、热痢、目赤肿痛、咽痛、头昏脑涨、乙型脑炎、耳聋耳鸣、胃炎、心腹胀满、消化不良、妇女湿热带下、阴囊肿痛、阴部湿痒、带状疱疹、痈肿疮疡、夜盲症、惊风抽搐等。水煎服或入丸、散。脾胃虚弱泄泻者禁用。

用　量　5 ~ 15 g。

附　方

（1）治高血压（肝阳上亢型）：龙胆 10 g，黄芩、钩藤各 25 g，夏枯草 30 g，

▼ 龙胆花（侧）

▲ 龙胆花（7 瓣）

菊花 15 g，水煎服。

（2）治目赤肿痛：龙胆 10 g，生地 25 g，黄芩、菊花、山栀子各 15 g，水煎服。

（3）治胸肋痛、黄疸：龙胆 10 g，柴胡、川楝子、枳壳、栀子各 15 g，香附 20 g，茵陈 50 g，水煎服。

（4）治急性传染性肝炎：龙胆、夏枯草、板蓝根、大叶金钱草各 25 g，金银花 50 g。加水 1 L，煎至 300 ml，每服 100 ～ 150 ml；儿童 50 ～ 70 ml，每日 2 次。

（5）治急性肾盂肾炎：龙胆、栀子、黄芩、淡竹叶、柴胡、车前子、泽泻各 15 g，干地黄 25 g。水煎服。

附　注

（1）本品为《中华人民共和国药典》（2020年版）收录的药材，也为东北地道药材。

（2）本品配茵陈、栀子，可治疗湿热黄疸；配黄连、羚羊角、钩藤，可治疗高热惊风；

▲ 龙胆花（4 瓣）

▲ 龙胆幼苗

▲ 龙胆花

配苦参、黄檗，可治疗湿疹、阴肿；配天麻、钩藤，可治疗肝热抽搐。

◎参考文献◎

[1] 江苏新医学院. 中药大辞典（上册）[M]. 上海：上海科学技术出版社，1977:627-629.

[2] 朱有昌. 东北药用植物 [M]. 哈尔滨：黑龙江科学技术出版社，1989:893-894.

[3]《全国中草药汇编》编写组. 全国中草药汇编（上册）[M]. 北京：人民卫生出版社，1975:255-257.

▲ 市场上的条叶龙胆根

条叶龙胆 *Gentiana manshurica* Kitag.

别　　名　东北龙胆

俗　　名　龙胆草　关龙胆

药用部位　龙胆科东北龙胆的干燥根及根状茎。

原 植 物　多年生草本，高 20 ～ 30 cm。根状茎平卧或直立，短缩或长达 4 cm，具多数粗壮、略肉质的须根。花枝单生。茎下部叶膜质；中、上部叶近革质，线状披针形至线形，长 3 ～ 10 cm，叶脉 1 ～ 3。花 1 ～ 2，顶生或腋生；每朵花下具苞片 2，苞片线状披针形与花萼近等长，长 1.5 ～ 2.0 cm；花萼筒钟状；花冠蓝紫色或紫色，筒状钟形，长 4 ～ 5 cm，裂片卵状三角形；雄蕊着生于冠筒下部，整齐，花丝钻形，长 9 ～ 12 mm，花药狭矩圆形，长 3.5 ～ 4.0 mm；子房狭椭圆形或椭圆状披针形，长 6 ～ 7 mm，花柱短，柱头 2 裂。蒴果内藏，宽椭圆形；种子褐色，线形或纺锤形。花期 8—9 月，果期 9—10 月。

生　　境　生于林缘、灌丛、草甸及亚高山草地上等处。

分　　布　黑龙江杜尔伯特、安达、肇东、肇州、肇源、泰来、萝北、虎林、富裕、伊春市区、青冈、兰西、明水、依安、林甸、甘南、勃利、汤原、铁力、五常、阿城、宁安、海林、尚志、通河、依兰、巴彦等地。

▲ 条叶龙胆植株

吉林长白山及西部草原各地。辽宁沈阳市区、法库、新民、本溪、凤城、康平、彰武等地。内蒙古额尔古纳、扎鲁特旗等地。河北、河南、湖北、湖南、江西、安徽、江苏、浙江、广东、广西。朝鲜、俄罗斯（西伯利亚中东部）。

采　　制　春、秋季采挖根及根状茎，除去泥土，洗净，晒干。

性味功效　味苦，性寒。有清热燥湿、清泻肝火的功效。

主治用法　用于湿热黄疸、阴肿阴痒、带下病、强中、湿疹瘙痒、目赤、耳聋、肿痛疮疡、惊风抽搐、头痛、咽痛、乙型脑炎。

用　　量　3～10 g。

附　　注　本品为《中华人民共和国药典》（2020年版）收录的药材，也为东北地道药材。

◎参考文献◎

［1］江苏新医学院.中药大辞典（上册）[M].上海：上海科学技术出版社，1977:627-629.

［2］朱有昌.东北药用植物[M].哈尔滨：黑龙江科学技术出版社，1989:891-892.

［3］《全国中草药汇编》编写组.全国中草药汇编（上册）[M].北京：人民卫生出版社，1975:255-257.

▼ 条叶龙胆花

▼ 条叶龙胆根

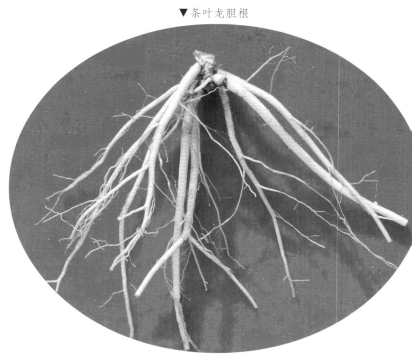

▲秦艽花序

秦艽 *Gentiana macrophylla* Pall.

别　　名　大叶龙胆　大叶秦艽　秦纠

俗　　名　山秦艽　大艽　辫子艽　萝卜艽　西秦艽

药用部位　龙胆科秦艽的干燥根及根状茎。

原 植 物　多年生草本，高 30 ～ 60 cm。须根多条，扭结或黏结成一个圆柱形的根。枝少数丛生，直立或斜升。莲座丛叶卵状椭圆形或狭椭圆形，长 6 ～ 28 cm，叶脉 5 ～ 7；茎生叶椭圆状披针形或狭椭圆形，长 4.5 ～ 15.0 cm，叶脉 3 ～ 5。花多数；花萼筒膜质，先端截形或圆形，萼齿 4 ～ 5，锥形；花冠筒部黄绿色，冠檐蓝色或蓝紫色，壶形，长 1.8 ～ 2.0 cm，裂片卵形或卵圆形，长 3 ～ 4 mm，先端钝或钝圆；雄蕊着生于冠筒中下部，整齐，花丝线状钻形，长 5 ～ 6 mm，花药矩圆形；子房椭圆状披针形或狭椭圆形，花柱线形，柱头 2 裂。蒴果卵状椭圆形；种子红褐色。花期 7—8 月，果期 9—10 月。

生　　境　生于河滩、路旁、水沟边、山坡草地、草甸、林下及林缘等处。

▲秦艽根

▲ 秦艽植株（草甸型）

分　布　黑龙江漠河、塔河、呼中、呼玛、伊春、嫩江、黑河市区、肇东、杜尔伯特、虎林等地。吉林通榆、镇赉、洮南、长岭、前郭等地。辽宁朝阳、凌源、建平等地。内蒙古额尔古纳、根河、牙克石、鄂伦春旗、阿尔山、扎鲁特旗、克什克腾旗等地。河北、山西、陕西、宁夏、新疆等。俄罗斯（西伯利亚中东部）、蒙古。

采　制　春、秋季采挖根及根状茎，除去泥土，洗净，晒干。

性味功效　味苦、辛，性平。有祛风除湿、和血舒筋、清热利尿的功效。

主治用法　用于风湿性关节炎、筋脉拘挛、骨节酸痛、黄疸、小儿疳积、便血、小便不利、结核病低热等。水煎服，浸酒或入丸、散。外用研末敷。

用　量　7.5 ～ 15.0 g。

附　方

（1）治早期小儿麻痹症：秦艽 15 g，红花、牛膝、茄根、龟板各 10 g，木瓜、地龙、川断各 5 g，水煎服。

（2）治黄疸、皮肤眼睛如金黄色、小便赤：秦艽 250 g，牛乳 1.84 L，煮取 600 g，去滓。加入芒硝 50 g 服用。

▲ 秦艽植株（山坡型）

▲ 秦艽花序（侧）

（3）治风中经络而痛：姜活7.5g，当归10g，川芎5g，熟地15g，秦艽、白芍(酒炒)、独活各7.5g。水煎服。

（4）治风中手足阳阴经、口眼㖞斜、恶风恶寒、四肢拘急：升麻、葛根、甘草（炙）、芍药、人参各25g，秦艽、白芷、防风、桂枝各15g，上细切。每服50g，加水2碗及3棵长约7厘米的连须葱白，煎至1碗，去滓，稍热服，食后服用。服药后卧在避风寒之处，得微汗出则止。

附注　本品为《中华人民共和国药典》（2020年版）收录的药材，也为东北地道药材。

◎参考文献◎

［1］江苏新医学院.中药大辞典（下册）[M].上海：上海科学技术出版社，1977:1764-1767.

［2］朱有昌.东北药用植物[M].哈尔滨：黑龙江科学技术出版社，1989:889-891.

［3］《全国中草药汇编》编写组.全国中草药汇编（上册）[M].北京：人民卫生出版社，1975:672-674.

▲ 秦艽幼株

▼达乌里秦艽花（侧）

▲达乌里秦艽植株（侧）

▼达乌里秦艽花

达乌里秦艽 *Gentiana dahurica* Fisch.

别　　名　达乌里秦艽　达弗里亚秦艽　小叶秦艽　小秦艽　兴安秦艽

俗　　名　狗尾艽

药用部位　龙胆科达乌里秦艽的干燥根及花。

原 植 物　多年生草本，高 10 ~ 25 cm。须根多条，向左扭结成一个圆锥形的根。枝多数丛生，斜升。莲座丛叶披针形或线状椭圆形。长 5 ~ 15 cm，叶脉 3 ~ 5，叶柄宽，扁平，长 2 ~ 4 cm；茎生叶少数，线状披针形至线形，长 2 ~ 5 cm。聚伞花序顶生及腋生，排列成疏松的花序；总花梗长至 5.5 cm；花萼筒膜质，裂片 5；花冠深蓝色，筒形或漏斗形，长 3.5 ~ 4.5 cm，裂片卵形或卵状椭圆形，长 5 ~ 7 mm，先端钝，三角形或卵形；雄蕊着生于冠筒中下部，花丝线状钻形，花药矩圆形，长 2 ~ 3 mm；柱头 2 裂。蒴果狭椭圆形，长 2.5 ~ 3.0 cm；种子淡褐色，矩圆形，长 1.3 ~ 1.5 mm。花期 7—8 月，果期 9—10 月。

生　　境　生于田边、路旁、河滩、湖边沙地、水沟边、向阳山坡及干草原等处。

分　　布　吉林通榆。辽宁彰武。内蒙古满洲里、新巴尔虎左旗、克什克腾旗、翁牛特旗、巴林左旗、巴林右旗、东乌珠穆沁旗、西

达乌里秦艽花（6瓣）

▲达乌里秦艽花序

乌珠穆沁旗、苏尼特左旗、苏尼特右旗、阿巴嘎旗、正蓝旗、镶黄旗、正镶白旗等地。河北、山西、陕西、宁夏、新疆等。俄罗斯（西伯利亚中东部）、蒙古。

采　　制　春、秋季采挖根，除去泥土，洗净，晒干。花期采摘花，除去杂质，晒干。

性味功效　味苦、辛，性微寒。有祛风除湿、和血舒筋、清热利尿的功效。花：有清肺、止咳、解毒的功效。

主治用法　用于风湿痹痛、筋骨拘挛、黄疸、便血、骨蒸潮热、小儿疳积发热、小便不利等。水煎服。花：用于咽喉肿痛、声音嘶哑、肺炎、伤寒、咳嗽、支气管炎、麻疹等。

用　　量　5～15g。

附　　注　本品为《中华人民共和国药典》（2020年版）收录的药材。

◎参考文献◎

［1］朱有昌.东北药用植物[M].哈尔滨：黑龙江科学技术出版社，1989:888-889.

［2］《全国中草药汇编》编写组.全国中草药汇编（上册）[M].北京：人民卫生出版社，1975:672-674.

［3］中国药材公司.中国中药资源志要[M].北京：科学出版社，1994:948.

▲达乌里秦艽植株

▲高山龙胆花（淡黄色）

高山龙胆 *Gentiana algida* Pall.

| 别　　名 | 苦龙胆　白花龙胆 |

别　　名　苦龙胆　白花龙胆

药用部位　龙胆科高山龙胆的全草。

原植物　多年生草本，高 8 ~ 20 cm。根状茎短缩，直立或斜伸，具多数略肉质的须根。枝 2 ~ 4 丛生。叶大部分基生，常对折，线状椭圆形

▼高山龙胆果实

▼高山龙胆花（浅黄色）

▲ 高山龙胆植株

▼ 高山龙胆植株（侧）

采　制　夏、秋季采挖全草，晒干药用。

性味功效　味苦，性寒。有清肝胆、除湿热、健胃、镇咳的功效。

主治用法　用于流行性脑脊髓膜炎、目赤、咽喉痛、肺热咳嗽、胃脘胀痛、淋病、阴痒、阴囊湿疹等。水煎服。外用捣烂敷患处。

用　量　5 ~ 15 g。外用适量。

◎参考文献◎

［1］朱有昌. 东北药用植物 [M]. 哈尔滨：黑龙江科学技术出版社，1989:886-887.

［2］中国药材公司. 中国中药资源志要 [M]. 北京：科学出版社，1994:948.

［3］江纪武. 药用植物辞典 [M]. 天津：天津科学技术出版社，2005:350.

▼ 高山龙胆花（侧）

和线状披针形，长 2.0 ~ 5.5 cm，叶脉 1 ~ 3；茎生叶 1 ~ 3 对，叶片狭椭圆形或椭圆状披针形，长 1.8 ~ 2.8 cm，叶脉 1 ~ 3。花常 1 ~ 5，顶生；花萼钟形或倒锥形，长 2.0 ~ 2.2 cm，萼筒膜质，萼齿不整齐；花冠黄白色，具多数深蓝色斑点；雄蕊着生于冠筒中下部，整齐，花丝线状钻形，花药狭矩圆形；子房线状披针形，长 13 ~ 15 mm，花柱细，连柱头长 4 ~ 6 mm。蒴果椭圆状披针形，长 2 ~ 3 cm；种子黄褐色，有光泽，宽矩圆形或近圆形。花期 7—8 月，果期 9 月。

生　境　生于高山苔原带及高山草甸上。

分　布　吉林安图、抚松、长白。辽宁桓仁。四川、甘肃、新疆、西藏等。朝鲜。

▲ 高山龙胆群落

▲市场上的笔龙胆植株

▼笔龙胆植株

笔龙胆 *Gentiana zollingeri* Fawc.

别　　名　邵氏龙胆

药用部位　龙胆科笔龙胆的开花全草。

原植物　一年生草本，高 3 ~ 6 cm。茎直立，紫红色，从基部起分枝。叶卵圆形或卵圆状匙形，长 10 ~ 13 mm，宽 3 ~ 8 mm，先端钝圆或圆形，具小尖头，边缘软骨质，有时最上部叶狭窄，披针形或狭椭圆形，长 7 ~ 9 mm；茎生叶常密集，覆瓦状排列。花多数，单生于小枝顶端；花萼漏斗形，长 7 ~ 9 mm，裂片狭三角形或卵状椭圆形；花冠淡蓝色，外面具黄绿色宽条纹，漏斗形；雄蕊着生于冠筒中部，整齐，花丝丝状钻形，长 4 ~ 5 mm，花药矩圆形，长 1.5 ~ 2.0 mm；子房椭圆形，长 4.5 ~ 5.5 mm。蒴果外露或内藏，倒卵状矩圆形，长 6 ~ 7 mm；种子褐色，椭圆形。花期 4—5 月，果期 5—6 月。

生　　境　生于草甸、灌丛中及林下等处。

▲笔龙胆花

▼笔龙胆果实

分　　布　黑龙江尚志、五常、东宁、虎林、密山等地。吉林长白、抚松、安图、和龙、桦甸、柳河等地。辽宁丹东市区、宽甸、凤城、本溪、桓仁、新宾、沈阳、鞍山市区、庄河、大连市区、建昌等地。河北、河南、山东、湖北、安徽、江苏、浙江、山西、陕西。朝鲜、俄罗斯、日本。

采　　制　春末夏初采收开花的全草，晒干或鲜用。

性味功效　有清热解毒的功效。

用　　量　适量。

◎参考文献◎

［1］中国药材公司.中国中药资源志要[M].北京：科学出版社，1994:950.

［2］江纪武.药用植物辞典[M].天津：天津科学技术出版社，2005:354.

▲长白山龙胆植株

▼长白山龙胆果实

长白山龙胆 *Gentiana jamesii* Hemsl.

别　　名	白山龙胆
俗　　名	山龙胆
药用部位	龙胆科长白山龙胆的全草。
原 植 物	多年生草本,高10～18 cm,具匍匐茎。茎直立,常带紫红色。

▼长白山龙胆花（侧）

▲长白山龙胆植株（侧）

叶略肉质，宽披针形或卵状矩圆形，长 7 ~ 15 mm，宽 2.5 ~ 4.0 mm，叶柄光滑；下部叶较密集，长于节间，有时呈莲座状，中、上部叶开展，疏离，远短于节间。花数朵，单生于小枝顶端；花梗紫红色；花萼倒锥形，长 8.5 ~ 10.0 mm，萼筒膜质；花冠蓝色或蓝紫色，宽筒形，长 23 ~ 30 mm，裂片卵状椭圆形或矩圆形；雄蕊着生于冠筒中部，整齐，花丝丝状钻形，花药狭矩圆形；子房椭圆形，

▼长白山龙胆花（花瓣有条纹）

▲长白山龙胆花（花瓣卵圆形）

长 6.5 ~ 7.5 mm，花柱线形，柱头 2 裂，裂片宽矩圆形。蒴果宽矩圆形，长 6 ~ 9 mm；种子褐色，长 0.9 ~ 1.1 mm。花期 7—8 月，果期 8—9 月。

▲ 长白山龙胆幼株

▼ 长白山龙胆花（浅紫色）

解毒的功效。

主治用法 用于肝炎、胆囊炎、头痛、风湿症、外伤肿痛等。水煎或入丸、散。外用捣烂敷患处。

用　　量 10 ~ 15 g。外用适量。

◎参考文献◎

［1］中国药材公司．中国中药资源志要 [M]．北京：科学出版社，1994:943.

［2］江纪武．药用植物辞典 [M]．天津：天津科学技术出版社，2005:351.

▼ 长白山龙胆花

生　　境 生于亚高山草地、草甸、林缘及高山苔原带上。

分　　布 黑龙江海林、尚志、五常等地。吉林安图、抚松、长白、临江等地。辽宁桓仁。朝鲜、日本。

采　　制 夏、秋季采挖全草，除去杂质，洗净，晒干。

性味功效 味苦，性寒。有清热、祛风、除湿、

▲ 鳞叶龙胆花

鳞叶龙胆 *Gentiana squarrosa* Ledeb.

别　　名	石龙胆　鳞片龙胆
俗　　名	小龙胆
药用部位	龙胆科鳞叶龙胆的开花全草（入药称"石龙胆"）。

原 植 物　一年生草本，高 2～8 cm。茎黄绿色或紫红色，自基部起多分枝，枝铺散，斜升。叶先端钝圆或急尖，具短小尖头，叶柄白色膜质；基生叶大，宿存，卵形、卵圆形或卵状椭圆形，长 6～10 mm；茎生叶小。花多数，单生于小枝顶端；花梗黄绿色或紫红色；花萼倒锥状筒形，长 5～8 mm；花冠蓝色，筒状漏斗形，长 7～10 mm，裂片卵状三角形，先端钝，无小尖头；雄蕊着生于冠筒中部，整齐，花丝丝状，长 2.0～2.5 mm，花药矩圆形，长 0.7～1.0 mm；子房宽椭圆形，长 2.0～3.5 mm，花柱柱状，连柱头长 1.0～1.5 mm，柱头 2 裂。蒴果倒卵状矩圆形，长 3.5～5.5 mm；种子黑褐色。花期 5 月，果期 6 月。

生　　境　生于山坡、山谷、山顶、河滩、荒地、路边及灌丛等处。

分　　布　黑龙江尚志、五常、东宁、穆棱、绥芬河、密山、虎林、勃利等地。吉林长白山及西部草原各地。辽宁宽甸、

▲ 鳞叶龙胆花（侧）

▲ 鳞叶龙胆植株

凤城、东港、本溪、桓仁、开原、鞍山、瓦房店、大连市区、北镇、凌源等地。内蒙古根河、科尔沁右翼前旗、科尔沁右翼中旗、科尔沁左翼中旗、科尔沁左翼后旗、扎赉特旗、扎鲁特旗、克什克腾旗、巴林左旗、巴林右旗、翁牛特旗、阿鲁科尔沁旗、东乌珠穆沁旗、西乌珠穆沁旗、苏尼特左旗、苏尼特右旗、阿巴嘎旗、正蓝旗、镶黄旗、正镶白旗、太仆寺旗等地。河北、山西、陕西、四川、甘肃。朝鲜、俄罗斯（西伯利亚中东部）、蒙古、日本。

采　制　春末夏初采收开花的全草，晒干或鲜用。

性味功效　味苦、辛，性寒。有清热降火、消肿解毒、利湿的功效。

主治用法　用于咽喉肿痛、阑尾炎、白带异常、血尿、肠痈、疔疮、痈疮肿毒、瘰疬、目赤肿痛等。水煎服。外用捣烂敷患处。

用　量　10 ~ 25 g。外用适量。

◎参考文献◎

［1］朱有昌.东北药用植物 [M].哈尔滨：黑龙江科学技术出版社，1989:894-895.

［2］《全国中草药汇编》编写组.全国中草药汇编（上册）[M].北京：人民卫生出版社，1975:257-258.

［3］钱信忠.中国本草彩色图鉴（第二卷）[M].北京：人民卫生出版社，2003:84-85.

▲ 假水生龙胆植株

▼ 假水生龙胆花（后期）

假水生龙胆 *Gentiana pseudo-aquatica* Kusnez.

俗　　名	小龙胆

药用部位　龙胆科假水生龙胆的开花全草。

原 植 物　一年生草本，高 3 ～ 5 cm。茎紫红色或黄绿色，自基部多分枝，似丛生状，枝再做多次二歧分枝，铺散，斜升。叶先端钝圆或急尖；基生叶大，宿存，卵圆形或圆形，长 3 ～ 6 mm；茎生叶疏离或密集，覆瓦状排列，倒卵形或匙形，长 3 ～ 5 mm。花多数，单生于小枝顶端；花萼筒状漏斗形，长 5 ～ 6 mm，裂片三角形；花冠深蓝色，外面常具黄绿色宽条纹，漏斗形，长 9 ～ 14 mm，裂片卵形；雄蕊着生于冠筒中下部，整齐，花丝丝状，花药矩圆形；子房狭椭圆形，两端渐狭，花柱线形，连柱头长 1.5 ～ 2.0 mm，柱头 2 裂，裂片外卷。蒴果倒卵状矩圆形；种子褐色，椭圆形。花期

▲ 假水生龙胆花（前期）

5月，果期6月。

生　　境　生于河滩、水沟边、山坡草地、山谷潮湿地、沼泽草甸、林间空地及林下、灌丛草甸等处。

分　　布　黑龙江尚志、五常、东宁、穆棱、绥芬河、密山、虎林、勃利等地。吉林长白、抚松、安图等地。辽宁丹东、桓仁、沈阳、大连、凌源等地。内蒙古扎兰屯、阿尔山、科尔沁右翼前旗等地。河北、河南、山西、四川、青海、甘肃、新疆、西藏。朝鲜、俄罗斯、蒙古、印度。

采　　制　春末夏初采收开花的全草，晒干或鲜用。

性味功效　有清热解毒、利湿消肿的功效。

用　　量　适量。

◎参考文献◎

[1] 中国药材公司. 中国中药资源志要 [M]. 北京：科学出版社，1994:950.

[2] 江纪武. 药用植物辞典 [M]. 天津：天津科学技术出版社，2005:352.

▲ 假水生龙胆花（侧）

丛生龙胆花

▲丛生龙胆植株

丛生龙胆 *Gentiana thunbergii*（G. Don）Griseb.

俗　　名　春龙胆

药用部位　龙胆科丛生龙胆的开花全草。

原 植 物　一年生或二年生草本，高5～15 cm。茎黄绿色，在下部分枝，似丛生，枝不分枝或再做二歧分枝，铺散，斜升。基生叶较大，在花期枯萎，宿存，卵形或狭卵形；茎生叶匙形、椭圆形至披针形，长6～8 mm。花数朵，单生于小枝顶端；花萼漏斗形，长8～9 mm，裂片卵形，长2.5～3.0 mm；花冠蓝色，漏斗形，长15～17 mm，裂片卵形，长2～3 mm，先端钝；雄蕊着生于冠筒中部，整齐，花丝丝状，长2.0～2.5 mm，花药矩圆形，长1.2～1.5 mm；子房披针形或椭圆形，长2.5～3.0 mm，花柱线形，连柱头长2.0～2.5 mm，柱头2裂。蒴果矩圆状匙形，长6～7 mm；种子褐色，长1.0～1.1 mm。花期6月，果期7月。

生　　境　生于亚高山草地、草甸、林缘及高山苔原带上。

分　　布　吉林长白、抚松、安图等地。辽宁桓仁。江西、湖南、广东、广西。朝鲜、日本。

采　　制　春末夏初采收开花的全草，晒干或鲜用。

性味功效　有清热解毒、利湿消肿的功效。

用　　量　适量。

附　　注　根入药，有祛风湿、清湿热、止痹痛的功效。

◎参考文献◎

[1] 江纪武. 药用植物辞典 [M]. 天津：天津科学技术出版社，2005:353.

▼丛生龙胆花（侧）

▲尖叶假龙胆花（侧）

▲尖叶假龙胆花（白色）

假龙胆属 *Gentianella* Moench

尖叶假龙胆 *Gentianella acuta*（Michx.）Hulten

别　　名	苦龙胆 尖叶喉毛花

俗　　名　鹿心草 稳心草

药用部位　龙胆科尖叶假龙胆的全草。

原植物　一年生草本，高 24 ～ 35 cm。主根细长。茎直立，单一；茎生叶无柄，披针形或卵状披针形，长 1.5 ～ 3.5 cm，宽 0.3 ～ 1.0 cm。聚伞花序顶生和腋生，组成狭窄的总状圆锥花序；具花 5；花梗细而短，长 2 ～ 8 mm；萼筒浅钟形，长 1 ～ 2 mm，裂片狭披针形，长 4 ～ 7 mm，先端渐尖；花冠蓝色，狭圆筒形，先端急尖，基部具 6 ～ 7 排列不整齐的流苏，冠筒基部具 8 ～ 10 小腺体，雄蕊着生于冠筒中部，花丝线形，长约 2 mm，基部下延成狭翅，花药蓝色，矩圆形，长约 1 mm；子房无柄，圆柱形，长 5 ～ 6 mm。蒴果无柄，圆柱形；种子褐色，圆球形，直径 0.6 ～ 0.8 mm。花期 7—8 月，果期 8—9 月。

生　　境　生于山坡、草地及林缘等处。

分　　布　黑龙江塔河、呼玛等地。内蒙古额尔古纳、根河、鄂伦春旗、阿尔山、科尔沁右翼前旗、巴林右旗、克什克腾旗、西乌珠穆沁旗等地。山西、宁夏、新疆。

▲市场上的尖叶假龙胆植株

▲尖叶假龙胆植株

俄罗斯（西伯利亚中东部）、蒙古。北美洲。

采制 夏、秋季采挖全草，除去杂质，切段，洗净，阴干。

性味功效 有清热解毒、利胆的功效。

主治用法 用于头痛、发热、口干、黄疸型肝炎、胆囊炎、心绞痛、发热、外伤感染。水煎服或入丸、散。

用量 适量。

◎参考文献◎

［1］中国药材公司.中国中药资源志要 [M].北京：科学出版社，1994:952.

▲尖叶假龙胆花（蓝紫色）

▲ 扁蕾花

▲ 扁蕾花（侧）

扁蕾属 *Gentianopsis* Ma

扁蕾 *Gentianopsis babarta*（Froel）Ma

别　　名	剪割龙胆　中国扁蕾
药用部位	龙胆科扁蕾的全草。

原 植 物　一年生或二年生草本，高 8 ～ 40 cm。茎单生，直立。基生叶多对，常早落，匙形或线状倒披针形，长 0.7 ～ 4.0 cm，宽 0.4 ～ 1.0 cm，先端圆形；茎生叶 3 ～ 10 对，狭披针形至线形。花单生茎或分枝顶端；花梗直立，近圆柱形；花萼筒状，裂片 2 对；花冠筒状漏斗形，筒部黄白色，檐部蓝色或淡蓝色，长 2.5 ～ 5.0 cm，口部宽达 12 mm，裂片椭圆形，长 6 ～ 12 mm，宽 6 ～ 8 mm，先端圆形，有小尖头，边缘有小齿；花丝线形，长 8 ～ 12 mm，花药黄色，狭长圆形；子房具柄，狭椭圆形，长 2.5 ～ 3.0 cm，花柱短，长 1.0 ～ 1.5 mm，

子房柄长 2 ~ 4 mm。蒴果具短柄；种子褐色，矩圆形。花期 7—8 月，果期 8—9 月。

生　　境　生于山坡、草地及林缘等处。

分　　布　黑龙江漠河、塔河、呼玛、呼中等地。吉林安图、抚松、长白、临江等地。辽宁彰武。内蒙古额尔古纳、根河、陈巴尔虎旗、牙克石、扎兰屯、扎鲁特旗、东乌珠穆沁旗、西乌珠穆沁旗、正蓝旗、正镶白旗等地。河北、河南、山西、湖北、陕西、宁夏、甘肃、青海、新疆、云南。俄罗斯（西伯利亚中东部）。

采　　制　夏、秋季采挖全草，除去杂质，切段，洗净，阴干。

性味功效　味苦，性寒。有清热解毒、消肿、利胆除湿的功效。

主治用法　用于传染性热病、外伤肿痛、肝胆湿热、结膜炎、肾盂肾炎、胆囊炎、肝炎、头痛等。水煎服或入丸、散。

用　　量　10 ~ 15 g。

附　　方

（1）治发热头痛：扁蕾 25 g，龙骨 20 g，草乌叶 10 g，共为细末。每日 2 次，每次 4 ~ 5 g，薄荷汤送下。

（2）治头痛、暴发火眼：扁蕾、苦参、瞿麦各等量，共为细末。每日 3 次，每次 5.0 ~ 7.5 g，稍煎，内服。

（3）治热病头痛、呕吐：扁蕾、苦参、胡连、青木香各等量，共为细末。每日 3 次，每服 5.0 ~ 7.5 g，水煎或开水送服。

▲ 扁蕾植株

◎参考文献◎

［1］江苏新医学院. 中药大辞典（下册）[M]. 上海：上海科学技术出版社，1977:1743-1744.

［2］朱有昌. 东北药用植物 [M]. 哈尔滨：黑龙江科学技术出版社，1989:887-888.

［3］中国药材公司. 中国中药资源志要 [M]. 北京：科学出版社，1994:952.

▲ 花锚群落

▼ 花锚幼株

花锚属 *Halenia* Borkh

花锚 *Halenia corniculata*（L.）Cornaz

| 别　　名 | 西伯利亚花锚 |
| 药用部位 | 龙胆科花锚的全草。 |

原 植 物　一年生草本，直立，高 20 ～ 70 cm。根具分枝，黄色或褐色。茎近四棱形。基生叶倒卵形或椭圆形，长 1 ～ 3 cm，宽

▼ 花锚花

0.5 ~ 0.8 cm，先端圆或钝尖；茎生叶椭圆状披针形或卵形，长 3 ~ 8 cm。聚伞花序顶生和腋生；花梗长 0.5 ~ 3.0 cm；具花 4，直径 1.1 ~ 1.4 cm；花萼裂片狭三角状披针形，长 5 ~ 8 mm；花冠黄色、钟形，冠筒长 4 ~ 5 mm，裂片卵形或椭圆形，长 5 ~ 7 mm，距长 4 ~ 6 mm；雄蕊内藏，花丝长 2 ~ 3 mm，花药近圆形，直径约 0.8 mm；子房纺锤形，长约 6 mm，柱头 2 裂，外卷。蒴果卵圆形、淡褐色，长 11 ~ 13 mm；种子褐色，椭圆形或近圆形。花期 7—8 月，果期 8—9 月。

生　　境　生于山坡、草地、林缘及高山苔原带上。

分　　布　黑龙江塔河、呼玛、黑河市区、孙吴、海林、勃利等地。吉林安图、抚松、长白、临江等地。辽宁桓仁、宽甸等地。内蒙古额尔古纳、根河、牙克石、鄂伦春旗、鄂温克旗、阿尔山、科尔沁右翼前旗、克什克腾旗、阿鲁科尔沁旗、喀喇沁旗、宁城、东乌珠穆沁旗、西乌珠穆沁旗等地。河北、山西、陕西。朝鲜、俄罗斯（西伯利亚中东部）、蒙古、日本、加拿大。

采　　制　夏、秋季采挖全草，除去杂质，切段，洗净，晒干。

性味功效　味甘、苦，性寒。有清热解毒、凉血止血的功效。

主治用法　用于黄疸型肝炎、脉管炎、外伤感染发热及外伤出血等。水煎服。

用　　量　15 ~ 25 g。

附　　注

（1）治黄疸型肝炎：花锚 25 g，甘草、篦齿蒿、石榴各 20 g，茜草、枇杷叶、紫草茸各 15 g，共研细末，每日 2 次，每服 4 ~ 5 g，白糖水送下。

（2）治脉管炎、脉络损伤：花锚、白蒿、茜草、枇杷叶、紫草茸各等量，共研细末，每服 5.0 ~ 7.5 g，水煎服。

（3）治外伤感染发热：花锚、连翘、扁豆花、黄刺玫花、山楂、滑石、瞿麦各等量，共研细末，每日 3 次，每服 5.0 ~ 7.5 g，水煎温服。

◎参考文献◎

［1］江苏新医学院 . 中药大辞典（上册）[M]. 上海：上海科学技术出版社，1977:1060.

［2］朱有昌 . 东北药用植物 [M]. 哈尔滨：黑龙江科学技术出版社，1989:897.

［3］中国药材公司 . 中国中药资源志要 [M]. 北京：科学出版社，1994:953.

▲ 花锚花序

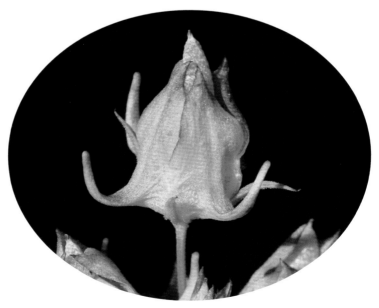

▲ 花锚果实

▲ 花锚植株

▲ 肋柱花花

▲ 肋柱花花（背）

▲ 肋柱花花（4 瓣）

肋柱花属 *Lomatogonium* A. Br.

肋柱花 *Lomatogonium carinthiacum* （Wulf.）Reichb.

别　　名	加地侧蕊　辐花侧蕊　卡林肋柱花　辐状肋柱花　加地肋柱花
药用部位	龙胆科肋柱花的全草。

原植物　一年生草本，高 10 ~ 20 cm。茎带紫色。基生叶早落，莲座状，叶片匙形，长 15 ~ 20 mm，宽 6 ~ 8 mm，基部狭缩成柄；茎生叶无柄，披针形、椭圆形至卵状椭圆形，长 4 ~ 20 mm，宽 3 ~ 7 mm，先端钝或急尖。聚伞花序或花生分枝顶端；花梗斜上升，长达 6 cm；具花 5，大小不相等，直径常 8 ~ 20 mm；花萼长为花冠的 1/2，萼筒长不及 1 mm，裂片卵状披针形或椭圆形，长 4 ~ 11 mm；花冠蓝色，裂片椭圆形或卵状椭圆形，长 8 ~ 14 mm，先端急尖，基部两侧各具一腺窝，腺窝管形，下部浅囊状，上部具裂片状流苏；花丝线形，长 5 ~ 7 mm，花药蓝色，矩圆形，长 2.0 ~ 2.5 mm，子房无柄。蒴果无柄，圆柱形，与花冠等长或稍长；种子褐色，直径 1 mm。花期 7—8 月，果期 8—9 月。

生　　境	生于山坡草地、灌丛草甸、河滩草地、高山草甸等处。
分　　布	黑龙江黑河、呼玛等地。内蒙古牙克石、阿尔山、东乌珠穆沁旗、西乌珠穆沁旗、正蓝旗、正镶白旗等地。河北、山西、四川、甘肃、青海、新疆、云南、西藏。亚洲、欧洲、北美洲、大洋洲。
采　　制	夏、秋季采挖全草，除去杂质，切段，洗净，晒干。
性味功效	味苦，性寒。有清热、利湿的功效。
主治用法	用于黄疸、发热、头痛、肝炎等。水煎服。
用　　量	9 ~ 15 g。

◎参考文献◎

［1］中国药材公司.中国中药资源志要 [M].北京：科学出版社，1994:954.

［2］江纪武.药用植物辞典 [M].天津：天津科学技术出版社，2005:474.

［3］巴根那.中国大兴安岭蒙中药植物资源志 [M].赤峰：内蒙古科学技术出版社，2011:326.

翼萼蔓属 *Pterygocalyx* Maxim.

翼萼蔓 *Pterygocalyx volubilis* Maxim.

别　　名	翼萼蔓龙胆　双蝴蝶

药用部位　龙胆科翼萼蔓的全草。

原 植 物　一年生草本。茎缠绕。叶质薄，披针形、卵状披针形或狭披针形，长3～7cm，叶脉1～3，叶柄宽扁，长2～4mm。花腋生或顶生1～3，单生或呈聚伞花序；花梗纤细，通常比叶短，长0.3～5.0cm；花萼膜质，钟形，萼筒长1cm，裂片披针形；花冠蓝色，冠筒长1.1～1.5cm，裂片矩圆形，长约8mm；雄蕊着生于花冠筒中部，花丝丝状，长约5mm，花药卵形，长约2mm；子房椭圆形，稍扁，长约8mm，宽约2.5mm，具短柄，柄长约3mm，花柱短，长约2mm，柱头2裂，呈半圆状扇形，先端鸡冠状。蒴果椭圆形，长约1.5cm；种子褐色，椭圆形，长约1mm。花期8—9月，果期9—10月。

生　　境　生于山坡、阔叶林下、林缘及灌丛中等处。

分　　布　黑龙江伊春、勃利等地。吉林安图、抚松、长白、柳河、临江、靖宇、敦化、汪清、辉南、蛟河等地。辽宁本溪、凤城、新宾等地。内蒙古科尔沁右翼前旗、克什克腾旗等地。河北、河南、山西、陕西、湖北、四川、青海、云南、西藏。朝鲜、俄罗斯（西伯利亚中东部）、日本。

采　　制　夏、秋季采挖全草，切段，晒干。

性味功效　味苦，性寒。有清热、解毒的功效。

主治用法　用于肺炎、咳嗽、肺结核等。水煎服。

用　　量　3～9g。

▲ 翼萼蔓植株

▲ 翼萼蔓花（侧）

▲ 翼萼蔓花

◎参考文献◎

［1］钱信忠.中国本草彩色图鉴（第
　　五卷）[M].北京：人民卫生出
　　版社，2003:513-514.

［2］中国药材公司.中国中药资源
　　志要[M].北京：科学出版社，
　　1994:954.

［3］江纪武.药用植物辞典[M].天
　　津：天津科学技术出版社，
　　2005:659.

獐牙菜属 *Swertia* L.

瘤毛獐牙菜 *Swertia pseudochinensis* Hara

别　　名　獐牙菜　当药　紫花当药

药用部位　龙胆科瘤毛獐牙菜的干燥全草（入药称"獐牙菜"）。

原 植 物　一年生草本，高 10 ~ 15 cm。主根明显。茎直立，四棱形。叶无柄，线状披针形至线形。圆锥状复聚伞花序多花，开展；花梗直立，四棱形，长至 2 cm；具花 5，直径达 2 cm；花萼绿色，与花冠近等长，裂片线形，长达 15 mm，先端渐尖，下面中脉明显突起；花冠蓝紫色，具深色脉纹，裂片披针形，长 9 ~ 16 mm，先端锐尖，基部具 2 腺窝，腺窝矩圆形，沟状，基部浅囊状，边缘具长柔毛状流苏，流苏表面有瘤状突起；花丝线形，长 6 ~ 8 mm，花药窄椭圆形，长约 3 mm；子房无柄，狭椭圆形，花柱短，不明显，柱头 2 裂，裂片半圆形。花期 8—9 月，果期 9—10 月。

生　　境　生于山坡灌丛、杂木林下、路边及荒地等处。

分　　布　黑龙江北安、密山、呼玛等地。吉林长白山各地。辽宁丹东市区、宽甸、凤城、东港、本溪、桓仁、抚顺、新民、鞍山市区、岫岩、海城、盖州、大连、营口市区、锦州、北镇、朝阳、凌源、建昌、绥中、建平等地。内蒙古额尔古纳、牙克石、阿尔山、东乌珠穆沁旗、西乌珠穆沁旗、正蓝旗、正镶白旗等地。河北、河南、山东、山西。朝鲜、俄罗斯（西伯利亚中东部）、日本。

采　　制　夏、秋季采挖全草，除去杂质，切段，洗净，晒干。

性味功效　味苦，性寒。有清热、利湿、健胃的功效。

主治用法　用于消化不良、食欲不振、胃炎、胆囊炎、黄疸、传染性肝炎、痢疾、火眼、牙痛、口疮。水煎服或研末搽患处。

用　　量　5 ~ 15 g。

附　　方

（1）治急性黄疸型肝炎：獐牙菜 25 g，水煎服，每日 1 剂。

（2）治疮毒肿痛：鲜獐牙菜全草捣烂外敷。

（3）治急、慢性菌痢，腹痛：獐牙菜 15 g，水煎服。

附　　注　本品为《中华人民共和国药典》（2020 年版）收录的药材。

▲ 瘤毛獐牙菜花

◎参考文献◎

［1］江苏新医学院 . 中药大辞典（下册）[M]. 上海：上海科学技术出版社，1977:2565.

［2］朱有昌 . 东北药用植物 [M]. 哈尔滨：黑龙江科学技术出版社，1989:901-902.

［3］中国药材公司 . 中国中药资源志要 [M]. 北京：科学出版社，1994:955.

▲ 瘤毛獐牙菜花（背）

▲ 瘤毛獐牙菜花（侧）

▲歧伞獐牙菜植株

歧伞獐牙菜 *Swertia dichotoma* L.

别　　名	歧伞当药　腺鳞草
药用部位	龙胆科歧伞獐牙菜的干燥全草。
原植物	一年生草本，高 5～20 cm。茎细弱，四棱形，棱上有狭翅，从基部做二歧式分枝。叶质薄，

下部叶具柄，叶片匙形，长 7～15 mm，叶脉 3～5；中上部叶无柄或有短柄，叶片卵状披针形，长
6～22 mm。聚伞花序顶生或腋生；花梗细弱，弯垂；花萼绿色，长为花冠之半，裂片宽卵形；花冠白色，

▲歧伞獐牙菜花（背）

▲歧伞獐牙菜花

带紫红色，裂片卵形，长 5 ~ 8 mm，先端钝，中下部具 2 腺窝，腺窝黄褐色，鳞片半圆形，背部中央具角状突起；花丝线形，长约 2 mm，花药蓝色，卵形，长约 0.5 mm；子房具极短的柄，椭圆状卵形，花柱短，柱状，柱头小。蒴果椭圆状卵形；种子淡黄色，矩圆形。花期 7—8 月，果期 9—10 月。

生　　境　生于河边、山坡、林缘及高山草甸等处。

分　　布　辽宁宽甸。河北、河南、山西、湖北、陕西、四川、宁夏、甘肃、青海、新疆等。俄罗斯、蒙古、日本。

采　　制　夏、秋季采挖全草，除去杂质，切段，洗净，晒干。

性味功效　有清热、健胃、利湿的功效。

主治用法　用于消化不良、胃脘胀痛、黄疸、牙痛、口疮、目赤等。水煎服。

用　　量　适量。

◎参考文献◎

［1］中国药材公司.中国中药资源志要 [M].北京：科学出版社，1994:955.

［2］江纪武.药用植物辞典 [M].天津：天津科学技术出版社，2005:784.

▼歧伞獐牙菜植株（侧）

卵叶獐牙菜 *Swertia tetrapetala* Pall.

药用部位 龙胆科卵叶獐牙菜的干燥全草。

原 植 物 一年生草本，高 20 ~ 30 cm。根黄褐色，主根明显。茎直立，四棱形。基生叶在花期枯存；茎生叶无柄，三角状卵形，长 10 ~ 27 mm，宽 4 ~ 15 mm，先端急尖。圆锥状复聚伞花序狭窄；花梗细瘦，直立，有条棱，长达 2 cm；具花 4，直径 1.2 ~ 1.5 cm，开展；花萼绿色，稍短于花冠，裂片线状披针形，长 5 ~ 7 mm，先端急尖，背面中脉明显；花冠紫色，裂片椭圆形，长 6 ~ 8 mm，先端急尖，中部具 2 腺窝，腺窝沟状，边缘具篦齿状短流苏；花丝线形，长约 5 mm，花药矩圆形，长约 1 mm；子房具短柄，披针形，先端渐狭，花柱明显，柱头 2 裂。花期 8—9 月，果期 9—10 月。

▼卵叶獐牙菜植株

生　　境 生于山坡、草甸等处。

分　　布 吉林安图。朝鲜、日本、俄罗斯。

采　　制 夏、秋季采挖全草，除去杂质，切段，洗净，晒干。

性味功效 味苦，性寒。有清热利湿、健胃的功效。

主治用法 用于消化不良、食欲不振、胃炎、胆囊炎、黄疸、传染性肝炎、急慢性细菌性痢疾、火眼、牙痛、口疮。水煎服。

用　　量 6 ~ 12 g。

◎参考文献◎

［1］中国药材公司. 中国中药资源志要 [M]. 北京：科学出版社，1994:955.

［2］江纪武. 药用植物辞典 [M]. 天津：天津科学技术出版社，2005:784

▲ 红直獐牙菜花

▲ 红直獐牙菜花（背）

红直獐牙菜 *Swertia erythrosticta* Maxim.

别　　名　　红直当药　红直亨乐菜　红直西伯菜

药用部位　　龙胆科红直獐牙菜的全草。

原植物　　多年生草本，高 30 ~ 70 cm。具短的根状茎。茎直立，近圆形，常带紫色，中空，具明显的条棱，不分枝。基生叶枯萎，茎生叶对生，具柄，叶片矩圆形、卵状椭圆形至卵形，长 5.0 ~ 12.5 cm，宽 1.0 ~ 5.5 cm。圆锥状复聚伞花序，长 15 ~ 25 cm，具多数花，花梗常弯曲，长 1 ~ 2 cm；花 5，萼片狭披针形，长 4 ~ 5 mm，花冠绿色或黄绿色，具红色斑点，裂片矩圆形或卵状矩圆形，长 6 ~ 10 mm，先端钝；基部具一腺窝，腺窝褐色、圆形，边缘具柔毛状流苏。蒴果无柄，卵状椭圆形，长 8 ~ 10 mm；种子多数，黄褐色，矩圆形，周缘有宽翅。花期 8 月，果期 9 月。

生　　境　　生于山地草甸、林缘、山坡及溪边等处。

分　　布	内蒙古西乌珠穆沁旗。河北、山西、湖北、四川、青海、甘肃。蒙古。
采　　制	夏、秋季采收全草，洗净，晒干。
性味功效	味苦，性凉。有清热解毒、健胃杀虫的功效。
主治用法	用于肺炎、黄疸、梅毒、疮肿、咽喉肿痛、疥癣等。水煎服。
用　　量	15～30 g。

◎参考文献◎

［1］江纪武. 药用植物辞典 [M]. 天津：天津科
　　学技术出版社，2005:784.

▲红直獐牙菜植株

▲红直獐牙菜花序

▲红直獐牙菜花（侧）

▲内蒙古自治区阿尔山国家地质公园湿地秋季景观

▲ 睡菜群落

▲ 睡菜花序

睡菜科 Menyanthaceae

本科共收录 2 属、3 种。

睡菜属 *Menyanthes*（Tourn.）L.

睡菜 *Menyanthes trifoliata* L.

别　名　醉草
药用部位　睡菜科睡菜的全草及根状茎。

▲ 睡菜果实

▼ 睡菜花（侧）

披针形，长 7.5 ~ 10.0 mm，先端钝；雄蕊着生于冠筒中部，整齐，花丝扁平，线形，花药箭形；子房椭圆形，长 3 ~ 4 mm，先端钝，花柱线形，2 裂，裂片矩圆形。蒴果球形，长 6 ~ 7 mm；种子鼓胀，圆形。花期 5—6 月，果期 7—8 月。

生　境　生于沼泽地、水甸子或湖边浅水中，常聚集成片生长。

分　布　黑龙江黑河、伊春、萝北、集贤、抚远、饶河、虎林等地、吉林长白山各地。辽宁清原、彰武等地。内蒙古额尔古纳、阿尔山、科尔沁右翼前旗等地。河北、浙江、四川、贵州、云南、西藏。朝鲜、俄罗斯、日本。北半球温带地区。

采　制　夏、秋季采收全草，除去杂质，切段，洗净，鲜用或晒干。春、秋季采挖根状茎，除去泥土，洗净，晒干。

性味功效　全草：味甘、微苦，性寒。有清热利尿、健胃消食、安心养神的功效。根状茎：味甘、微苦，性平。无毒。有润肺、止咳、消肿、降压的功效。

主治用法　全草：用于胃炎、胆囊炎、黄疸、胃痛、消化不良、心悸失眠、心神不安及精神不安等。水煎服。根状茎：用于咳嗽、风湿痛及高血压等。水煎服。

用　量　全草：10 ~ 20 g。根状茎：15 ~ 25 g（鲜品 50 g）。

▼ 睡菜幼株

原植物　多年生沼生草本。匍匐状根状茎粗大。叶全部基生，挺出水面，三出复叶，小叶椭圆形，长 2.5 ~ 8.0 cm。花葶由根状茎顶端鳞片形叶腋中抽出，高 30 ~ 35 cm；总状花序多花；苞片卵形，长 5 ~ 7 mm，先端钝，全缘；花梗斜伸，长 1.0 ~ 1.8 cm；具花 5；花萼长 4 ~ 5 mm，萼筒甚短，裂片卵形；花冠白色，筒形，长 14 ~ 17 mm，上部内面具白色长流苏状毛，裂片椭圆状

▲ 睡菜植株（果期）

▼ 睡菜植株（花期）

附 方

（1）润肺止咳：睡菜根25 g（鲜品50 g），炖肉服用或水煎服。

（2）治高血压：鲜睡菜根25 g，捣汁，每日服用2次。

◎参考文献◎

［1］江苏新医学院.中药大辞典（下册）[M].上海：上海科学技术出版社，1977:2472-2473.

［2］朱有昌.东北药用植物[M].哈尔滨：黑龙江科学技术出版社，1989:898-899.

［3］中国药材公司.中国中药资源志要[M].北京：科学出版社，1994:958.

▼ 睡菜花

▲ 金银莲花群落

莕菜属 *Nymphoides* Seguier

金银莲花 *Nymphoides indica*（L.）O. Kuntze

别　　名　印度莕菜　白花莕菜
药用部位　睡菜科金银莲花的全草。
原 植 物　多年生水生草本。茎圆柱形，不分枝，形似叶柄，顶生单叶。叶漂浮，近革质，宽卵圆形或近圆形，长 3 ～ 18 cm。花多数，簇生节上，具花 5；花梗细弱，圆柱形；花萼长 3 ～ 6 mm，分裂至近基部，裂片长椭圆形至披针形；花冠白色，基部黄色，长 7 ～ 12 mm，冠筒短，具 5 束长柔毛，裂片卵状椭圆形，先端钝；雄蕊着生于冠筒上，整齐，花丝短，扁平，线形，长 1.5 ～ 1.7 mm，花药箭形，长 2.0 ～ 2.2 mm；子房无柄，圆锥形，长 2 mm，花柱粗壮，圆柱形，长约 2.5 mm，

▲金银莲花植株

▲金银莲花果实

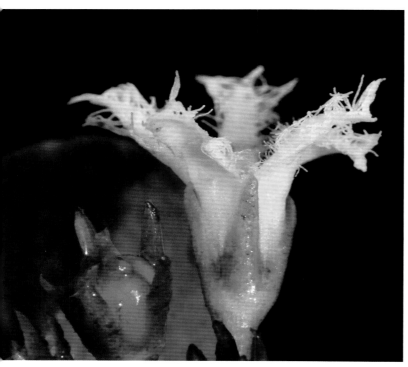

▲金银莲花花（侧）

柱头膨大，2裂，裂片三角形。蒴果椭圆形，长3～5mm，不开裂；种子鼓胀，褐色，近球形。花期8—9月，果期9—10月。

生　境　生于水泡子或池塘中，常聚集成片生长。

分　布　吉林集安。辽宁沈阳、大连等地。河北、山东、江苏、浙江、安徽、福建、广东、广西、云南。热带至温带。

采　制　夏、秋季采收全草，鲜用或晒干。

性味功效　味辛，性寒。有清热解毒、消肿利尿、生津养胃的功效。

用　量　适量。

◎参考文献◎

［1］中国药材公司.中国中药资源志要[M].北京：科学出版社，1994:958.

［2］江纪武.药用植物辞典[M].天津：天津科学技术出版社，2005:545.

▲ 荇菜花（黄色）

荇菜 *Nymphoides peltata*（Gmel.）O. Kuntze

别　　名　莕菜　荇　莲叶荇菜
俗　　名　莲花菜　水镜草　水葵　驴蹄草　马蹄秧　驴
蹄叶子　明铁叶子　龙须菜　黄连花
药用部位　睡菜科荇菜的全草（入药称"莕菜"）。
原 植 物　多年生水生草本。茎圆柱形，多分枝，节

▲ 荇菜种子　　　　　　　▼ 荇菜花（橙黄色）

▲ 荇菜花（背）

▲ 荇菜居群

▲ 荇菜幼株　　　　　▼ 荇菜花（淡黄色）

下生根。上部叶对生，下部叶互生，叶片漂浮，近革质，圆形或卵圆形，直径 1.5 ~ 8.0 cm。花常多数，簇生节上，具花 5；花梗圆柱形，长 3 ~ 7 cm；花萼长 9 ~ 11 mm；花冠金黄色，长 2 ~ 3 cm，直径 2.5 ~ 3.0 cm，分裂至近基部，冠筒短，喉部具 5 束长柔毛，裂片宽倒卵形；雄蕊着生于冠筒上，整齐；在短花柱的花中，雌蕊长 5 ~ 7 mm，花柱长 1 ~ 2 mm，花丝长 3 ~ 4 mm；在长花柱的花中，雌蕊长 7 ~ 17 mm，花柱长达 10 mm，花丝长 1 ~ 2 mm。蒴果无柄，椭圆形，长 1.7 ~ 2.5 cm，宽 0.8 ~ 1.1 cm，宿存花柱长 1 ~ 3 mm；种子大，褐色，椭圆形。花期 6—8 月，果期 8—9 月。

生　境　生于水泡子、池塘及不甚流动的河溪中，常成单优势的大面积群落。

分　布　黑龙江鸡西市区、鸡东、密山、虎林、饶河、抚远、同江、宝清、富锦、友谊、集贤、绥滨、木兰、延寿、青冈、明水、兰西、海伦、北安、萝北、依安、阿城、东宁、齐齐哈尔市区、富裕、杜尔伯特、泰来、林甸、绥芬河、牡丹江市区、穆棱、呼玛等地。吉林省各地。辽宁丹东、铁岭、沈阳市区、新民、辽中、盘山等地。内蒙古满洲里、海拉尔、鄂温克旗、科尔沁右翼中旗、科尔沁左翼中旗、扎赉特旗、东乌珠穆沁旗、西乌珠穆沁旗、正蓝旗、正镶白旗、镶黄旗等地。全国绝

▲ 荇菜果实

▲ 荇菜植株（侧）

大部分地区。朝鲜、俄罗斯、蒙古、日本、伊朗、印度。

性味功效 | 夏、秋季采收全草，鲜用或晒干。

采 制 夏、秋季采收全草，鲜用或晒干。

性味功效 味甘、辛，性寒。有清热解毒、消肿利尿、发汗透疹的功效。

主治用法 用于感冒发热无汗、麻疹透发不畅、荨麻疹、水肿、小便不利、热淋、痈肿、火丹、痔疮、毒蛇咬伤及蜂螫等。煎服或鲜品捣汁服。外用鲜品捣烂敷患处。

用 量 15～25 g。外用适量。

附 方

（1）治感冒发热无汗：荇菜、防风、苏叶各9 g，水煎服。

（2）治麻疹透发不畅：荇菜、牛蒡子各9 g，水煎服。

（3）治荨麻疹：荇菜15 g，苦参10 g，水煎服。

（4）治水肿、小便不利：荇菜15 g，冬瓜皮50 g，水煎服。

（5）治毒蛇咬伤：鲜荇菜适量，捣烂敷伤口周围。

（6）治痔疮：荇菜叶适量捣烂，用棉花裹好放在患部，每日3次。

◎参考文献◎

［1］江苏新医学院.中药大辞典（下册）[M].上海：上海科学技术出版社，1977:1797-1798.

［2］朱有昌.东北药用植物[M].哈尔滨：黑龙江科学技术出版社，1989:899-900.

［3］钱信忠.中国本草彩色图鉴（第四卷）[M].北京：人民卫生出版社，2003:155-156.

▲ 荇菜植株

▲荇菜群落

▲内蒙古自治区科尔沁右翼中旗西哲里木镇新建草原秋季景观

▲ 罗布麻花序

▲ 罗布麻花（侧）

▲ 罗布麻植株

夹竹桃科 Apocynaceae

本科共收录 1 属、1 种。

罗布麻属 *Apocynum* L.

罗布麻 *Apocynum venetum* L.

俗　　名　茶叶花　牛茶　野麻　红麻　野茶叶　羊奶子　羊奶条

药用部位　夹竹桃科罗布麻的叶和全草。

原 植 物　直立半灌木，高 1.5 ~ 3.0 m，具乳汁。枝条对生或互生。叶对生，叶片椭圆状披针形至卵圆状长圆形，长 1 ~ 5 cm，宽 0.5 ~ 1.5 cm，叶缘具细牙齿。圆锥状聚伞花序一至多歧，通常顶生；苞片膜质，披针形，长约 4 mm；花萼 5 深裂，裂片披针形或卵圆状披针形，长约 1.5 mm；花冠圆筒状钟形，紫红色或粉红色，花冠筒长 6 ~ 8 mm，裂片卵圆状长圆形；雄蕊着生在花冠筒基部，与副花冠裂片互生，长 2 ~ 3 mm；花药箭头状，花丝短；雌蕊长 2.0 ~ 2.5 mm；子房由 2 离生心皮所组成。蓇葖 2，平行或叉生，下垂，长 8 ~ 20 cm，直径 2 ~ 3 mm；种子多数，卵圆状长圆形。花期 6—7 月，果期 8—9 月。

生　　境　生于盐碱荒地、沙质地、河流两岸、冲积平原、河泊周围及草甸子上。

分　　布　黑龙江肇东、肇州、大庆市区、杜尔伯特、泰来等地。吉林通榆、镇赉、洮南、长岭、大安、前郭、双辽、梨树等地。辽宁新民、彰武、阜新、建昌、台安、盘山、大洼、康平、营口、岫岩、长海、大连市区等地。内蒙古扎赉特旗、科尔沁右翼中旗、科尔沁左翼中旗、科尔沁左翼后旗、奈曼旗、突泉等地。山东、河北、河南、江苏、山西、陕西、甘肃、青海、新疆等。欧洲及亚洲温带地区。

采　　制　开花前采摘叶，晒干或阴干。夏季割取全草，切段，晒干。

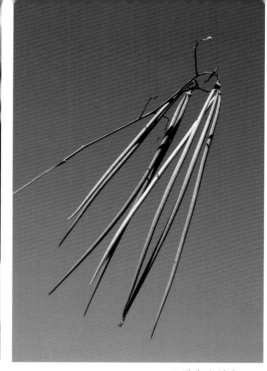

▲ 罗布麻花　　　　　　　　　　　　　　　　　　▲ 罗布麻果实

性味功效　叶：味甘、苦，性凉。有平肝安神、清热利水的功效。全草：味甘、苦，性凉。有小毒。有清火、降压、强心、利尿的功效。

主治用法　叶：用于肝阳眩晕、心悸失眠、神经衰弱、水肿尿少、高血压、肾虚等。水煎服或泡茶饮。全草：用于心脏病、高血压、肾虚、肝炎腹胀、水肿等。水煎服或泡茶饮。

用　　量　叶：7.5 ～ 15.0 g。全草：7.5 ～ 15.0 g。

附　　方

（1）治高血压、头痛、头晕、失眠：罗布麻叶 5.0 ～ 7.5 g，每天泡水代茶饮。据研究，单用本品降压效果不明显，但作为治疗高血压的辅助剂有较好的疗效。

（2）防治感冒：罗布麻 500 g，加水 5 L，煎至 2.5 L，再加苯甲酸 0.25 g。每日服 100 ml，分 2 次服，每周连服 2 d。

（3）治肝炎腹胀：罗布麻 10 g，甜瓜蒂 7.5 g，延胡索 10 g，公丁香 5 g，木香 15 g，共研末，一次 25 g，一日 2 次，开水送服。

附　　注

（1）本品为《中华人民共和国药典》（2020年版）收录的药材。

（2）本品乳汁，可用于愈合伤口。

◎参考文献◎

［1］江苏新医学院.中药大辞典（上册）[M].上海：上海科学技术出版社，1977:1355－1356.

［2］朱有昌.东北药用植物 [M].哈尔滨：黑龙江科学技术出版社，1989:902－904.

［3］《全国中草药汇编》编写组.全国中草药汇编（上册）[M].北京：人民卫生出版社，1975:522－523.

▲ 市场上的罗布麻叶

▲ 罗布麻群落

▲ 白薇花

▼ 白薇花序

萝藦科 Asclepiadaceae

本科共收录 3 属、14 种、1 变种。

鹅绒藤属（白前属）Cynanchum L.

白薇 *Cynanchum atratum* Bge.

别　　名	薇草　白前

俗　　名　老君须　薇草　山烟根子　拉瓜飘根　老鸹瓢　老鸹瓢根　山老鸹瓢　山咖喱飘　半拉瓢　山黄瓜瓢　山黄瓜　老尖角　羊奶子　老和尚帽子

药用部位　萝藦科白薇的干燥根及根状茎。

原 植 物　直立多年生草本，高达 50 cm。根须状，有香气。叶卵形或卵状长圆形，长 5 ~ 8 cm，宽 3 ~ 4 cm，顶端渐尖或急尖，基部圆形，两面均被有白色茸毛；侧脉 6 ~ 7 对。伞状聚伞花序，无总花梗，生在茎的四周，着花 8 ～ 10；
花深紫色，直径约 10 mm；花萼外面有茸毛，
内面基部有小腺体 5；花冠辐状，外面有短
柔毛，并具缘毛；副花冠 5 裂，裂片盾状，
圆形，与合蕊柱等长，花药顶端具一圆形的
膜片；花粉块每室 1，下垂，长圆状膨胀；
柱头扁平。蓇葖单生，向端部渐尖，基部钝
形，中间膨大，长 9 cm，直径 5 ～ 10 mm；
种子扁平；种毛白色，长约 3 cm。花期 5—
6 月，果期 8—9 月。

生　境　生于山坡草地、林缘路旁、林下
及灌丛间等处。

分　布　黑龙江安达、肇东、桦川、宝清、
集贤、虎林、泰来、尚志、牡丹江市区、宁安、
伊春、萝北、五大连池、北安、龙江、杜尔
伯特、宝清、依兰等地。吉林长白山各地及
长岭、乾安、通榆、大安、扶余、伊通、九
台等地。辽宁丹东市区、凤城、本溪、桓仁、
抚顺、清原、铁岭、西丰、开原、昌图、新民、
鞍山市区、台安、庄河、大连市区、北镇、
义县、绥中、建昌、喀左等地。内蒙古扎兰屯、
科尔沁右翼前旗、莫力达瓦旗、阿荣旗等地。
山东、河北、河南、江苏、江西、山西、陕西、
湖南、湖北、福建、四川、广西、广东、贵州、
云南等。朝鲜、俄罗斯、日本。

采　制　春、秋季采挖根及根状茎，除去
泥土，洗净，切段，晒干。

▲ 白薇种子

▼ 白薇花（背）

▼ 白薇果实

▲ 白薇植株

煎服。

（2）治体虚低热、夜眠自汗：白薇、地骨皮各 20 g，水煎服。

（3）治肺结核潮热：白薇 15 g，葎草果实 15 g，地骨皮 20 g，水煎服。

（4）治尿路感染：白薇 25 g，车前草 50 g，水煎服。

（5）治火眼：白薇 50 g，水煎服。

（6）治金疮血不止：白薇为末，贴之。

附　注　本品为《中华人民共和国药典》（2020 年版）收录的药材。

◎参考文献◎

［1］江苏新医学院.中药大辞典（上册）[M].上海：上海科学技术出版社，1977:692-694.

［2］朱有昌.东北药用植物 [M].哈尔滨：黑龙江科学技术出版社，1989:904-906.

［3］《全国中草药汇编》编写组.全国中草药汇编（上册）[M].北京：人民卫生出版社，1975:302-304.

性味功效　味苦、咸，性寒。有清热凉血、利尿通淋、解毒疗疮、熄风止惊的功效。

主治用法　用于温邪发热、阴虚发热、骨蒸潮热、产后血虚发热、咯血、自汗、盗汗、遗尿、热淋、血淋、肾炎、疟疾、风湿痛、半身不遂、淋巴结结核、高血压、咽喉肿痛、中风、不省人事、牙关紧闭、乳痈、痈疽肿毒及毒蛇咬伤。水煎服。外用鲜品捣烂敷患处。

用　量　7.5 ～ 15.0 g。外用适量。

附　方

（1）治阴虚潮热：白薇、银柴胡、地骨皮各 15 g，生地黄 25 g，水

▲ 白薇根

▲ 白薇幼株

合掌消 *Cynanchum amplexicaule* (Sieb. et Zucc.) Hemsl

别　　名　　抱茎白前　合掌草

药用部位　　萝藦科合掌消的全草。

原植物　　直立多年生草本，高 50 ~ 100 cm，全株流白色乳液，除花萼、花冠被有微毛外，余皆无毛。根须状。叶薄纸质，无柄，倒卵状椭圆形，先端急尖，基部下延近抱茎，上部叶小，下部叶大，小者长 1.5 ~ 2.5 cm，宽 7 ~ 10 mm，大者长 4 ~ 6 cm，宽 2 ~ 4 cm。多歧聚伞花序顶生及腋生，花小，白色，萼裂片 5，披针形，具缘毛；花直径 5 mm；花冠黄绿色或棕黄色；副花冠 5 裂，扁平；花粉块每室 1，下垂，花药顶端具膜片，柱头稍 2 裂。蓇葖单生，刺刀形，长 5 ~ 7 cm，直径 5 ~ 7 mm，基部稍狭。花期 6—7 月，果期 7—8 月。

生　　境　　生于山坡草地、田边、湿地及沙滩草丛中等处。

分　　布　　黑龙江肇东、肇源、安达、萝北、富锦、密山、哈尔滨、牡丹江等地。吉林通榆、镇赉、洮南、前郭、长岭、大安、长白、抚松、柳河等地。辽宁铁岭、康平、法库、沈阳市区、新民、鞍山、大连、彰武等地。内蒙古莫力达瓦旗、扎兰屯、扎赉特旗、翁牛特旗等地。朝鲜、日本。

采　　制　　夏、秋季采收全草，除去杂质，洗净，切段，晒干。

性味功效　　味甘、微苦，性平。有清热、祛风湿、消肿解毒的功效。

主治用法　　用于急性胃肠炎、急性肝炎、风湿性关节炎、风湿痛、偏头痛、便血、月经不调、乳腺炎、疔疮痈肿、跌打损伤、湿疹等。

▲ 紫花合掌消花

▲ 合掌消果实

▲ 合掌消幼株群落

水煎服或与鸡蛋、瘦猪肉蒸食。外用鲜品适量捣烂或干品研末调敷患处。

用 量 25～50 g。

附 方

（1）治急性胃肠炎：鲜合掌消根25～50 g，捣烂，加冷水1碗擂汁服。

（2）治急性肝炎、睾丸肿痛：合掌消根50 g，水煎服。

（3）治偏头痛：合掌消根25～35 g，水煎汁，以药汁同鸡蛋2个煮熟服。

（4）治湿疹出黏水：合掌消根研细末，麻油调和，涂擦患处。

（5）治跌打扭伤：合掌消根适量，研末。每服10 g，酒送服，每日2次。

附 注

（1）合掌消在东北尚有1变种：紫花合掌消 var. *castaneum* Makino，花冠紫红色，其他与原种同。

（2）黑龙江个别地区当白薇使用。

◎参考文献◎

［1］江苏新医学院.中药大辞典（上册）[M].上海：上海科学技术出版社，1977:939.

［2］朱有昌.东北药用植物 [M].哈尔滨：黑龙江科学技术出版社，1989:917-919.

［3］《全国中草药汇编》编写组.全国中草药汇编（上册）[M].北京：人民卫生出版社，1975:369.

紫花合掌消花序

▲合掌消植株

▼合掌消根

▼合掌消花

▲ 潮风草花序

潮风草 *Cynanchum ascyrifolium*（Franch. et Sav.）Matsum.

别　　名	尖叶白前
俗　　名	小葛瓢　大葛瓢
药用部位	萝藦科潮风草的干燥根。

▼ 潮风草种子

▼ 潮风草根

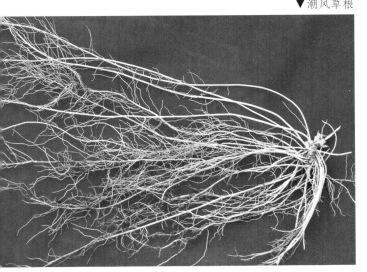

原 植 物　多年生直立草本，高达 60 cm。根状茎块状，横生，黄褐色，结节明显。具多数须根。嫩叶、花序具柔毛外，余皆无毛。叶对生或四叶轮生，薄膜质，椭圆形或宽椭圆形，长 9～13 cm，宽 4～5 cm，顶端渐尖，基部宽楔形；侧脉 6～7 对；叶柄长约 1 cm。伞形聚伞花序顶生及腋生，长 3～5 cm，具花 10～12；花梗及花序梗均

▲ 潮风草果实

被柔毛；内面基部具小腺体 5；花冠白色；副花冠杯状，5 裂至中部，裂片卵形；花粉块每室 1，下垂，近球形，柱头扁平。蓇葖单生，披针形，长渐尖，长 6～7 cm，直径约 5 mm，外果皮具柔毛；种子长圆形；顶端具白色绢质柔毛，长约 2 cm。花期 6—7 月，果期 8—9 月。

生　境　生于疏林下向阳处、山坡草地上及沟边等处。

分　布　黑龙江尚志、五常、海林、东宁、密山、虎林、饶河等地。吉林长白山各地。辽宁本溪、凤城、清原、鞍山、西丰等地。河北、山东。朝鲜、俄罗斯（西伯利亚中东部）、日本。

▲ 潮风草幼株

▼ 潮风草花

▼ 潮风草幼苗

采 制 春、秋季采挖根，除去泥土，洗净，晒干。

性味功效 味苦、咸，性寒。有清热凉血、利尿通淋、解毒疗疮的功效。

主治用法 用于阴虚内热、骨蒸潮热、自汗盗汗、风温灼热多眠、产后虚烦血厥、温疟、热淋、血淋、风湿痹痛、瘰疬、咽喉肿痛、乳痈、疮痈肿毒等。水煎服。外用研末撒或捣敷。

用 量 5～10 g。外用适量。

◎参考文献◎

［1］钱信忠.中国本草彩色图鉴（第五卷）[M].北京：人民卫生出版社，2003:465-466.

［2］中国药材公司.中国中药资源志要 [M].北京：科学出版社，1994:976.

［3］江纪武.药用植物辞典 [M].天津：天津科学技术出版社，2005:236.

▲潮风草植株

▲潮风草花（背）

▲ 竹灵消花

竹灵消 *Cynanchum inamoenum*（Maxim.）Loes

| 俗　　名 | 老君须 |

俗　　名　老君须
药用部位　萝藦科竹灵消的根及根状茎。
原 植 物　多年生直立草本，基部分枝甚多。根须状。茎干后中空，被单列柔毛。叶薄膜质，广卵形，
长 4 ~ 5 cm，宽 1.5 ~ 4.0 cm，顶端急尖，基部近心形，在脉上近无毛或仅被微毛，有边毛；侧脉约 5

▲ 竹灵消花（背）

▲ 竹灵消根

▲ 竹灵消花序

对。伞形聚伞花序，近顶部互生，具花8～10；花黄色，长和直径约3 mm；花萼裂片披针形，急尖，近无毛；花冠辐状，无毛，裂片卵状长圆形，钝头；副花冠较厚，裂片三角形，短急尖；花药在顶端具一圆形的膜片；花粉块每室1，下垂，花粉块柄短，近平行，着粉腺近椭圆形；柱头扁平。蓇葖双生，稀单生，狭披针形，向端部长渐尖，长6 cm，直径5 mm。花期5—6月，果期8—9月。

生　境　生于山地疏林、灌木丛中、山间多石质地及山坡草地上。

分　布　吉林通化、集安、柳河等地。辽宁凌源。内蒙古宁城、喀喇沁旗等地。河北、河南、山东、山西、安徽、浙江、湖北、湖南、陕西、四川、贵州、甘肃、西藏。朝鲜、日本。

采　制　春、秋季采挖根及根状茎，除去泥土，洗净，晒干。

▲ 竹灵消种子

▲ 竹灵消植株

▲ 竹灵消果实

性味功效 味辛，性平。有清热解毒、健脾补肾、止咳、下乳、调经活血、凉血除烦的功效。

主治用法 用于阴虚发热、久热不退、产后发热、虚烦失眠、虚劳久咳、水肿、带下病、月经不调、乳汁不足、疝气、衄血、瘰疬、疮疖、蛇虫疯狗咬伤。水煎服。外用捣烂敷患处或研末调敷。

用　量 3～9g。外用适量。

附　注 种子入药，可治疗胆囊炎。

◎参考文献◎

[1] 中国药材公司. 中国中药资源志要 [M]. 北京：科学出版社，1994:978.

[2] 江纪武. 药用植物辞典 [M]. 天津：天津科学技术出版社，2005:237.

▲ 华北白前花（侧）

华北白前 *Cynanchum hancockianum* （Maxim.）Iljinski

别　　名　侧花徐长卿　牛心朴

药用部位　萝摩科华北白前的根及全草（入药称"对叶草"）。

原植物　多年生直立草本，高达 50 cm；根须状。叶对生，薄纸质，卵状披针形，长 3 ~ 10 cm，宽 1 ~ 3 cm，顶端渐尖，基部宽楔形；侧脉约 4 对，在边缘网结，有时有边毛；叶柄长约 5 mm，顶端腺体成群。伞形聚伞花序腋生，长约 2 cm，比叶短，具花不到 10；花萼 5 深裂，内面基部有小腺体 5；花冠紫红色，裂片卵状长圆形；花粉块每室 1，下垂；副花冠肉质，裂片龙骨状，在花药基部贴生；柱头圆形，略为突起。蓇葖双生，狭披针形，向端部长渐尖，基部紧窄，外果皮有细直纹，长约 7 cm，直径 5 mm；种子黄褐色，扁平，长圆形，长约 5 mm，宽 3 mm；种毛白色绢质，长 2 cm。花期 6—7 月，果期 7—8 月。

生　　境　生于山地疏林、灌木丛中、山间多石质地及山坡草地上。

分　　布　辽宁庄河。内蒙古西乌珠穆沁旗、正蓝旗、镶黄旗、正镶白旗等地。河北、山西、陕西、四川、甘肃。

▲ 华北白前果实

▲ 华北白前花

▼ 华北白前植株

采　制　春、秋季采挖根，除去泥土，洗净，晒干。夏、秋季采收全草，除去泥土和杂质，洗净，晒干。

性味功效　味苦，性温。有毒。有活血、消炎、止痛、解毒的功效。

主治用法　用于关节痛、牙痛、秃疮、痈疽肿毒、毒蛇咬伤等。煎水洗或煎水漱口，不可咽下。本品有毒，不宜内服。或捣烂敷患处。

用　量　适量。

附　方

（1）治各种关节疼痛：华北白前带根全草9 g，煎浓水，用毛巾热敷并熏患处。

（2）治牙痛：华北白前带根全草9 g，煎水、含漱，不可咽下。

（3）治秃疮：华北白前根水煎，外洗患处。

◎参考文献◎

［1］江苏新医学院.中药大辞典(上册)[M].上海:上海科学技术出版社，1977:789.

［2］中国药材公司.中国中药资源志要[M].北京:科学出版社，1994:977-978.

［3］江纪武.药用植物辞典[M].天津:天津科学技术出版社，2005:237.

▲ 紫花杯冠藤花序

紫花杯冠藤 *Cynanchum purpureum*（Pall.）K. Schum.

别　名　紫花白前　紫花牛皮消

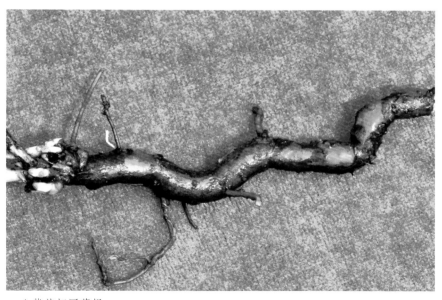

▲ 紫花杯冠藤根

药用部位　萝藦科紫花杯冠藤的根及全草。

原植物　多年生直立草本，略为分枝而互生。茎被疏长柔毛，干后中空。叶对生，集生于分枝的顶端，线形或线状披针形，长 1 ~ 3 cm，宽约 2 mm，两面被疏长柔毛，尤以边缘为密。聚伞花序伞状，半圆形，长 4 ~ 7 cm；总花梗、花梗均被疏长柔毛；花直径 1.5 cm；花萼外面有毛，裂片披针形，长 4 mm，宽 0.7 mm，基部内面有小腺体；花冠无毛，紫红色，裂片披针形，长 10 mm，宽 2 mm；副花冠薄

▲ 紫花杯冠藤植株

膜质，筒部成圆筒状，顶端有 5 浅齿，高过合蕊柱；花粉块长圆形，其柄生于着粉腺的下角；柱头圆筒状，顶端略 2 裂。蓇葖长圆形，两端略狭。花期 6—7 月，果期 8—9 月。

生　境　生于山坡、草地及灌丛间等处。

分　布　黑龙江呼玛、安达、肇东、泰来、龙江等地。吉林乾安、长岭等地。辽宁建平。内蒙古牙克石、阿尔山、科尔沁右翼前旗、扎鲁特旗、东乌珠穆沁旗、西乌珠穆沁旗、正蓝旗、正镶白旗等地。河北。朝鲜、俄罗斯（西伯利亚）。

采　制　春、秋季采挖根，除去泥土，洗净，晒干。夏、秋季采收全草，除去泥土和杂质，洗净，晒干。

附　注　本品被收录为内蒙古药用植物。

◎参考文献◎

[1] 江纪武. 药用植物辞典 [M]. 天津：天津科学技术出版社，2005:238.

▲ 紫花杯冠藤花

▲ 徐长卿花

▲ 徐长卿花（背）

徐长卿 *Cynanchum paniculatum*（Bge.）Kitagawa

别　名　尖刀儿苗　獐耳草

俗　名　土细辛　九头狮子草　蜈蚣草　臭草　黑薇　透骨草　立马追　藤黄草　了刁竹

药用部位　萝藦科徐长卿的根、根状茎及全草。

原植物　多年生直立草本，高约1 m。根须状，多至50余。茎不分枝，稀从根部发生几条，无毛或被微毛。叶对生，纸质，披针形至线形，长5～13 cm，宽5～15 mm，两端锐尖，两面无毛或叶面具疏柔毛；侧脉不明显；叶柄长约3 mm，圆锥状聚伞花序生于顶端的叶腋内，长达7 cm，具花10余；花萼内的腺体或有或无；花冠黄绿色，近辐状，裂片长达4 mm，宽3 mm；副花冠裂片5，基部增厚，顶端钝；花粉块每室1，下垂；子房椭圆形；柱头五角形，顶端略为突起。

蓇葖单生，披针形，长6 cm，直径6 mm，向端部长渐尖；种子长圆形，长3 mm；种毛白色绢质，长1 cm。花期6—7月，果期7—8月。

生　境　生于干山坡、干草地、灌丛及杂木林中。

分　布　黑龙江密山、虎林、萝北、黑河、安达、肇东、肇源、大庆市区、杜尔伯特、双城、五常、阿城、宾县、尚志、宁安、海林、东宁、林口、穆棱、双鸭山、富锦、方正、桦川、木兰、延寿、依兰、通河、汤原、伊春市区、铁力、庆安、绥棱、北安、嘉荫、呼玛、富裕、林甸、龙江等地。吉林省各地。辽宁西丰、开原、法库、建平、凌源、绥中、北镇、沈阳市区、本溪、桓仁、凤城、丹东市区、营口市区、盖州、庄河、瓦房店、长海、大连市区等地。内蒙古额尔古纳、陈巴尔虎旗、鄂伦春旗、扎兰屯、科尔沁右翼前旗、扎鲁特旗、东乌珠穆沁旗、西乌珠穆沁旗、正蓝旗、正镶白旗等地。河北、河南、山东、安徽、江苏、浙江、江西、陕西、湖北、湖南、

▼ 徐长卿花序　　　　▼ 徐长卿根　　　　▼ 徐长卿果实

▲ 徐长卿植株（前期）

四川、广东、广西、贵州、甘肃、云南等。朝鲜、俄罗斯（西伯利亚）、日本。

采制　春、秋季采挖根及根状茎，除去泥土，洗净，晒干。夏、秋季采收全草，晒干药用。

性味功效　味辛，性温。有祛风除湿、解毒、消肿、止痛、止痒、行气通经的功效。

主治用法　用于风湿痹痛、胃气胀满、腰痛、经期腹痛、牙痛、慢性气管炎、腹腔积液、水肿、痢疾、肠炎、疟疾、跌打损伤、肿痛、神经性皮炎、牛皮癣、荨麻疹、湿疹及毒蛇咬伤等。水煎服，入丸或浸酒。外用适量研末调敷患处或煎水洗。

用量　5～15 g。外用适量。

附方

（1）治风湿关节痛：徐长卿根40～50 g，烧酒250 ml，浸泡7 d，每天服药酒100 ml。

（2）治牙痛：徐长卿25 g，洗净，加水1 500 ml，煎至500 ml，痛时服水剂30 ml，服时先用药液漱口1～2 min再咽下。或用徐长卿25 g，煎汤含漱吐出。如服粉剂每次2.5～5.0 g，每日2次。又方：用徐长卿酒浸含漱亦可。

（3）治毒蛇咬伤：徐长卿、青木香各50 g，山梗菜25 g，金线莲2～3株。共捣烂取汁调蜜敷。多用于五步蛇咬伤。又方：徐长卿根25 g，煎液一次服用，药渣外敷患处（营口民间方）。

（4）治神经性皮炎、荨麻疹、湿疹：徐长卿500 g，水煎，浓缩，加入质量分数0.3%尼泊金适量备用。每日2～4次，涂患处。

（5）治跌打损伤：徐长卿根15 g，连钱草100 g，水煎，兑黄酒服。另取鲜品适量捣烂敷患处。

（6）治痢疾、肠炎：徐长卿5～10 g，水煎服，每日1剂。

（7）治带状疱疹、接触性皮炎、顽固性荨麻疹、牛皮癣：徐长卿10～20 g，水煎内服，并外洗患处。

（8）治风寒筋骨痛、风湿腰腿疼痛：徐长卿、荆芥、防风、花椒树枝条适量煎水，趁热先熏后洗（金县民间方）。又方：用徐长卿50 g，老酒100 ml，酌加水煎成半碗，饭前服，每日服2次。

附注　本品为《中华人民共和国药典》（2020年版）收录的药材。

▼ 徐长卿种子

◎参考文献◎

［1］江苏新医学院.中药大辞典（下册）[M].上海：上海科学技术出版社，1977:1894-1895.

［2］朱有昌.东北药用植物[M].哈尔滨：黑龙江科学技术出版社，1989:915-917.

［3］《全国中草药汇编》编写组.全国中草药汇编（上册）[M].北京：人民卫生出版社，1975:697-698.

▲徐长卿植株（后期）

▲地梢瓜植株（侧）

地梢瓜 *Cynanchum thesioides*（Freyn）K. Schum.

别　　名	细叶白前　地梢花
俗　　名	地瓜子　沙奶奶　地瓜瓢　老瓜瓢　羊奶草　地里瓜

地地瓜　小拉瓜瓢　小蛤蜊瓢　沙奶草

▲地梢瓜果实

▲地梢瓜花

药用部位 萝藦科地梢瓜的全草及果实。

原植物 落叶直立半灌木。地下茎单轴横生；茎自基部多分枝。叶对生或近对生，具短柄或近无柄；叶线形，长 3 ~ 5 cm，宽 2 ~ 5 mm，基部楔形，先端尖，表面绿色，背部色淡，中脉隆起。伞形聚伞花序腋生；花萼外面被柔毛，萼齿披针形；花冠绿白色，5 深裂，裂片长圆状披针形；副花冠杯状，5 裂，裂片三角状披针形，渐尖，高过药隔的膜片；花粉块每室 1，下垂。蓇葖纺锤形，先端渐尖，中部膨大，长 5 ~ 6 cm，直径 2 cm；种子扁平，暗褐色，长 8 mm；种毛白色绢质，长 2 cm。花期 5—8月，果期 8—10 月。

生　境 生于山坡、沙丘、干旱山谷、荒地、田边及滨海沙地等处。

分　布　黑龙江杜尔伯特、肇东、安达、泰来、五常等地。吉林通榆、镇赉、前郭、洮南、长岭等地。辽宁本溪、沈阳市区、抚顺、西丰、清原、鞍山市区、海城、营口、盘山、庄河、大连市区、长海、北镇、法库、彰武、喀左、建昌、凌源、绥中等地。内蒙古扎兰屯、阿尔山、科尔沁右翼前旗、科尔沁右翼中旗、科尔沁左翼中旗、科尔沁左翼后旗、扎赉特旗、扎鲁特旗、克什克腾旗、巴林左旗、巴林右旗、翁牛特旗、阿鲁科尔沁旗、东乌珠穆沁旗、西乌珠穆沁旗、苏尼特左旗、苏尼特右旗、阿巴嘎旗、正蓝旗、镶黄旗、正镶白旗、太仆寺旗等地。河北、河南、山东、江苏、山西、陕西、甘肃、新疆。朝鲜、俄罗斯（西伯利亚）、蒙古。

采　制　夏季采收全草，洗净，切段，晒干。秋季采摘果实，洗净，晒干。

性味功效　味甘，性平。有补肺气、清热降火、生津止渴、消炎止痛的功效。

主治用法　用于乳汁不下、血亏气虚、神经衰弱、咽喉痛。水煎服。外用鲜草折断取汁外搽瘊子。

用　量　15～50 g。外用适量。

附　方

（1）治气血亏损：地梢瓜全草50 g，土黄芪100 g，水煎服。

（2）治神经衰弱：地梢瓜全草500 g。水煎取汁，用药汁打鸡蛋2个，当茶饮，日服2次。

（3）治咽喉痛：地梢瓜花50 g（或全草100 g），水煎服，或鲜果嚼服。

◎参考文献◎

［1］江苏新医学院. 中药大辞典（上册）[M]. 上海：上海科学技术出版社，1977:824-825.

［2］朱有昌. 东北药用植物 [M]. 哈尔滨：黑龙江科学技术出版社，1989:908-910.

［3］中国药材公司. 中国中药资源志要 [M]. 北京：科学出版社，1994:979.

▲地梢瓜种子

▲地梢瓜植株

▲ 隔山消花（侧）

隔山消 *Cynanchum wilfordii*（Maxim.）Hemsl.

俗　　名 白首乌 豆角蛤蜊 白奶奶 小老鸹眼
药用部位 萝摩科隔山消的干燥根。

▼ 隔山消根

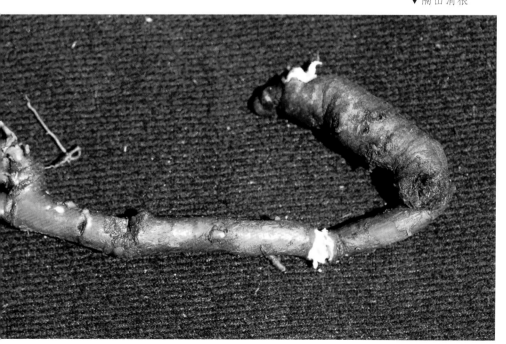

原植物 多年生草质藤本。肉质根近纺锤形，灰褐色，长约 10 cm，直径 2 cm。叶对生，薄纸质，卵形，长 5 ～ 6 cm，宽 2 ～ 4 cm，顶端短渐尖，基部耳状心形，干时叶面经常呈黑褐色，叶背淡绿色；基脉 3 ～ 4 条，放射状；侧脉 4 对。近伞房状聚伞花序半球形，具花 15 ～ 20；花长 2 mm，直径 5 mm；花萼裂片长圆形；花冠淡黄色，辐状，裂片长圆形，先端近钝形；副花冠比合蕊柱短，裂片近四方形，先端截形，基部紧狭；花粉块每室 1，长圆形；花柱细长，柱头略

▲ 隔山消花

突起。蓇葖单生，披针形，向端部长渐尖，长 12 cm；种子暗褐色，卵形，长 7 mm；种毛白色绢质，长 2 cm。花期 7—8 月，果期 8—9 月。

生　境　生于山坡、山谷、灌木丛中或路边草地等处。

分　布　吉林柳河、磐石、临江、延吉、龙井、通化、长白、抚松、靖宇、辉南、东丰等地。辽宁丹东市区、凤城、西丰、鞍山市区、大连、桓仁、新宾、清原、海城、盖州、营口市区、建昌、凌源、建平等地。河北、河南、山东、山西、陕西、江苏、安徽、湖南、湖北、四川、甘肃、新疆等。朝鲜、俄罗斯、日本。

采　制　春、秋季采挖根，除去泥土，洗净，晒干。

性味功效　味甘、微苦，性平。有补肝益肾、强筋壮骨、健胃消食的功效。

主治用法　用于肾虚、神经衰弱、阳痿遗精、腰腿疼痛、噎食腹胀、心悸失眠、头晕耳鸣、关节不利、

▼ 隔山消种子

▲ 隔山消幼株

▲ 隔山消植株

消化不良、痈肿等。水煎服。外用适量研末撒或捣敷。

用　　量　6～15 g。外用适量。

附　　方

（1）治痈肿疼痛：隔山消根适量，捣烂外敷患处（建昌民间方）。

（2）补血、乌发：隔山消根 15 g，水煎服（岫岩民间方）。

附　　注　本品毒性成分不明，可能是萝藦毒素，或者是强心苷，过量服用会产生中毒反应。临床表现为流涎、呕吐、癫痫性痉挛、强烈抽搐、心跳缓慢等症状。中毒轻者，可催吐、洗胃及导泻；内服蛋清，牛奶或活性炭，并服镇静剂预防痉挛。

◎参考文献◎

［1］朱有昌.东北药用植物 [M].哈尔滨：黑龙江科学技术出版社，
　　　1989:912-913.

［2］中国药材公司.中国中药资源志要 [M].北京：科学出版社，
　　　1994:979.

［3］江纪武.药用植物辞典 [M].天津：天津科学技术出版社，
　　　2005:238.

▲白首乌花序

▼白首乌植株

白首乌 *Cynanchum bungei* Decne

别　　名	柏氏白前　何首乌　山东何首乌　泰山何首乌
俗　　名	野山药　山葫芦　地葫芦
药用部位	萝藦科白首乌的块根。
原植物	攀援性半灌木。块根粗壮。茎纤细而韧，被微毛。叶对生，

戟形，长 3 ～ 8 cm，基部宽 1 ～ 5 cm，顶端渐尖，基部心形，两

▼白首乌种子

▲ 白首乌花

▼ 白首乌果实

面被粗硬毛，以叶面较密，侧脉约 6 对。伞形聚伞花序腋生，比叶短；花萼裂片披针形，基部内面腺体通常没有或少数；花冠白色，裂片长圆形；副花冠 5 深裂，裂片呈披针形，内面中间有舌状片；花粉块每室 1，下垂；柱头基部五角状，顶端全缘。蓇葖单生或双生，披针形，无毛，向端部渐尖，长 9 cm，直径 1 cm；种子卵形，长 1 cm，直径 5 mm；种毛白色绢质，长 4 cm。花期 6—7 月，果期 7—10 月。

▼ 白首乌块根

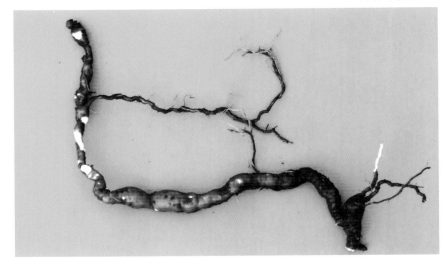

▲白首乌花序（背）

| 生　境 | 生于山坡、山谷或河坝、路边灌木丛中及岩石缝隙中。 |

分　布　吉林珲春。辽宁凌源、建平、大连、丹东、喀左、义县、北镇、绥中等地。内蒙古喀喇沁旗、敖汉旗。河北、河南、山东、山西、甘肃。朝鲜。

采　制　春、秋季采挖块根，除去泥土，洗净，切片，晒干。

性味功效　味甘、苦、涩，性微温。有补肝肾、强筋骨、益精血的功效。

主治用法　用于久病气虚、贫血、须发早白、风痹、腰膝酸软、神经衰弱、失眠、健忘多梦、痔疮、便秘、肠出血、溃疡久不收口、皮肤瘙痒等。水煎服。

▼白首乌花（侧）

用　量　15 ~ 50 g。

附　注　茎入药，有安神、祛风、止汗的作用。

◎参考文献◎

［1］朱有昌.东北药用植物 [M].哈尔滨：黑龙江科
　　　学技术出版社，1989:906–907.

［2］《全国中草药汇编》编写组.全国中草药汇编(上
　　　册) [M].北京：人民卫生出版社，1975:297.

［3］中国药材公司.中国中药资源志要 [M].北京：
　　　科学出版社，1994:976.

▲ 鹅绒藤居群

▲ 鹅绒藤花

鹅绒藤 *Cynanchum chinense* R. Br.

别　　名	祖子花
俗　　名	何首乌　豆角蛤蜊　山豆角　老鸹角
药用部位	萝摩科鹅绒藤的根及全草。
原 植 物	缠绕草本。主根圆柱状，长约 20 cm，直径约 5 mm，

干后灰黄色。全株被短柔毛。叶对生，薄纸质，宽三角状心形，长 4～9 cm，宽 4～7 cm，顶端锐尖，基部心形，叶面深绿色，叶背苍白色，两面均被短柔毛；侧脉约 10 对，在叶背略为隆起。伞形聚伞花序腋生，两歧，具花约 20；花冠白色，裂片长圆状披针形；副花冠二型，杯状，上端裂成 10 丝状体，分为 2 轮，外轮约与花冠裂片等长，内轮略短；花粉块每室 1，下垂；花柱头略为突起，顶端 2 裂。蓇葖双生或仅有 1 个发育，细圆柱状，向端部渐尖，长 11 cm，直径 5 mm；种子长圆形；种毛白色绢质。花期 6—8 月，果期 8—10 月。

▼ 鹅绒藤花（背）

生　　境	生于灌丛、田边、沙地及路旁等处。

▲ 鹅绒藤植株

分　　布　黑龙江大庆、肇东、肇源、杜尔伯特等地。吉林镇赉、通榆、洮南、长岭、前郭、大安、农安等地。辽宁沈阳市区、鞍山市区、瓦房店、盖州、长海、大连市区、营口市区、康平、丹东市区、宽甸、东港、岫岩、建昌、凌源、葫芦岛市区、绥中、建平、彰武等地。内蒙古科尔沁右翼中旗、科尔沁左翼中旗、科尔沁左翼后旗、扎赉特旗、奈曼旗、巴林右旗等地。河北、山西、陕西、宁夏、甘肃、河南。华东。朝鲜、俄罗斯（西伯利亚中东部）。

▼ 鹅绒藤果实

采　　制　春、秋季采挖根，除去泥土，洗净，晒干。夏、秋季采收全草，除去泥土杂质，洗净，晒干。

性味功效　味苦，性寒。有祛风解毒、补益精血、健胃止痛、催乳的功效。

主治用法　用于慢性肾炎、睾丸炎、肝炎、肺结核、神经衰弱、乳汁稀少、小儿疳积。水煎服。外用捣烂敷患处。

用　　量　25 g。外用适量。

附　　注　藤茎中白色乳汁入药，有清热解毒、化瘀消肿、除湿的功效。可治疗寻常性疣赘、刺瘊。

▼ 鹅绒藤花序

◎ 参考文献 ◎

［1］江苏新医学院. 中药大辞典（下册）[M]. 上海：上海科学技术出版社，1977:2398-2399.

［2］朱有昌. 东北药用植物 [M]. 哈尔滨：黑龙江科学技术出版社，1989:907-908.

［3］中国药材公司. 中国中药资源志要 [M]. 北京：科学出版社，1994:976-977.

▲ 变色白前花

变色白前 *Cynanchum versicolor* Bge.

别　　名　半蔓白薇　白花牛皮消

药用部位　萝藦科变色白前的干燥根及根状茎。

原 植 物　半灌木。茎上部缠绕，下部直立。叶对生，纸质，宽卵形或椭圆形，长 7 ~ 10 cm，宽 3 ~ 6 cm，顶端锐尖，基部圆形或近心形；侧脉 6 ~ 8 对。伞状聚伞花序腋生，近无总花梗，具花 10 余；花萼外面被柔毛，内面基部 5 腺体极小，裂片狭披针形，渐尖；花冠初呈黄白色，渐变为黑紫色，枯干时呈暗褐色，

▼ 变色白前果实

钟状辐形；副花冠极低，比合蕊冠短，裂片三角形；花药近菱状四方形；花粉块每室 1，长圆形，下垂；柱头略为突起，顶端不明显 2 裂。蓇葖单生，宽披针形，长 5 cm，直径 1 cm，向端部渐尖；种子宽卵形，暗褐色，长 5 mm；种毛白色绢质，长 2 cm。花期 6—8 月，果期 8—9 月。

生　　境　生于花岗岩石山上的灌木丛中及溪流旁等处。

分　　布　辽宁鞍山市区、海城、盖州、长海、大连市区、凌海、绥中等地。河北、河南、四川、山东、江苏、浙江。朝鲜。

采　　制　春、秋季采挖根及根状茎，除去泥土，洗净，切段，晒干。

▲ 变色白前根

性味功效　有清热、凉血、利尿通淋、解毒疗疮的功效。

主治用法　用于阴虚内热、风湿灼热多眠、肺热咯血、温疟、瘅疟、产后虚烦血厥、血虚发热、热淋、血淋、风湿痛、瘰疬、痈疽肿毒等。水煎服。外用鲜品捣烂敷患处。

用　　量　适量。

◎参考文献◎

［1］江纪武.药用植物辞典 [M].天津：天津科学技术出版社，2005:238.

▲ 变色白前植株

▼ 变色白前花（背）

▲萝藦植株（匍匐型）

萝藦属 *Metaplexis* R. Br.

萝藦 *Metaplexis japonica*（Thunb.）Makino

俗　　名	老瓜瓢　哈蜊瓢　老鸹瓢　鹤光瓢　奶浆藤　癞瓜瓢　针线包　大蛤蜊瓢　狗奶秧　婆婆针线包

药用部位　萝藦科萝藦的全草、根、果实（入药称"萝藦子"）及果壳（入药称"天浆壳"）。

原植物　多年生草质藤本，具乳汁。叶膜质，卵状心形，长5～12 cm，宽4～7 cm，顶端短渐尖，基部心形；叶柄，长3～6 cm。总状式聚伞花序腋生或腋外生，具长总花梗；总花梗长6～12 cm；花梗长8 mm，具花通常13～15；小苞片膜质，披针形；花蕾圆锥状；花萼裂片披针形，长5～7 mm；花冠白色，花冠筒短，花冠裂片披针形；副花冠环状，着生于合蕊冠上；雄蕊连生成圆锥状，并包围雌蕊在其中，花药顶端具白色膜片；花粉块卵圆形。蓇葖果，纺锤形，长8～9 cm；种子扁平，卵圆形，长5 mm，有膜质边缘，褐色，顶端具白色绢质种毛；种毛长1.5 cm。花期7—8月，

▼萝藦种子

▲ 萝藦花序

▲ 萝藦根

果期9—10月。

生　境　生于山坡草地、耕地、撂荒地、路边及村舍附近篱笆墙上。

分　布　黑龙江哈尔滨市区、孙吴、萝北、饶河、虎林、密山、东宁、宁安、五常、尚志、勃利等地。吉林省各地。辽宁丹东市区、凤城、本溪、清原、沈阳、大洼、盖州、大连、北镇、建昌、凌源等地。河北、山西、山东、江苏、福建、河南、陕西、湖北、贵州、甘肃。朝鲜、俄罗斯、日本。

▲ 萝藦花（粉色）

▲ 萝藦花（白色）

▲ 萝藦果实

▲ 萝藦植株（缠绕型）

▲ 萝藦幼株

采　制　夏、秋季采收全草，除去杂质，切段，晒干。春、秋季采挖根，除去泥土，洗净，晒干。秋季采摘果实，除去杂质，洗净，晒干。

性味功效　全草：味甘、辛，性平。有补肾强壮、行气活血、消肿解毒的功效。根：味甘，性温。有补气益精的功效。果实：味甘、辛，性温。有补精益气、生肌止血、解毒的功效。果壳：味咸，性平。有补虚助阳、止咳化痰的功效。

主治用法　全草：用于虚损劳伤、阳痿、带下病、乳汁不通、丹毒、疮肿。水煎服，外用捣烂敷患处。根：用于体质虚弱、阳痿、带下病、乳汁不足、小儿疳积、疔疮、淋巴结结核、跌打损伤、毒蛇咬伤。水煎服。外用捣烂敷患处。果实：用于虚劳、阳痿、金伤出血等。水煎服或研末。外用捣烂敷患处。果壳：用于麻疹透发不畅、乳汁不足、体虚、痰喘、咳嗽、百日咳、顿咳、白带异常、阳痿、遗精、创伤出血等。水煎服或研末。外用捣烂敷患处。

用　量　全草：15～25 g（大剂量25～100 g）。外用适量。根：15～25 g。外用适量。果实：15～30 g。外用适量。果壳：10～15 g。外用适量。

附　方

（1）治骨、关节结核：萝藦干根 50 ~ 75 g，加水适量，文火煎 6 ~ 8 h，浓缩至 300 ml，去渣，服时加酒适量，1 次服（能饮酒者加 75 ~ 100 g）。药渣同上法再煎服 1 次。3 个月为一个疗程，可连服 2 ~ 3 疗程。小儿酌减。

（2）治慢性气管炎：萝藦根 20 ~ 25 g（鲜品 40 ~ 50 g），水煎服，每日 1 剂。粉剂 10 ~ 15 g，每日分 2 次服。10 d 为一个疗程。又方：萝藦根 20 ~ 25 g（鲜品 40 ~ 50 g），马兜铃、甘草各 15 g，水煎服，每日 1 剂，10 d 为一个疗程。

（3）治丹毒、毒蛇咬伤：鲜萝藦适量，捣烂敷患处。

（4）治阳痿：萝藦根、淫羊藿根、仙茅根各 15 g，水煎服，每日 1 剂。

（5）下乳汁：萝藦全草 15 ~ 25 g，水煎服；或用 50 ~ 100 g 炖鸡服。

（6）治疣瘊、刺瘊、扁平疣：在疣瘊周围用针挑破见血，涂上萝藦白浆，待其自干，一次即见效。

◎参考文献◎

［1］江苏新医学院.中药大辞典（上册）[M].上海：上海科学技术出版社，1977:334，1998-1999，2001.

［2］朱有昌.东北药用植物[M].哈尔滨：黑龙江科学技术出版社，1989:910-912.

［3］《全国中草药汇编》编写组.全国中草药汇编（上册）[M].北京：人民卫生出版社，1975:748-749.

▲萝藦幼苗

▼萝藦花（侧）

▲市场上的萝藦果实

▲ 杠柳居群

杠柳属 *Periploca* L.

杠柳 *Periploca sepium* Bge.

别　　名　番加皮
俗　　名　北五加皮　羊奶子　羊奶条　五加皮　羊奶棵子　玉皇架　山桃树　山桃柳　羊角树　羊角梢　狗奶子
臭槐

▲ 杠柳花（侧）

▲ 杠柳花（黄色）

▲ 杠柳植株（花期）

药用部位 萝摩科杠柳的根皮（称"北五加皮"或"香加皮"）。

原植物 落叶蔓性灌木，长可达 1.5 m。小枝通常对生，有细条纹，具皮孔。叶卵状长圆形，长 5 ~ 9 cm，宽 1.5 ~ 2.5 cm，顶端渐尖，基部楔形。聚伞花序腋生，着花数朵；花序梗、花梗柔弱；花萼裂片卵圆形，长 3 mm，花萼内面基部有小腺体 10；花冠紫红色，辐状，张开直径 1.5 cm，花冠筒短，裂片长圆状披针形，长 8 mm，中间加厚呈纺锤形，反折；副花冠环状，10 裂；雄蕊着生在副花冠内面，并与其合生，花药彼此粘连并包围着柱头；心皮离生；花粉器匙形，四合花粉藏在载粉器内。蓇葖 2，圆柱状，长 7 ~ 12 cm；种子长圆形，长约 7 mm，顶端具白色绢质种毛。花期 5—6 月，果期 8—9 月。

▼ 杠柳枝条

生　境　生于低山丘的林缘、沟坡、河边沙质地及地埂等处。

分　布　吉林通榆、镇赉、洮南、长岭、大安、前郭、双辽等地。辽宁本溪、庄河、大洼、盖州、大连市区、长海、海城、西丰、义县、北镇、彰武、绥中等地。内蒙古科尔沁右翼中旗、扎赉特旗、科尔沁左翼后旗、科尔沁左翼中旗、奈曼旗等地。河北、山东、山西、江苏、河南、江西、贵州、四川、陕西、甘肃。俄罗斯。

采　制　春、秋季采挖根，洗净泥土，趁鲜用木棒敲打，剥取根皮，阴干或晒干，切段备用。

性味功效　味辛、苦，性微温。有毒。有祛风湿、壮筋骨、强膝腰的功效。

主治用法　用于风湿痹痛、腰腿关节痛、脚痿行迟、小儿筋骨软弱、心悸气短、水肿、小便不利。水煎服，浸酒或入丸、散。

用　量　7.5 ~ 15.0 g。

附　方
（1）治风湿性关节炎、关节拘挛疼痛：北五加皮、穿山龙、白鲜皮各 25 g，用白酒泡 24h。每天服 10 ml。
（2）治筋骨软弱、脚痿行迟：北五加皮、木瓜、牛膝各等量为末，每服 5 g，每日 3 次。

▲ 杠柳果实

▼ 杠柳花（淡黄色）

（3）治水肿、小便不利：北五加皮、陈皮、生姜皮、茯苓皮、大腹皮各15 g。水煎服。

（4）治水肿：香加皮15 g，水煎服。

附　注

（1）本品为《中华人民共和国药典》（2020年版）收录的药材。

（2）本品功用与南五加皮略似，但有毒，不可过量和久服，以免中毒。

◎参考文献◎

[1] 朱有昌. 东北药用植物 [M]. 哈尔滨: 黑龙江科学技术出版社, 1989:913-915.

[2] 《全国中草药汇编》编写组. 全国中草药汇编（上册）[M]. 北京: 人民卫生出版社, 1975:617-618.

[3] 中国药材公司. 中国中药资源志要 [M]. 北京: 科学出版社, 1994:985-986.

▲杠柳植株（果期）

▼杠柳花

▲内蒙古自治区巴林林业局喇嘛山国家森林公园森林秋季景观

▲北方拉拉藤群落

▼北方拉拉藤花

茜草科 Rubiaceae

本科共收录 2 属、8 种、2 变种。

拉拉藤属 *Galium* L.

北方拉拉藤 *Galium boreale* L.

别　　名　砧草拉拉藤 砧草猪殃殃
药用部位　茜草科北方拉拉藤的干燥全草（入药称"砧草"）。
原 植 物　多年生直立草本，高 20 ~ 65 cm。茎有 4 棱角。叶纸质或薄革质，4 片轮生，狭披针形或线状披针形，长 1 ~ 3 cm，宽 1 ~ 4 mm，顶端钝或稍尖，基部楔形或近圆形，边缘常稍反卷，边缘有微毛；基出脉 3，在下面常凸起，在上面常凹陷；无柄或具极短的柄。聚伞花序顶生和生于上部叶腋，常在枝顶结成圆锥花序，密花；花小；

花梗长 0.5 ～ 1.5 mm；花萼被毛；花冠白色或淡黄色，直径 3 ～ 4 mm，辐状，花冠裂片卵状披针形，长 1.5 ～ 2.0 mm；花丝长约 1.4 mm，花柱 2 裂至近基部。果小，直径 1 ～ 2 mm，果片单生或双生，密被白色稍弯的糙硬毛；果柄长 1.5 ～ 3.5 mm。花期 7—8 月，果期 8—9 月。

生　境　生于山坡、沟旁、草地的草丛、灌丛或林下。

▲北方拉拉藤居群

▼北方拉拉藤植株

分　布　黑龙江塔河、呼玛、黑河、尚志、伊春等地。吉林长白山各地。辽宁宽甸、桓仁、庄河等地。内蒙古额尔古纳、根河、陈巴尔虎旗、牙克石、鄂伦春旗、鄂温克旗、阿尔山、科尔沁右翼前旗、科尔沁右翼中旗、科尔沁左翼中旗、科尔沁左翼后旗、扎赉特旗、扎鲁特旗、克什克腾旗、巴林左旗、巴林右旗、翁牛特旗、阿鲁科尔沁旗、东乌珠穆沁旗、西乌珠穆沁旗、苏尼特左旗、苏尼特右旗、阿巴嘎旗、正蓝旗、镶黄旗、正镶白旗、太仆寺旗等地。河北、山东、山西、四川、甘肃、青海、新疆、西藏等。朝鲜、俄罗斯、日本、印度、巴基斯坦。欧洲、北美洲。

采　制　夏、秋季采收全草，洗净，切段，晒干。

性味功效　味苦，性寒。有清热解毒、利尿渗湿、活血止痛的功效。

主治用法　用于肾炎水肿、停经、恶露不尽、带下、皮肤病、淋巴结结核、风热咳嗽、风湿头痛、结膜炎、腰痛等。水煎服。外用捣烂敷患处。

用　量　5 ～ 15 g。外用适量。

◎参考文献◎

［1］钱信忠.中国本草彩色图鉴（第四卷）[M].北京：人民卫生出版社，2003：115-116.

［2］中国药材公司.中国中药资源志要[M].北京：科学出版社，1994：995-996.

［3］江纪武.药用植物辞典[M].天津：天津科学技术出版社，2005：343.

▲ 三脉猪殃殃果实

▲ 三脉猪殃殃花

▼ 三脉猪殃殃植株

三脉猪殃殃 *Galium kamtschaticum* Steller ex Roem. et Schult.

| 别　　名 | 三脉拉拉藤　堪察加拉拉藤 |

别　　名　三脉拉拉藤　堪察加拉拉藤

药用部位　茜草科三脉猪殃殃的全草。

原 植 物　多年生草本，高 5 ~ 15 cm。茎无毛，不分枝，柔弱。叶薄纸质，每轮 4 片，广椭圆形、阔倒卵形或近圆形，长 1.0 ~ 2.5 cm，宽 6 ~ 17 mm，顶端钝圆而有小尖头，基部急尖，两面具稀薄而紧贴的短毛，沿边缘具短缘毛，3 脉，无柄或近无柄。聚伞花序顶生和生于上部叶腋，长 2 ~ 6 cm，常 2 歧分枝，少花，最末分枝 2 ~ 3 花；总花梗长 8 ~ 40 mm；花直径 3 ~ 4 mm；花梗长 1 ~ 2 mm；萼管被毛；花冠白色或淡绿黄色，裂片 4，椭圆状披针形或卵状三角形，长 1 mm，宽 0.8 mm，顶端尖。果密被长钩状刚毛，直径 1.5 ~ 2.0 mm，果片单生或双生；果柄长 3 ~ 15 mm。花期 7—8 月，果期 8—9 月。

生　　境　生于山地林下及沟边草丛。

分　　布　吉林抚松、柳河、龙井等地。辽宁宽甸、桓仁等地。朝鲜、俄罗斯（西伯利亚中东部）、日本。美洲。

采　　制　夏、秋季采收全草，洗净，切段，晒干。

性味功效　有清热解毒的功效。

用　　量　适量。

◎参考文献◎

［1］江纪武. 药用植物辞典 [M]. 天津：天津科学技术出版社，2005:344.

▲ 林猪殃殃植株

林猪殃殃 *Galium paradoxum* Maxim.

| 别　　名 | 奇特猪殃殃　异常拉拉藤　林拉拉藤 |

药用部位　茜草科林猪殃殃的全草。

原 植 物　多年生矮小草本，高 4 ～ 25 cm。茎柔弱，直立，通常不分枝。叶膜质，4 片轮生，在茎下部有时 2 片，卵形或近圆形至卵状披针形，长 0.7 ～ 3.0 cm，宽 0.5 ～ 2.3 cm，顶端短尖，中脉明显，侧脉通常 2 对，纤细而疏散；叶柄长短不一。聚伞花序顶生和生于上部叶腋，常 3 歧分枝，分枝常叉开，少花，每一分枝具花 1 ～ 2；花小；花梗长 1 ～ 3 mm，无毛；花萼密被黄棕色钩毛；花冠白色，辐状，直径 2.5 ～ 3.0 mm，裂片卵形，稍钝，长约 1.3 mm，宽约 1 mm；花柱长约 0.7 mm，顶端 2 裂。果片单生或双生，近球形，直径 1.5 ～ 2.0 mm，密被黄棕色钩毛；果柄长 1.5 ～ 8.0 mm。花期 6—7 月，果期 7—9 月。

▼ 林猪殃殃花（侧）

生　　境　生于山谷阴湿地、水边及林下等处。

分　　布　黑龙江小兴安岭、张广才岭、完达山。吉林蛟河、安图、长白、抚松、柳河等地。辽宁本溪、宽甸、凤城、庄河等地。河北、山西、陕西、甘肃、青海、安徽、浙江、河南、湖北、湖南、广西、四川、贵州、云南、西藏。朝鲜、俄罗斯（西伯利亚中东部）、日本、印度、尼泊尔。

▼ 林猪殃殃花

采　　制　夏、秋季采收全草，除去杂质，切段，洗净，晒干药用。

性味功效　有清热解毒、利尿、止血、消食、固精、通络的功效。

主治用法　用于黄疸型肝炎、关节炎、遗精、尿血、外伤、疮疖等。水煎服。外用捣烂敷患处或研末调敷。

用　　量　适量。

◎参考文献◎

［1］江纪武 . 药用植物辞典 [M].天津：天津科学技术出版社，2005:344.

▲东北猪殃殃幼株

果密被紧贴的钩状刚毛，果片广椭圆形或近肾形，直径约2mm，单生或双生。花期6—7月，果期7月。

生　　境　生于林下、林缘及草地等处。

分　　布　黑龙江呼玛、伊春、尚志、东宁、虎林等地。吉林蛟河、柳河、敦化、安图、长白、抚松等地。辽宁沈阳、本溪、新宾、岫岩、清原、彰武等地。内蒙古额尔古纳、根河、牙克石、鄂伦春旗、鄂温克旗、扎兰屯、科尔沁右翼前旗等地。河北、新疆等。朝鲜、俄罗斯（西伯利亚中东部）、日本。

采　　制　夏、秋季采收全草，洗净，切段，晒干。

性味功效　有清热解毒、利尿、通淋、消肿止血的功效。

用　　量　适量。

◎参考文献◎

［1］中国药材公司.中国中药资源志要[M].北京：科学出版社，1994:996-997.
［2］江纪武.药用植物辞典[M].天津：天津科学技术出版社，2005:344.

▲东北猪殃殃花序（背）

▲东北猪殃殃花序

东北猪殃殃 *Galium davuricum* Turcz. var. *manshuricum*（Kitagawa）Hara

别　　名　东北拉拉藤

药用部位　茜草科东北猪殃殃的干燥全草。

原 植 物　多年生草本，高30～70cm。茎直立，柔弱。叶纸质，5～6片轮生，长圆形或倒卵状长圆形，长1.1～4.0cm，宽2～9cm，顶端渐尖、具硬尖或急短渐尖，基部渐狭，叶缘有倒向的刚毛。伞房状的聚伞花序顶生和生于上部叶腋，花序疏而广展，常2～3歧分枝；总花梗毛发状，伸长，在果时常极叉开，长约2cm；苞片和小苞片匙状狭长圆形；花多数，小，直径3～4mm；花梗纤细，毛发状，长1.0～2.5mm；花冠白色，辐状，开展，花冠裂片4，卵状椭圆形；雄蕊4，短，花丝丝状。

▲ 东北猪殃殃植株

▲拉拉藤幼株居群　　　　　　　　▼拉拉藤幼株

拉拉藤花

拉拉藤 *Galium aparine* L.

别　　名　猪殃殃　八仙草

俗　　名　锯锯藤　小锯齿草　爬拉殃

药用部位　茜草科拉拉藤的全草。

原 植 物　多枝、蔓生或攀援状草本，通常高 30 ~ 90 cm。茎有 4 棱角。叶纸质或近膜质，6 ~ 8 片轮生，稀为 4 ~ 5 片，带状倒披针形或长圆状倒披针形，长 1.0 ~ 5.5 cm，宽 1 ~ 7 mm，顶端有针状凸尖头，基部渐狭，常萎软状，干时常卷缩，1 脉，近无柄。聚伞花序腋生或顶生，少至多花，花小，4 数，有纤细的花梗；花萼被钩毛，萼檐近截平；花冠黄绿色或白色，辐状，裂片长圆形，长不及 1 mm，镊合状排列；子房被毛，花柱 2 裂至中部，柱头头状。果干燥，有 1 或 2 近球状的分果片，直径达 5.5 mm，肿胀，密被钩毛，果柄直，长可达 2.5 cm，较粗，每片有一平凸的种子。花期 6—7 月，果期 8—9 月。

生　　境　生于林缘、灌丛、路旁、荒地及住宅附近，常聚集成片生长。

分　　布　黑龙江呼玛、黑河、伊春、铁力、方正、勃利、尚志、密山、虎林、绥化、安达、泰来等地。吉林长白山各地。辽宁沈阳、本溪、鞍山、庄河等地。内蒙古牙克石。全国绝大部分地区（除海南外）。朝鲜、俄罗斯、日本、印度、尼泊尔、巴基斯坦。欧洲、非洲、美洲。

采　　制　夏、秋季采收全草，切段，洗净，鲜用或晒干。

性味功效　味辛、苦，性寒。有清热解毒、散瘀消肿的功效。

主治用法　用于感冒、肠痈、小便淋痛、水肿、牙龈出血、痛经、带下病、崩漏、月经不调、淋病、乳腺癌、白血病、乳痈初起、痈疖肿毒、跌打损伤。水煎服。外用捣烂敷患处。

用　　量　干品 10 ~ 25 g。鲜品 30 ~ 60 g。外用适量。

附　方

（1）治乳腺癌、下颌腺癌、甲状腺肿瘤、子宫颈癌：拉拉藤50 g，水煎，加红糖适量，分3～6次服。每日1剂（如鲜品则用250 g，绞汁加红糖服）。可长期服用。

（2）治五淋：拉拉藤15 g，滑石10 g，甘草5 g，双果草10 g。水煎点水酒服。

（3）治妇女经闭：猪殃殃10 g，水煎服。

（4）治跌打损伤：鲜猪殃殃根、马兰根各20 g，水酒各半煎服。另以鲜猪殃殃全草、酢浆草各等量，捣烂外敷。

（5）治感冒：鲜猪殃殃50 g，姜3片，擂汁冲开水服。

（6）治疖肿初起：鲜猪殃殃适量，加甜酒捣烂外敷，日换2次。

（7）治急性阑尾炎：鲜猪殃殃150 g，煎水内服。

（8）治乳癌：鲜猪殃殃200 g，捣汁和以猪油敷于癌症溃烂处，亦可煎水内服。

（9）治牙龈出血：鲜猪殃殃100～150 g，水煎服。

（10）治中耳炎：鲜猪殃殃捣汁滴耳。

▲拉拉藤植株

▲拉拉藤果实

◎参考文献◎

[1] 江苏新医学院. 中药大辞典（上册）[M]. 上海：上海科学技术出版社，1977:21–22.

[2]《全国中草药汇编》编写组. 全国中草药汇编（上册）[M]. 北京：人民卫生出版社，1975:798.

[3] 中国药材公司. 中国中药资源志要 [M]. 北京：科学出版社，1994:995.

▲蓬子菜群落（山坡型）

▲蓬子菜花序

蓬子菜 *Galium verum* L.

别　　名	蓬子菜拉拉藤
俗　　名	鸡肠草　喇嘛黄　松叶草　柳芙蓉蒿　疗毒蒿　针叶蒿
药用部位	茜草科蓬子菜的全草及根。

原植物　多年生近直立草本，基部稍木质，高 25 ~ 45 cm。茎有 4 角棱。叶纸质，6 ~ 10 片轮生，线形，通常长 1.5 ~ 3.0 cm，宽 1.0 ~ 1.5 mm，顶端短尖，边缘极反卷，常卷成管状，上面无毛，稍有光泽，下面有短柔毛，稍苍白，干时常变黑色，1 脉，无柄。聚伞花序顶生和腋生，较大，多花，通常在枝顶结成带叶的长可达 15 cm、宽可达 12 cm 的圆锥花序状；总花梗密被短柔毛；花小，稠密；花冠黄色，辐状，无毛，直径约 3 mm，花冠裂片卵形或长圆形，顶端稍钝，长约 1.5 mm；花药黄色，花丝长约 0.6 mm；花柱长约 0.7 mm，顶部 2 裂。果小，果片双生，近球状，直径约 2 mm。花期 7—8 月，果期 8—9 月。

生　　境　生于林缘、灌丛、路旁、山坡及沙质湿地等处，常聚集成片生长。

分　　布　黑龙江尚志、五常、宁安、海林、东宁、绥芬河、密山、虎林、饶河、佳木斯市区、桦川、勃利、呼玛、黑河等地。吉林省各地。辽宁丹东市区、宽甸、凤城、本溪、桓仁、抚顺、清原、西丰、沈阳、辽阳、鞍山、庄河、大连市区、北镇、义县、建平、凌源、彰武等地。内蒙古额尔古纳、陈巴尔虎旗、牙克石、鄂伦春旗、鄂温克旗、科尔沁右翼前旗、科尔沁右翼中旗、科尔沁左翼中旗、科尔沁左翼后旗、扎赉特旗、扎鲁特旗、克什克腾旗、巴林左旗、巴林右旗、翁牛特旗、阿鲁科尔沁旗、东乌珠穆沁旗、西乌珠穆沁旗、苏尼特左旗、苏尼特右旗、阿巴嘎旗、正蓝旗、镶黄旗、正镶白旗、太仆寺旗等地。河北、山东、江苏、安徽、浙江、河南、山西、陕西、湖北、四川、宁夏、甘肃、青海、新疆、西藏。朝鲜、俄罗斯、日本、

蓬子菜植株（侧）

▲ 蓬子菜植株

印度、巴基斯坦。亚洲西部、欧洲、美洲。

采　制　夏、秋季采收全草，除去杂质，切段，洗净，晒干。
春、秋季采挖根，除去泥土，洗净，晒干。

性味功效　全草：味微辛、苦，性寒。有清热解毒、活血
破瘀、利尿、通经、止痒、止血的功效。根：味甘，性寒。
有清热止血、活血祛瘀的功效。

主治用法　全草：用于肝炎、风热咳嗽、水肿、咽喉肿痛、
扁桃体炎、水田皮炎、瘾疹、静脉炎、疔疮痈肿、跌打损伤、
骨折、妇女血气痛、阴道滴虫病及毒蛇咬伤等。水煎服或浸
酒。外用捣涂或熬膏涂。根：用于衄血、便血、血崩、尿血、
月经不调、腹痛、瘀血肿痛、跌打损伤及痢疾等。水煎服
或浸酒。外用捣烂或熬膏敷患处。

用　量　全草：25 ~ 50 g。外用适量。根：25 ~ 50 g。
外用适量。

附　方

（1）治急性荨麻疹、皮肤瘙痒症：用蓬子菜鲜全草捣汁搽
患处。或用带根全草煎水外洗，有特效，对小儿更佳。（五
常安家民间验方）。

（2）治传染性肝炎：蓬子菜、茵陈各 50 g，板蓝根
25 g，水煎服，每日 1 剂。

（3）治水田皮炎：鲜蓬子菜 1 kg，黄檗 25 g。蓬子菜加水
4 500 ml 煎煮后过滤，加黄檗粉再熬制膏 500 g，外涂局部。

▲ 白花蓬子菜花序

▲蓬子菜幼株

附　　注　在东北尚有 1 变种：

白花蓬子菜 var. *lacteum* Maxim.，花白色。其他与原种同。

◎参考文献◎

［1］江苏新医学院.中药大辞典（下册）[M].上海：上海科学技术出版社，1977:2449.

［2］朱有昌.东北药用植物 [M].哈尔滨：黑龙江科学技术出版社，1989:1055-1056.

［3］《全国中草药汇编》编写组.全国中草药汇编（上册）[M].北京：人民卫生出版社，1975:877-878.

▲蓬子菜根

▲蓬子菜幼苗

▲ 蓬子菜群落（草甸型）

中国茜草根

▲ 中国茜草花

▼ 中国茜草幼苗

茜草属 *Rubia* L.

中国茜草 *Rubia chinensis* Regel et Maack

别　　名　大砧草

药用部位　茜草科中国茜草的干燥根及根状茎。

原 植 物　多年生直立草本，高 30 ~ 60 cm。具有发达的紫红色须根。茎通常数条丛生。叶 4 片轮生，薄纸质或近膜质，卵形至阔卵形，椭圆形至阔椭圆形，通常长 4 ~ 9 cm。聚伞花序排成圆锥花序式，顶生和在茎的上部腋生，通常结成大型、带叶的圆锥花序，长 15 ~ 30 cm，花序轴和分枝均较纤细；苞片披针形，长 1.5 ~ 2.0 mm；花梗长 2 ~ 5 mm，稍纤细；萼管近球形，直径约 0.8 mm，干时黑色；花冠白色，质地薄，冠管长 0.2 ~ 0.4 mm，裂片 5 ~ 6，卵形或近披针形，长 1.7 ~ 2.0 mm；雄蕊 5 ~ 6，生冠管近基部，花丝长 0.1 ~ 0.2 mm，花药长 0.1 mm。浆果近球形，直径约 4 mm，黑色。花期 6—7 月，果期 8—9 月。

生　　境　生于山地林下、林缘和草甸等处。

分　　布　黑龙江伊春市区、铁力、尚志、五常、宁安、海林、东宁、绥芬河、密山、虎林、饶河、佳木斯市区、汤原、桦川、勃利、七台河市区等地。吉林长白山各地。辽宁宽甸、凤城、本溪、桓仁、清原、西丰、岫岩、鞍山市区、庄河等地。内蒙古鄂伦春旗、牙克石、扎兰屯、阿荣旗、莫力达瓦旗等地。河北、山西。朝鲜、日本、俄罗斯（西伯利亚中东部）。

采　制　春、秋季采挖根及根状茎，除去泥土，切段，洗净，晒干，生用或炒炭用。

性味功效　有行气行血、止血、通经活络、止咳、祛瘀的功效。

主治用法　用于吐血、衄血、血崩、经闭、肿痛、跌打损伤等。水煎服。

用　量　10 ~ 15 g。外用适量。

▼中国茜草幼株

▲中国茜草植株

◎参考文献◎

［1］朱有昌 . 东北药用植物 [M]. 哈尔滨：黑龙江科学技术出版社，1989:1056-1059.

［2］中国药材公司 . 中国中药资源志要 [M]. 北京：科学出版社，1994:1015.

［3］江纪武 . 药用植物辞典 [M]. 天津：天津科学技术出版社，2005:696.

▲ 茜草幼株

▲ 市场上的茜草根（干）

▲ 市场上的茜草根（鲜）

茜草 *Rubia cordifolia* L.

<u>别　　名</u>　伏茜草　辽茜草

<u>俗　　名</u>　老鸹筋　六棱草　小孩拳头　八仙草　驴旋子草　抽筋草　过山龙　牛蔓　挂拉豆　拉拉蔓子　拉狗蛋子　疗毒草　穿心草　红根　山龙草　拉拉秧　拉拉秧子　娘娘拳　粘粘草　红丝线

<u>药用部位</u>　茜草科茜草的干燥根、根状茎及茎叶。

<u>原 植 物</u>　草质攀援藤本，长通常 1.5 ～ 3.5 m。根状茎和其节上的须根均红色。茎数条至多条，从根状茎的节上发出，细长，方柱形，有 4 棱，棱上生倒生皮刺。叶通常 4 片轮生，纸质，披针形或长圆状披针形，长 0.7 ～ 3.5 cm，顶端渐尖，有时钝尖，基部心形，边缘有齿状皮刺；基出脉 3。叶柄长通常 1.0 ～ 2.5 cm，有倒生皮刺。聚伞花序腋生和顶生，多回分枝，有花 10 余至数十，花序和分枝均细瘦，有微小皮刺；花冠淡黄色，干时淡褐色，盛开时花冠檐部直径 3.0 ～ 3.5 mm，花冠裂片近卵形，微伸展，长约 1.5 mm。果球形，直径通常 4 ～ 5 mm，成熟时橘黄色或橘红色。花期 8—9 月，果期 9—10 月。

<u>生　　境</u>　生于林缘、灌丛、路旁、山坡及草地等处。

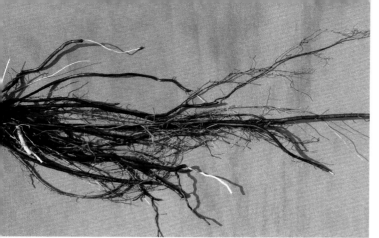

▲ 茜草根

▼ 茜草花（背）

▲ 黑果茜草果实

分　　布　黑龙江尚志、五常、宁安、东宁、穆棱、绥芬河、勃利、方正、海林、牡丹江市区等地。吉林省各地。辽宁丹东市区、宽甸、凤城、本溪、桓仁、抚顺、清原、新宾、西丰、建平、建昌等地。内蒙古额尔古纳、陈巴尔虎旗、牙克石、鄂伦春旗、鄂温克旗、科尔沁右翼前旗、科尔沁左翼中旗、科尔沁左翼后旗、扎赉特旗、扎鲁特旗、克什克腾旗、巴林左旗、巴林右旗、翁牛特旗、喀喇沁旗、阿鲁科尔沁旗、东乌珠穆沁旗、西乌珠穆沁旗、苏尼特左旗、苏尼特右旗、阿巴嘎旗、正蓝旗、镶黄旗、正镶白旗、太仆寺旗等地。河北、山西、陕西、宁夏、甘肃、四川、新疆、西藏。朝鲜、俄罗斯（西伯利亚）、蒙古、日本。

采　　制　春、秋季采挖根及根状茎，除去泥土，切段，洗净，晒干，生用或炒炭用。夏、秋季采收茎叶，洗净，晒干。

性味功效　根及根状茎：味苦，性寒。有凉血止血、活血化瘀、通经活络、止咳祛痰的功效。茎叶：味苦，性寒。有止血行瘀的功效。

主治用法　根及根状茎：用于便血、尿血、衄血、血崩、经闭、月经不调、水肿、跌打损伤、黄疸型肝炎、痈肿疔疮、荨麻疹、疱疹、瘀滞肿痛、慢性气管炎、过敏性紫癜、风湿关节痛、神经性皮炎。水煎服。外用适量研末调敷或煎水洗患处。脾胃虚寒及无瘀滞者忌服。忌铁与铅。茎叶：用于吐血、血崩、跌打损伤、风痹、腰痛、痈毒、疔肿。水煎服或浸酒。外用适量研末调敷或煎水洗患处。

用　　量　根及根状茎：10 ～ 15 g。外用适量。茎叶：15 ～ 25 g（鲜品 50 ～ 100 g）。外用适量。

附　　方

（1）治吐血、咯血、呕血：茜草、当归、白芍、生地黄各 15 g，川芎 10 g，水煎服。

（2）治肠炎：茜草 50 ～ 75 g，煎水洗脚，每日 3 次。

▲ 茜草居群

（3）治跌打损伤：茜草 25 g，红花 15 g，赤芍 20 g，水煎服。

（4）治慢性气管炎：鲜茜草根 30 g（干品 15 g），橙皮 30 g，加水 200 ml，煎成 100 ml。日服 2 次，每次 50 ml。每 10 d 为一个疗程。

（5）治风湿痛、关节炎、抽筋：鲜茜草根 200 g（干品 100 g），白酒 500 ml，浸酒 1 周后服用。取酒炖温，空腹饮。第一次要饮到八成醉，然后睡觉，覆被发汗，每日 1 次。服药后 7 d 不能下水。或在浸泡 1 周后，每次饮用一酒盅，每日 2 次（本溪、凤城、宽甸一带民间方）。

（6）治荨麻疹：茜草根 25 g，阴地蕨 15 g，水煎，加黄酒 100 ml 冲服。

（7）治闭经：茜草 50 g，黄酒煎，空腹服，每日 2 次。

（8）治肠风下血：茜草 50 g，地榆 20 g，水煎，日服 2 次。

（9）治吐血：鸡血藤膏 10 g，三七 5 g，茜草根 7.5 g，水煎服。或用茜草根 50 g，生捣罗为散。每服 10 g，水 1 盏，煎至 7 分，放冷，饭后服。

（10）治热证吐血、妇女血崩、经血色黑：茜草茎叶 100 g，水煎服。

（11）治疔疮及各种疮肿：茜草鲜根适量，加米饭捣敷患处（本溪民间方）。或用茜草鲜嫩叶略加食盐，捣烂，敷疔疮疮头。

（12）治腰酸腿痛：将 50 g 茜草干根浸泡在 500 ml 白酒中 1 d 以上，每次饮 20 ml。

附　注

（1）本区尚有 1 变种：

黑果茜草 var. *pratensis* Maxim.，叶 6 ~ 12 轮生，长圆状心形，革质，浆果黑色。其他与原种同。

（2）本品为《中华人民共和国药典》（2020 年版）收录的药材。

▲ 茜草植株

▼ 茜草花

▲ 茜草种子

▼ 茜草幼苗

◎参考文献◎

［1］江苏新医学院.中药大辞典（下册）[M].上海：上海科学技术出版社，1977:1567−1570.

［2］朱有昌.东北药用植物[M].哈尔滨：黑龙江科学技术出版社，1989:1056−1059.

［3］《全国中草药汇编》编写组.全国中草药汇编（下册）[M].北京：人民卫生出版社，1975:605−606.

▲内蒙古自治区乌拉盖九曲湾旅游区湿地秋季景观

▲ 中华花葱群落

花葱科 Polemoniaceae

本科共收录 1 属、2 种。

花葱属 *Polemonium* L.

▲ 中华花葱花（背）

中华花葱 *Polemonium chinense*（Brand）Brand

别　　名　丝花花葱　花葱　小花葱　毛茎花葱　苏木山花葱
俗　　名　电灯花　鱼翅菜
药用部位　花葱科中华花葱的干燥根及根状茎。
原 植 物　多年生草本，高 30 ~ 75 cm。根状茎横走，茎单一。奇数羽状复叶，长可达 30 cm，上部者渐小，小叶 19 ~ 27，狭披针形、披针形至卵状披针形，长 5 ~ 35 mm。圆锥状聚伞花序，顶生或上部叶腋生；花萼钟状，5 裂，长 3 ~ 5 mm，裂片三角形至狭三角形，与花冠筒等长或稍长；花冠蓝色或淡蓝色。辐状或广钟状，长 12 ~ 17 mm，喉部有毛，裂片 5，先端圆形或稍狭，稀先端微凹，有稀疏缘毛；雄蕊 5，较花冠稍短或近等长，花药卵球形；具花盘，杯状；子房卵球形，花柱伸于花冠之外，柱头 3 裂。蒴果广卵球形，长约 5 mm；种子三棱状长圆形，棕色，长约 2.5 mm。花期 6—8 月，果期 8 月。

生　境　　生于林下、林缘、河谷及湿草甸子等处。

分　布　　黑龙江呼玛、黑河、伊春、牡丹江、七台河、鸡西市区、虎林、饶河、佳木斯、鹤岗、双鸭山市区、齐齐哈尔市区、泰来、绥化市区、安达、大庆市区、肇源等地。吉林长白山各地。辽宁清原、彰武等地。内蒙古额尔古纳、根河、牙克石、鄂伦春旗、鄂温克旗、扎兰屯、阿尔山、东乌珠穆沁旗、西乌珠穆沁旗等地。河北。朝鲜、俄罗斯（西伯利亚）、蒙古、日本。

采　制　　春、秋季采挖根及根状茎，除去泥土，洗净，晒干药用。

性味功效　　味微苦，性平。有止血、祛痰、镇痛的功效。

主治用法　　用于咳嗽痰喘、慢性气管炎、失眠、癫痫、胃肠出血、胃溃疡、咯血、吐血、衄血、便血、十二指肠溃疡出血、子宫出血、月经过多、气管炎、失眠、癫痫等。水煎服。

用　量　　5～15 g。

▲中华花荵果实

▼中华花荵花

▲ 中华花荵幼株

附　方

（1）治胃、十二指肠出血：中华花荵、大小蓟炭各15g，水煎服。或用中华花荵、湿生鼠麴草各15g，水煎服。

（2）治失眠、癫痫：中华花荵、缬草各15g。水煎服。

◎参考文献◎

［1］江苏新医学院.中药大辞典（上册）[M].上海：上海科学技术出版社，1977:1056-1057.

［2］朱有昌.东北药用植物[M].哈尔滨：黑龙江科学技术出版社，1989:933-936.

［3］钱信忠.中国本草彩色图鉴(第三卷)[M].北京：人民卫生出版社，2003:24-25.

▲ 中华花荵花（浅粉色）

▲ 中华花荵幼苗

▲中华花荵植株

▲ 花荵群落

▲ 花荵花（背）

花荵 *Polemonium caeruleum* L.

别　名　腺毛花荵

药用部位　花荵科花荵的干燥根及根状茎。

原植物　多年生草本，高 40 ~ 120 cm。根状茎横走。茎直立。奇数羽状复叶，长 3 ~ 21 cm，茎上部者渐小，小叶 9 ~ 21，卵形至卵状披针形，稀为披针形，长 7 ~ 30 mm，宽 3 ~ 10 mm，全缘，基部圆形至楔形，先端尖或渐尖。聚伞状圆锥花序顶生或上部叶腋生，花较少而稀疏；花萼钟状，长 6 ~ 9 mm，5 深裂，裂片披针形，明显长于花冠筒，先端尖；花冠蓝色或淡蓝色，长 12 ~ 15 mm，5 裂，裂片先端圆形或稍尖，外面及边缘有稀疏的短柔毛，喉部有毛；雄蕊 5，略短于花冠；花盘具存，先端有裂；子房卵球形，花柱长，超出花冠，柱头 3 裂。蒴果卵球形；种子棕色。花期 7—8 月，果期 8—9 月。

▲花葱花（淡蓝色）

▼花葱花（蓝紫色）

▲花葱幼株

生　　境　　生于湿草甸子及路旁湿处。

分　　布　　黑龙江伊春、尚志、密山等地。吉林长白、抚松、安图、和龙、临江等地。内蒙古根河。河北。
朝鲜、日本、蒙古、俄罗斯（西伯利亚中东部）。

附　　注　　其采制、性味功效、主治用法及用量同中华花葱。

◎参考文献◎

［1］朱有昌.东北药用植物 [M].哈尔滨：黑龙江科学技术出版社，1989:933-936.

▲花葱幼苗

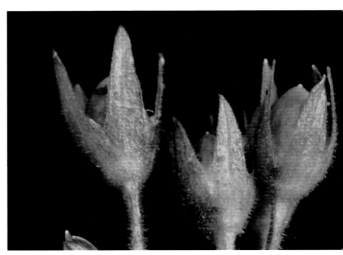

▲花葱果实

花荵植株

▲内蒙古自治区克什克腾旗乌兰布统草原夏季景观

▲肾叶打碗花植株

▼肾叶打碗花花（侧）

旋花科 Convolvulaceae

本科共收录 5 属、14 种。

打碗花属 *Calystegia* R. Br.

肾叶打碗花 *Calystegia soldanella*（L.）R. Br. Prodr.

别　　名　滨旋花　肾叶天剑

俗　　名　喇叭花　打碗花　拉打碗　泡泡　沙浮萍草

药用部位　旋花科肾叶打碗花的根（入药称"孝扇草根"）及全草。

原 植 物　多年生草本，全体近于无毛，具细长的根。茎细长，平卧，有细棱或有时具狭翅。叶肾形，长 0.9 ~ 4.0 cm，宽 1.0 ~ 5.5 cm，质厚，顶端圆或凹，具小短尖头，全缘或浅波状；叶柄长于叶片，或从沙土中伸出很长。花腋生 1，花梗长于叶柄，有细棱；苞片宽卵形，比萼片短，长 0.8 ~ 1.5 cm，顶端圆或微凹，具小短尖；萼片近于等长，长 1.2 ~ 1.6 cm，外萼片长圆形，内萼片卵形，具小尖头；

花冠淡红色，钟状，长4.0～5.5cm，冠檐微裂；雄蕊花丝基部扩大；子房无毛，柱头2裂，扁平。蒴果卵球形，长约1.6cm。种子黑色，长6～7mm，表面无毛亦无小疣。花期7—8月，果期9—10月。

生　　境　生于海滨沙地或海岸岩石缝中。

分　　布　辽宁大连市区、瓦房店、庄河、长海、东港、兴城等地。河北、山东、江苏、浙江。欧洲、亚洲温带及大洋洲海滨。

采　　制　春、秋季采挖根，除去泥土，切段，洗净，晒干。夏、秋季采收全草，除去杂质，切段，洗净，晒干。

性味功效　味微苦，性温。有祛风利湿、化痰止咳的功效。

主治用法　用于咳嗽、肾炎水肿、风湿性关节炎。水煎服。

用　　量　25～50g。

附　　方　治风湿性关节炎：肾叶打碗花鲜根状茎50g，切碎，每日2次水煎服。本药对关节肿痛有消肿止痛作用，一般服药2～3次即见效。

◎参考文献◎

［1］江苏新医学院.中药大辞典（上册）[M].
　　上海：上海科学技术出版社，1977:1110.
［2］朱有昌.东北药用植物[M].哈尔滨：黑
　　龙江科学技术出版社，1989:923-924.
［3］中国药材公司.中国中药资源志要[M].
　　北京：科学出版社，1994:1025-1026.

▲肾叶打碗花花

▲肾叶打碗花幼株

▼肾叶打碗花果实

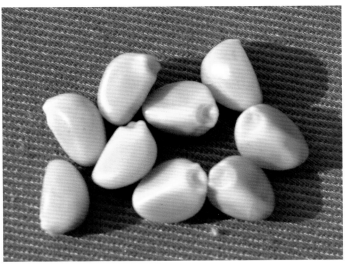
▲肾叶打碗花种子

▲ 藤长苗群落

▲ 藤长苗果实

▲ 藤长苗幼株

藤长苗 *Calystegia pellita*（Ledeb.）G. Don

别　　名	脱毛天剑　缠绕天剑　打碗花
俗　　名	喇叭花
药用部位	旋花科藤长苗的全草。
原 植 物	多年生草本。根细长。茎缠绕或下部直立，圆柱形，有细棱，密被灰白色或黄褐色长柔毛。叶长圆形或长圆状线形，长 4 ~ 10 cm，宽 0.5 ~ 2.5 cm，顶端钝圆或锐尖，具小短尖头，基部圆形、截形或微呈戟形，全缘；叶柄长 0.2 ~ 2.0 cm。花腋生，单一，花梗短于叶；苞片卵形，长 1.5 ~ 2.2 cm，顶端钝，具小短尖头；萼片近相等，长 0.9 ~ 1.2 cm，长圆状卵形，上部具黄褐色缘毛；花冠淡红色，漏斗状，长 4 ~ 5 cm，冠檐于瓣中带顶端被黄褐色短柔毛；雄蕊花丝基部扩大，被小鳞毛；子房无毛，2 室，每室 2 胚珠，柱头 2 裂，裂片长圆形，扁平。蒴果近球形，直径约 6 mm。种子卵圆形。花期 7—8 月，果期 8—9 月。

生　　境　生于山坡草地、耕地、路旁及山间草甸等处。

分　　布　黑龙江大庆市区、青冈、肇州、安达、肇源、杜尔伯特、泰来、齐齐哈尔市区、虎林、密山、饶河、宝清等地。吉林通榆、镇赉、洮南、前郭、大安、长岭、双辽、乾安等地。辽宁沈阳、辽阳、营口、庄河、大连市区、锦州、建平、凌源、彰武等地。内蒙古额尔古纳、鄂伦春旗、阿尔山、科尔沁右翼前旗、科尔沁左翼中旗、科尔沁左翼后旗、扎赉特旗、扎鲁特旗、克什克腾旗、巴林左旗、巴林右旗、翁牛特旗、喀喇沁旗、阿鲁科尔沁旗、东乌珠穆沁旗、西乌珠穆沁旗、苏尼特左旗、苏尼特右旗、阿巴嘎旗、正蓝旗、镶黄旗、正镶白旗、太仆寺旗等地。河北、山西、宁夏、甘肃、青海、新疆、云南。朝鲜、俄罗斯、蒙古。

采 制 夏、秋季采挖全草，除去杂质，切段，洗净，晒干。

性味功效 有益气利尿、强筋壮骨、活血祛瘀的功效。

主治用法 用于劳倦乏力、急性肾炎、跌打损伤、肿痛等。水煎服。

用 量 适量。

◎参考文献◎

［1］中国药材公司.中国中药资源志要[M].北京：科学出版社，1994:1025.

［2］江纪武.药用植物辞典[M].天津：天津科学技术出版社，2005:135.

▲藤长苗植株

▲藤长苗花（侧）

▲藤长苗幼苗

▲藤长苗花

▲打碗花植株

▼打碗花花（白花）

▼打碗花根

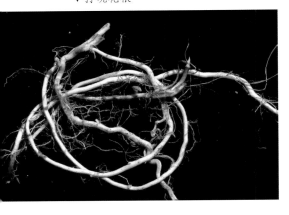

打碗花 *Calystegia hederacea* Wall.

别　　名	常春藤打碗花　常春藤叶天剑　小旋花
俗　　名	喇叭花　大碗花　压花苗　岗地根　扶苗　扶子苗　甜根　老母猪哼哼
药用部位	旋花科打碗花的全草（入药称"面根藤"）、根状茎及花。
原 植 物	一年生草本，植株通常矮小，高 8 ~ 40 cm。茎细，平卧，有细棱。基部叶片长圆形，长 2.0 ~ 5.5 cm，宽 1.0 ~ 2.5 cm，顶端圆，基部戟形，上部叶片 3 裂，中裂片长圆形或长圆状披针形，侧裂片近三角形，全缘或 2 ~ 3 裂，叶片基部心形或戟形。花腋生 1，花梗长于叶柄；苞片宽卵形，长 0.8 ~ 1.6 cm；萼片长圆形，长 0.6 ~ 1.0 cm，顶端钝，具小短尖头，内萼片稍短；花冠淡紫色或淡红色，钟状，长 2 ~ 4 cm，冠檐近截形或微裂；雄蕊近等长，花丝基部扩大，贴生花冠管基部；子房无毛，柱头 2 裂，裂片长圆形，扁平。蒴果卵球形，长约 1 cm。种子黑褐色，长 4 ~ 5 mm。花期 6—7 月，果期 8—9 月。
生　　境	生于山坡、耕地、撂荒地及路边等处。
分　　布	黑龙江伊春、绥化、牡丹江、七台河、鹤岗、双鸭山、佳木斯、鸡西、齐齐哈尔、大庆等地。吉林省各地。辽宁沈阳、大洼、

▲打碗花幼株

长海、大连市区、北镇等地。内蒙古科尔
沁右翼前旗、科尔沁右翼中旗、科尔沁左
翼中旗、科尔沁左翼后旗、扎赉特旗、扎
鲁特旗、克什克腾旗、巴林左旗、巴林右旗、
翁牛特旗、喀喇沁旗、阿鲁科尔沁旗、东
乌珠穆沁旗、西乌珠穆沁旗、苏尼特左旗、
苏尼特右旗、阿巴嘎旗、正蓝旗、镶黄旗、
正镶白旗、太仆寺旗等地。全国绝大部分
地区。非洲、亚洲。

▲打碗花花（侧）

采　制　春、秋季采挖根状茎，除去泥
土，切段，洗净，晒干。夏、秋季采摘花，
鲜用或晒干。

性味功效　全草：味淡、微甘，性平。有
清热解毒、调经止带的功效。根状茎：味甘、
淡，性平。有健脾益气、利尿、调经止带
的功效。花：味甘、淡，性平。有止痛的
功效。

主治用法　全草：用于淋病、月经不调、
白带异常、小儿疳积等。水煎服。根状茎：

▲打碗花植株（侧）

▼打碗花幼苗

▼打碗花花

用于脾虚消化不良、月经不调、红白带下病、乳汁稀少、大小便不利、糖尿病、小儿疳积、小儿吐乳症、跌打损伤等。水煎服。花：用于牙痛。水煎服。

用　　量　全草：50～100 g。根状茎：50～100 g。花：50～100 g。

附　　方

（1）牙痛：打碗花花（鲜）1.5 g，白胡椒0.5 g，将鲜打碗花花捣烂，白胡椒研成细粉，两药混匀，塞入龋齿蛀空处。风火牙痛放在痛牙处，上下牙咬紧，几分钟后吐出漱口，一次不愈，可再使用一次。

（2）治跌打损伤：鲜打碗花根适量，捣烂外敷。

（3）治糖尿病：打碗花根25 g，水煎服，每日2次。

◎参考文献◎

［1］江苏新医学院.中药大辞典（下册）[M].上海：上海科学技术出版社，1977:1635-1636.

［2］朱有昌.东北药用植物[M].哈尔滨：黑龙江科学技术出版社，1989:919-920.

［3］《全国中草药汇编》编写组.全国中草药汇编（上册）[M].北京：人民卫生出版社，1975:234-235.

柔毛打碗花 *Calystegia japonica* Choisy

▲柔毛打碗花果实

别　　名　日本天剑　长裂旋花　日本打碗花

俗　　名　喇叭花　老母猪哼哼　甜根

药用部位　旋花科柔毛打碗花的根状茎及全草（入药称"狗狗秧"）。

原 植 物　多年生草本。茎匍匐或缠绕，稍被毛，随处分枝，具棱。叶具柄，长 1.5 ~ 4.0 cm，有毛；叶片戟形或箭形，3 裂，中裂片卵状披针形或狭卵状三角形，长 4 ~ 9 cm，侧裂片开展，基部深心形或戟形；通常茎基部叶较宽，上部叶较狭细。花腋生，单一，花梗较叶长，长约 5 cm；苞片卵形，长 1.5 ~ 2.5 cm；萼片 5；花冠大，长约 5 cm，淡红色；雄蕊 5，花丝基部膨大，有小鳞片；雌蕊比雄蕊长，子房 2 室，每室 2 胚珠，柱头 2 裂。蒴果球形，光滑，无毛。种子卵状圆形，无毛。花期 6—8 月，果期 8—9 月。

生　　境　生于山坡草地、耕地、撂荒地、路边及山地草甸等处。

分　　布　黑龙江呼玛、黑河市区、孙吴、伊春、绥化、牡丹江、七台河、鹤岗、双鸭山、佳木斯、鸡西、齐齐哈尔、大庆等地。吉林长白山各地。辽宁本溪、凤城、西丰、沈阳、辽阳、大连、北镇、建平、凌源等地。内蒙古额尔古纳、科尔沁右翼前旗等地。朝鲜、日本、俄罗斯（西伯利亚中东部）。

采　　制　春、秋季采挖根状茎，除去泥土，切段，洗净，晒干。夏、秋季采收全草，除去杂质，切段，洗净，晒干。

性味功效　味甘，性寒。有清热利尿、理气健脾、接骨生肌的功效。

主治用法　用于高血压、消化不良、小便不利、糖尿病、咽喉炎、急性结膜炎、急性扁桃体炎、感冒、骨折、创伤、丹毒等。水煎服。外用捣烂敷患处。

用　　量　25 ~ 50 g。外用适量。

附　　方

（1）治高血压：狗狗秧根 50 g，水煎服，日服 2 次。

（2）治小便不利：狗狗秧带根全草 75 g，糠谷老 2 ~ 3 个，水煎服。

◎参考文献◎

［1］江苏新医学院.中药大辞典（上册）[M].上海：上海科学技术出版社，1977:1426.

［2］朱有昌.东北药用植物 [M].哈尔滨：黑龙江科学技术出版社，1989:920-921.

［3］中国药材公司.中国中药资源志要 [M].北京：科学出版社，1994:1025.

▲柔毛打碗花植株

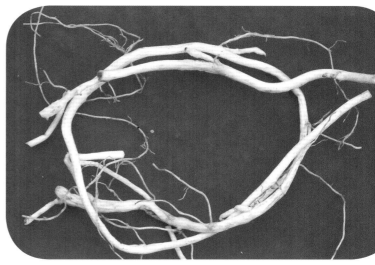
▲柔毛打碗花根

▲柔毛打碗花花

▲ 宽叶打碗花花

▼ 宽叶打碗花花（侧）

宽叶打碗花 *Calystegia sepium* （L.）R. Br.

别　　名	篱天剑　篱打碗花　旋花　鼓子花
俗　　名	喇叭花
药用部位	旋花科宽叶打碗花的根、茎叶及花。
原 植 物	多年生草本。茎缠绕，匍匐，多分枝。

叶具柄，长 4～5 cm；叶片三角形、卵形或广卵形，

▼ 宽叶打碗花根

长 4～10 cm，宽 3～8 cm，基部截形或心形，先端渐尖或锐尖，全缘或基部伸展为 2～3 大齿裂片；叶柄长 4～5 cm。花大，单生于叶腋；花梗长 5～8 cm，有细棱或狭翼；苞片 2，广卵形，长 2.5～2.8 cm，先端尖；萼片 5，卵状披针形，先端尖；花冠漏斗状，粉红色或带紫色，

▲ 宽叶打碗花果实

长 5 ~ 7 cm，较萼长 3 ~ 4 倍，具不明显裂片 5；雄蕊 5，花丝基部膨大，被小鳞毛；雌蕊无毛，比雄蕊稍长，子房上位，2 室，柱头 2 裂，裂片卵形，扁平。蒴果球形。种子卵圆形，黑褐色。花期 6—8 月，果期 8—9 月。

<u>生　境</u>　生于山坡草地、耕地、撂荒地、路边及山地草甸等处。

<u>分　布</u>　黑龙江呼玛、黑河市区、孙吴、伊春、绥化、牡丹江、七台河、鹤岗、双鸭山、佳木斯、鸡西、齐齐哈尔、大庆等地。吉林长白山各地。辽宁本溪、桓仁、凤城、清原、岫岩、鞍山市区、庄河、北镇等地。内蒙古额尔古纳、科尔沁右翼前旗、科尔沁右翼中旗、科尔沁左翼中旗、科尔沁左翼后旗、扎赉特旗、扎鲁特旗、克什克腾旗、巴林左旗、巴林右旗、翁牛特旗、喀喇沁旗等地。朝鲜、日本、俄罗斯（西伯利亚）。欧洲。

<u>采　制</u>　春、秋季采挖根，除去泥土，切段，洗净，晒干。夏、秋季采收茎叶，洗净，晒干。夏、秋季采摘花，鲜用或晒干。

<u>性味功效</u>　根：味甘，性寒。有清热利尿、理气健脾、续筋骨的功效。茎叶：味甘、微苦，性温。有清热、解毒、止痛的功效。花：味甘、微苦，性温。有益气的功效。

<u>主治用法</u>　根：用于结膜炎、咽喉炎、白带异常、疝气、丹毒、创伤等。水煎服。外用鲜品捣烂敷患处。茎叶：用于丹毒、小儿热病、胃疼、腹痛等。水煎服或捣汁饮。花：用于去除面部雀斑。水煎服

▲ 宽叶打碗花植株（侧）

▼ 宽叶打碗花花（白色）

▲宽叶打碗花植株

或研末搽患处。

用　　量　根：15 ~ 50 g。外用适量。茎叶：15 ~ 50 g。外用适量。花：适量。

◎参考文献◎

[1] 朱有昌.东北药用植物[M].哈尔滨：黑龙江科学技术出版社，
　　1989:921-923.

[2] 中国药材公司.中国中药资源志要[M].北京：科学出版社，
　　1994:1025.

[3] 江纪武.药用植物辞典[M].天津：天津科学技术出版社，
　　2005:136.

▲宽叶打碗花幼苗

▲宽叶打碗花幼株

旋花属 *Convolvulus* L.

银灰旋花 *Convolvulus ammannii* Desr.

别　　名　阿氏旋花

药用部位　旋花科银灰旋花的全草。

原 植 物　多年生草本。根状茎短，木质化，茎少数或多数，高 2 ~ 15 cm，平卧或上升。叶互生，线形或狭披针形，长 1 ~ 2 cm，宽 0.5 ~ 5.0 mm，先端锐尖，基部狭，无柄。花单生枝端，具细花梗，长 0.5 ~ 7.0 cm；萼片 5，长 3 ~ 7 mm，外萼片长圆形或长圆状椭圆形，近锐尖或稍渐尖，内萼片较宽，椭圆形，渐尖；花冠小，漏斗状，长 8 ~ 15 mm，淡玫瑰色或白色带紫色条纹，5 浅裂；雄蕊 5，较花冠短一半，基部稍扩大；雌蕊无毛，较雄蕊稍长，子房 2 室，每室 2 胚珠；花柱 2 裂，柱头 2，线形。蒴果球形，2 裂，长 4 ~ 5 mm。种子 2 ~ 3，卵圆形，光滑，具喙，淡褐红色。花期 7—8 月，果期 8—9 月。

生　　境　生于河岸、田野及路旁沙质地上。

分　　布　黑龙江大庆市区、青冈、肇州、安达等地。吉林通榆、镇赉、洮南、前郭、大安、长岭、双辽等地。辽宁建平。内蒙古额尔古纳、新巴尔虎左旗、新巴尔虎右旗、鄂温克旗、科尔沁右翼前旗、科尔沁右翼中旗、科尔沁左翼中旗、科尔沁左翼后旗、扎赉特旗、扎鲁特旗、克什克腾旗、巴林左旗、巴林右旗、翁牛特旗、喀喇沁旗、阿鲁科尔沁旗、东乌珠穆沁旗、西乌珠穆沁旗、苏尼特左旗、苏尼特右旗、阿巴嘎旗、正蓝旗、镶黄旗、正镶白旗、太仆寺旗等地。河北、河南、山西、陕西、宁夏、甘肃、青海、新疆、西藏。朝鲜、日本、俄罗斯（西伯利亚）。

▲ 银灰旋花花

▼ 银灰旋花居群

银灰旋花花（边缘分裂）

▲银灰旋花植株

▲银灰旋花花（侧）

采　　制　　夏、秋季采收全草，除去泥沙，切段，洗净，晒干。

性味功效　　味辛，性温。有解表、解毒、解热、止咳的功效。

主治用法　　用于风寒感冒、咳嗽无痰、恶寒发热、头痛、鼻塞、有汗或无汗。水煎服。

用　　量　　6～9g。

◎参考文献◎

［1］钱信忠.中国本草彩色图鉴（第四卷）[M].北京：人民卫生出版社，2003:476-477.

［2］中国药材公司.中国中药资源志要[M].北京：科学出版社，1994:1026.

［3］江纪武.药用植物辞典[M].天津：天津科学技术出版社，2005:204.

▲ 田旋花植株

▼ 田旋花果实

田旋花 *Convolvulus arvensis* L.

别　　名　箭叶旋花　中国旋花

俗　　名　小旋花　野牵牛　打碗花

药用部位　旋花科田旋花的全草。

原植物　多年生草本，茎平卧或缠绕。叶卵状长圆形至披针形，长 1.5 ~ 5.0 cm，宽 1 ~ 3 cm，先端钝或具小短尖头，基部大多戟形，或箭形及心形，全缘或 3 裂，侧裂片展开，微尖。花序腋生，总梗长 3 ~ 8 cm，具花 1，或有时 2 ~ 3 至多花；苞片 2，线形，长约 3 mm；萼片长 3.5 ~ 5.0 mm，外萼片长圆状椭圆形，内萼片近圆形；花冠宽漏斗形，长 15 ~ 26 mm，白色或粉红色，或白色具粉红或红色的瓣中带，或粉红色具红色或白色的瓣中带，5 浅裂；雄蕊 5，花丝基部扩大，具小鳞毛；雌蕊较雄蕊稍长，2 室，每室 2 胚珠，柱头 2，线形。蒴果卵状球形，长 5 ~ 8 mm。种子 4，卵圆形。花期 7—8 月，果期 8—9 月。

生　　境　生于耕地、荒坡草地、村边及路旁等处。

分　　布　黑龙江大庆市区、青冈、肇州、安达、肇源、杜尔伯特、泰来、齐齐哈尔市区、密山、虎林等地。吉林通榆、镇赉、洮

▲田旋花群落

南、前郭、大安、长岭、双辽、乾安等地。辽宁大连、辽阳、凌源等地。内蒙古鄂伦春旗、扎兰屯、科尔沁右翼前旗、科尔沁右翼中旗、科尔沁左翼中旗、科尔沁左翼后旗、扎赉特旗、扎鲁特旗、克什克腾旗、巴林左旗、巴林右旗、翁牛特旗、喀喇沁旗、阿鲁科尔沁旗、东乌珠穆沁旗、西乌珠穆沁旗、苏尼特左旗、苏尼特右旗、阿巴嘎旗、正蓝旗、镶黄旗、正镶白旗、太仆寺旗等地。河北、河南、山东、江苏、山西、陕西、四川、宁夏、甘肃、新疆、青海、西藏等。两半球温带。

采　制　夏、秋季采收全草，除去泥沙，切段，洗净，晒干。

性味功效　味微咸，性温。有毒。有祛风止痒、止痛的功效。

▲田旋花植株（白色）

▲田旋花幼株

主治用法 用于风湿痹痛、牙痛、神经性皮炎等。水煎服。外用酒浸涂患处。

用　量 15 g。外用适量。

附　方

（1）治神经性皮炎：鲜田旋花全草适量，用体积分数 70% 的酒精浸泡 24 h，每天涂搽 2 次。

（2）治牙痛：田旋花鲜花 3 份，胡椒 1 份，共研末，混匀，塞蛀孔或置病牙上咬紧，勿咽下。

（3）治风湿性关节炎：田旋花根状茎 15 g，水煎服。

◎参考文献◎

［1］江苏新医学院.中药大辞典（上册）[M].上海：上海科学技术出版社，1977:649.

［2］朱有昌.东北药用植物[M].哈尔滨:黑龙江科学技术出版社，1989:924-925.

［3］中国药材公司.中国中药资源志要[M].北京：科学出版社，1994:1026.

▲田旋花花

▲田旋花花（背）

▼田旋花植株（侧）

▲ 刺旋花植株

刺旋花 *Convolvulus tragacanthoides* Turcz.

别　名　木旋花
药用部位　旋花科刺旋花的枝条。

▼ 刺旋花群落

原 植 物　匍匐有刺亚灌木，高 4 ～ 15 cm。茎密集分枝，形成披散垫状；小枝坚硬，具刺；叶狭线形，或稀倒披针形，长 0.5 ～ 2.0 cm，

▲ 刺旋花花（侧）

▲刺旋花花

▲刺旋花花（白色）

宽 0.5 ~ 6.0 mm，先端圆形，基部渐狭，无柄，均密被银灰色绢毛。花 2 ~ 6 密集于枝端，花枝有时伸长，无刺，花柄长 2 ~ 5 mm，密被半贴生绢毛；萼片长 5 ~ 8 mm，椭圆形或长圆状倒卵形，先端短渐尖，或骤细成尖端；花冠漏斗形，长 15 ~ 25 mm，粉红色，具 5 条密生毛的瓣中带，5 浅裂；雄蕊 5，不等长，花丝丝状，基部扩大，较花冠短一半；雌蕊较雄蕊长；2 室，每室 2 胚珠；花柱丝状，柱头 2，线形。蒴果球形。种子卵圆形。花期 6—7 月，果期 8—9 月。

生　　境　生于山坡石缝间或石砾质地上。

分　　布　辽宁建昌。河北、陕西、甘肃、宁夏、四川、新疆。俄罗斯（西伯利亚）、蒙古。

采　　制　夏、秋季采收枝条，除去泥沙，切段，洗净，晒干。

▲刺旋花果实

▼刺旋花植株（白色）

性味功效　味辛，性温。有祛风湿的功效。

主治用法　用于筋骨麻木、风湿性关节炎，水煎服。

用　　量　适量。

◎参考文献◎

[1] 中国药材公司. 中国中药资源志要 [M]. 北京：科学出版社，1994:1026.

[2] 江纪武. 药用植物辞典 [M]. 天津：天津科学技术出版社，2005:204.

▲ 刺旋花植株（侧）

6-178 中国东北药用植物资源图志

菟丝子属 Cuscuta L.

菟丝子 Cuscuta chinensis Lam.

| 别　　名 | 中国菟丝子 菟丝 |

俗　　名 金丝藤 无根草 龙须子 无根藤
黄藤子 穷揽 豆须子 截浆草 王八爬 豆寄
生

药用部位 旋花科菟丝子的种子(称"菟丝子")
及全草(称"菟丝")。

原植物 一年生寄生草本。茎缠绕，黄色，
纤细，直径约 1 mm，无叶。花序侧生，少
花或多花簇生成小伞形或小团伞花序，近于
无总花序梗；苞片及小苞片小，鳞片状；花
梗稍粗壮，长仅 1 mm 许；花萼杯状，中部
以下连合，裂片三角状，长约 1.5 mm，顶
端钝；花冠白色，壶形，长约 3 mm，裂片
三角状卵形，顶端锐尖或钝，向外反折，宿

存；雄蕊着生花冠裂片弯缺微下处；鳞片长圆形，边缘长流苏状；子房近球形，花柱 2，柱头球形。蒴果
球形，直径约 3 mm，几乎全为宿存的花冠所包围，成熟时整齐的周裂。种子 2 ～ 4，淡褐色，卵形，长

▲菟丝子植株

▼菟丝子种子

约1 mm，表面粗糙。花期7—8月，果期8—9月。

生　境　寄生于田边、荒地、路旁及灌丛的豆科、菊科、藜科等多种植物上。

分　布　黑龙江呼玛、伊春、绥化、牡丹江、七台河、鹤岗、双鸭山、佳木斯、鸡西、齐齐哈尔、大庆等绝大多数地区。吉林省各地。辽宁丹东、抚顺、新宾、开原、康平、沈阳市区、庄河、长海、大连市区、营口、锦州、凌源、彰武等地。内蒙古额尔古纳、根河、科尔沁右翼前旗、科尔沁右翼中旗、科尔沁左翼中旗、科尔沁左翼后旗、扎赉特旗、扎鲁特旗、克什克腾旗、巴林左旗、巴林右旗、翁牛特旗、喀喇沁旗、阿鲁科尔沁旗、东乌珠穆沁旗、西乌珠穆沁旗、苏尼特左旗、苏尼特右旗、阿巴嘎旗、正蓝旗、镶黄旗、正镶白旗、太仆寺旗等地。河北、山西、山东、江苏、安徽、河南、浙江、福建、陕西、宁夏、四川、甘肃、云南、新疆等。朝鲜、俄罗斯、蒙古、日本、伊朗、阿富汗、斯里兰卡、马达加斯加、澳大利亚。

采　制　秋季采收成熟果实，搓去果皮，除去杂质，获取种子，晒干。生用或煮熟捣烂做饼用。夏、秋季采收全草，除去杂质，切段，洗净，晒干。

性味功效　种子：味辛、甘，性温。有滋补肝肾、固精缩尿、安胎、明目、止泻的功效。全草：味甘，性平。有清热、凉血、利水、解毒的功效。

主治用法　种子：用于阳痿遗精、尿有余沥、遗尿尿频、腰膝酸软、目昏耳鸣、视力减退、肾虚胎漏、胎动不安、先兆流产、脾肾虚泻、白癜风等。水煎服或入丸、散。外用炒研调敷。全草：用于吐血、衄血、便血、血崩、淋浊、带下病、痢疾、黄疸、痈疽、疔疮、热毒痱疹等。水煎服。外用煎水洗，捣敷或捣汁涂。

用量 种子：15~25 g。外用适量。
全草：15~25 g。外用适量。

附方
（1）治肾虚腰痛、腰膝疼痛、阳痿、遗精：菟丝子25 g，枸杞子、杜仲各20 g，莲须、韭菜子、五味子各10 g，补骨脂15 g。水煎服或制成蜜丸，每服15 g，每日2~3次。

（2）治细菌性痢疾、肠炎：鲜菟丝子全草50 g。每日1剂，煎服2次。亦可同生姜一起煎服。

（3）治小便不通：菟丝一把，同韭菜根头适量，煎汤洗小肚子。

（4）治遗尿、小便频数：菟丝子15 g，益智仁、桑螵蛸各10 g，水煎，日服2次。

（5）治劳伤肝气、目暗：菟丝子、蝉蜕各50 g，共研细末，以猪肝切开，涂上药末蒸熟，每次吃猪肝50 g，每日2次。

（6）治习惯性流产：菟丝子15 g，杜仲25 g，黑大豆15 g，水煎，加糖冲服，日服2次。

（7）治妇女、儿童头面疮疖或痱子：菟丝煎汤外洗。

▲ 菟丝子花（淡黄色）

▼ 菟丝子花（银白色）

（8）治体虚、腰膝腿软、视力减退、眼冒黑花：菟丝子、熟地黄各100 g，车前子50 g，做蜜丸，每服15 g，开水送服，每日2次。或以上三药各用15 g，水煎，温酒送下，日服2次。

附注 本品为《中华人民共和国药典》（2020年版）收录的药材。

◎参考文献◎

［1］江苏新医学院.中药大辞典（下册）[M].上海：上海科学技术出版社，1977:2006-2008.

［2］朱有昌.东北药用植物[M].哈尔滨：黑龙江科学技术出版社，1989:925-929.

［3］《全国中草药汇编》编写组.全国中草药汇编（上册）[M].北京：人民卫生出版社，1975:751-752.

▲ 金灯藤植株

▲ 金灯藤花序

金灯藤 *Cuscuta japonica* Choisy

别　　名	大菟丝子　日本菟丝子
俗　　名	无根草　龙须子　无根藤　树盘　柳树藤子　穷搅棒子
药用部位	旋花科金灯藤的种子（称"菟丝子"）及全草。
原 植 物	一年生寄生缠绕草本。茎较粗壮，肉质，直径

▼ 金灯藤种子

1～2 mm，黄色，常带紫红色瘤状斑点，多分枝，无叶。花形成穗状花序，长达 3 cm；苞片及小苞片鳞片状，卵圆形，长约 2 mm；花萼碗状，肉质，长约 2 mm，5 裂几达基部，裂片卵圆形或近圆形；花冠钟状，淡红色或绿白色，长 3～5 mm，顶端 5 浅裂，裂片卵状三角形；雄蕊 5，着生于花冠喉部裂片之间，花药卵圆形，黄色；鳞片 5，长圆形，边缘流苏状，着生于花冠筒基部；子房球状，平滑，2 室，花柱细长，合生为 1，与子房等长或稍长，柱头 2 裂。蒴果卵圆形，长约 5 mm，近基部周裂。种子 1～2，长 2.0～2.5 mm，褐色。花期 8 月，果期 9 月。

生　境　寄生于山坡、草地、路旁等地的灌丛或草本植物上。

分　布　黑龙江伊春、绥化、牡丹江、七台河、鹤岗、双鸭山、佳木斯、鸡西、齐齐哈尔、大庆等绝大多数地区。吉林通榆、镇赉、洮南、长岭、前郭、双辽、大安、吉林、柳河、通化市区、集安、安图、和龙、珲春、蛟河、临江等地。辽宁丹东市区、凤城、本溪、桓仁、岫岩、鞍山市区、庄河、长海、大连市区、北镇等地。内蒙古额尔古纳、根河、科尔沁右翼前旗、科尔沁右翼中旗、科尔沁左翼中旗、科尔沁左翼后旗、扎赉特旗、扎鲁特旗、克什克腾旗、巴林左旗、巴林右旗、翁牛特旗、喀喇沁旗、阿鲁科尔沁旗等地。全国绝大部分地区。朝鲜、俄罗斯、越南、日本。

▲金灯藤幼株

▲金灯藤果实

附　注　其他同菟丝子。

◎参考文献◎
［1］江苏新医学院. 中药大辞典（下册）[M]. 上海：上海科学技术出版社，1977:2006-2008.
［2］朱有昌. 东北药用植物 [M]. 哈尔滨：黑龙江科学技术出版社，1989:925-929.
［3］《全国中草药汇编》编写组. 全国中草药汇编（上册）[M]. 北京：人民卫生出版社，1975:751-752.

▲金灯藤花

▲ 欧洲菟丝子果实

▲ 欧洲菟丝子花序

欧洲菟丝子 *Cuscuta europaea* L.

别　　名　大菟丝子

俗　　名　金丝藤　无根草　龙须子

药用部位　旋花科欧洲菟丝子的种子（称"菟丝子"）及全草。

原 植 物　一年生寄生草本。茎缠绕，带黄色或带红色，纤细，无叶。花序侧生，少花或多花密集成团伞花序，花梗长 1.5 mm 或更短；花萼杯状，中部以下连合，裂片 4～5；花冠淡红色，壶形，长 2.5～3.0 mm，裂片 4～5，三角状卵形，通常向外反折，宿存；雄蕊着生花冠凹缺微下处，花药卵圆形，花丝比花药长；鳞片薄，倒卵形，着生花冠基部之上花丝之下，顶端 2 裂或不分裂；子房近球形，花柱 2，柱头棒状，下弯或叉开，与花柱近等长，花柱和柱头短于子房。蒴果近球形，直径约 3 mm，上部覆以凋存的花冠。种子通常 4，淡褐色，椭圆形，长约 1 mm，表面粗糙。花期 7—8 月，果期 8—9 月。

生　　境　寄生于田边、荒地、路旁及灌丛的豆科、菊科、藜科等多种植物上。

分　　布　黑龙江伊春、绥化、牡丹江、七台河、鹤岗、双鸭山、佳木斯、鸡西、齐齐哈尔、大庆等绝大多数地区。吉林抚松、长白、梅河口、安图等地。辽宁抚顺、铁岭等地。内蒙古牙克石、阿尔山、科尔沁右翼前旗、东乌珠穆沁旗等地。陕西、山西、四川、甘肃、青海、云南、新疆、西藏等。朝鲜、俄罗斯。欧洲、非洲北部、亚洲西部。

采　　制　秋季采收成熟果实，搓去果皮，除去杂质，获取种子，晒干。生用或煮熟捣烂做饼用。夏、秋季采收全草，除去杂质，切段，洗净，晒干。

附　　注　其他同菟丝子。

◎参考文献◎

［1］朱有昌. 东北药用植物 [M]. 哈尔滨：黑龙江科学技术出版社，1989:925-929.

［2］《全国中草药汇编》编写组. 全国中草药汇编（上册）[M]. 北京：人民卫生出版社，1975:751-752.

［3］中国药材公司. 中国中药资源志要 [M]. 北京：科学出版社，1994:1026.

▲ 北鱼黄草植株

▼ 北鱼黄草花

▼ 北鱼黄草花（侧）

鱼黄草属 *Merremia* Dennst

北鱼黄草 *Merremia sibirica*（L.）Hall. f.

别　　名　西伯利亚番薯　西伯利亚鱼黄草　囊毛鱼黄草

药用部位　旋花科北鱼黄草的种子（入药称"铃铛子"）及全草。

原 植 物　缠绕草本。茎圆柱状，具细棱。叶卵状心形，长 3 ～ 13 cm，宽 1.7 ～ 7.5 cm；叶柄长 2 ～ 7 cm，基部具小耳状假托叶。聚伞花序腋生，有花 1 ～ 7，花序梗通常比叶柄短，有时超出叶柄，长 1.0 ～ 6.5 cm，明显具棱或狭翅；苞片小，线形；花梗长 0.3 ～ 1.5 cm，向上增粗；萼片椭圆形，近于相等，长 0.5 ～ 0.7 cm，顶端明显具钻状短尖头，无毛；花冠淡红色，钟状，长 1.2 ～ 1.9 cm，无毛，冠檐具三角形裂片；花药不扭曲；子房无毛，2 室。蒴果近球形，顶端圆，高 5 ～ 7 mm，无毛，4 瓣裂。种子 4 或较少，黑色，椭圆状三棱形，顶端钝圆，长 3 ～ 4 mm，无毛。花期 7—8 月，果期 8—9 月。

生　　境　生于路边、田边、山地草丛及山坡灌丛等处。

分　　布　黑龙江泰来、大庆市区、肇州、肇源等地。吉林通榆、镇赉、洮南、长岭、前郭、大安、磐石等地。辽宁营口、建平、凌源等地。内蒙古科尔沁右翼前旗、科尔沁右翼中旗、扎赉特旗等地。河北、山东、江苏、浙江、安徽、山西、湖南、陕西、四川、广西、贵州、甘肃、

云南等。蒙古、俄罗斯（西伯利亚）、印度。

采　制　秋季采收成熟果实，搓去果皮，除去杂质，获取种子，晒干。夏、秋季采收全草，除去泥沙，切段，洗净，晒干。

性味功效　种子：味辛、苦，性寒。有泻下去积、逐水消肿的功效。全草：味辛、苦，性寒。有活血解毒的功效。

主治用法　种子：用于大便秘结、食积等。水煎服。全草：用于劳伤疼痛、疔疮等。水煎服，或捣烂敷患处。

用　量　种子：10～15 g。全草：3～10 g。

附　方

（1）治便秘：铃铛子研细末，每次2.5 g，日服1次。

（2）治食积腹胀：铃铛子、鸡内金各15 g，共炒焦，研细末。每次5 g，日服2次。

◎参考文献◎

［1］江苏新医学院.中药大辞典（下册）[M].上海：上海科学技术出版社，1977:1868.

［2］朱有昌.东北药用植物[M].哈尔滨：黑龙江科学技术出版社，1989:929-930.

［3］中国药材公司.中国中药资源志要[M].北京：科学出版社，1994:1.

▲北鱼黄草幼株

▼北鱼黄草幼株居群

▼北鱼黄草果实

▲ 圆叶牵牛植株（花粉红色）

虎掌藤属 *Ipomoea* L.

圆叶牵牛 *Ipomoea purpurea*（L.）Roth

别　　名	毛牵牛
俗　　名	牵牛花　喇叭花　爬山虎
药用部位	旋花科圆叶牵牛的种子（白色

▲ 圆叶牵牛果实

▲ 圆叶牵牛植株（花蓝色）

称"白丑"，黑色称"黑丑"，两者混合称"二丑"）。

原 植 物　一年生缠绕草本。叶圆心形或宽卵状心形，长 4 ～ 18 cm，宽 3.5 ～ 16.5 cm，基部圆，心形；叶柄长

▲ 圆叶牵牛幼株

▲ 圆叶牵牛种子

2 ～ 12 cm。花腋生，单一或2 ～ 5着生于花序梗顶端成伞形聚伞花序，花序梗长 4 ～ 12 cm；苞片线形，长6 ～ 7 mm；花梗长 1.2 ～ 1.5 cm；萼片近等长，长 1.1 ～ 1.6 cm，外面 3 片长椭圆形，渐尖；花冠漏斗状，长4 ～ 6 cm，紫红色、红色或白色，花冠管通常白色，瓣中带于内面色深，外面色淡；雄蕊与花柱内藏；雄蕊不等长，3 室，每室 2 胚珠，柱头头状；花盘环状。蒴果近球形，直径 9 ～ 10 mm，3 瓣裂。种子卵状三棱形，长约 5 mm，黑褐色或米黄色，被极短的糠秕状毛。花期 7—8 月，果期 8—9 月。

生　境　生于田边、路边、宅旁及山谷林内等处。

分　布　黑龙江伊春、绥化、牡丹江、七台河、鹤岗、双鸭山、佳木斯、鸡西、齐齐哈尔、大庆等绝大多数地区。吉林省各地。辽宁各地。内蒙古科尔沁右翼中旗、科尔沁左翼中旗、科尔沁左翼后旗、扎赉特旗、突泉、奈曼旗、敖汉旗等地。全国绝大部分地区。热带、温带。

采　制　秋季采摘成熟果实，晒干，打下种子，除去杂质，晒干。生用或炒用。

性味功效　味苦、辛，性寒。有毒。有泻水通便、消痰涤饮、杀虫攻积的功效。

主治用法　用于水肿胀满、肾炎水肿、肝硬化腹腔积液、消化不良、二便不通、痰饮积聚、气逆喘咳、虫积腹痛、蛔虫病、绦虫病、脚气、急性关节炎等。水煎服。入丸、散用量减半。孕妇及胃弱气虚者忌服，不宜与巴豆同用。

▲ 圆叶牵牛植株（花白色）

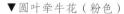
▼ 圆叶牵牛花（粉色）

用　　量　煎汤：7.5 ～ 15.0 g。研末：
7.5 ～ 15.0 g。入丸、散：0.5 ～ 1.5 g。

附　　方

（1）治肢体水肿、尿少：黑牵牛（炒）
200 g，大黄100 g，甘遂(醋制)、红牙大戟(醋
制)、芫花(醋制)、青皮、陈皮各50 g，木香、
槟榔各25 g，轻粉5 g（另研）。共为细末，
水泛小丸，滑石为衣。每服5 g，日服2次，
温开水送下。

（2）治慢性肾炎并发水肿：黑白丑各200 g，
研末，每服10 g。另用大枣10枚，煎汤加红
糖适量吞服药粉，每天1次，连服2 ～ 3 d。
又方：用黑白丑200 g，茴香子50 g，共研细末，
每服10 g，空腹白开水送服，每日1次，连
服2 ～ 3 d。

（3）治水气胀满：白牵牛、黑牵牛各10 g。
上为末，和大麦面200 g，为烧饼，临卧用茶
汤下，降气为验。

（4）治水肿：牵牛子2.5 g，煨甘遂2.5 g，
共研细末，猪腰子1个切开，将上药装入，
蒸熟1次吃完。日服1次，连服2 ～ 3 d，
忌食盐酱。又方：牵牛子、车前子各5 g，
共研细末，加适量红糖，分3次，每日服2次。

（5）治鼓胀：牵牛子15 g，研为细末，放
在猪腰子中煨熟，温酒送下，日服1次。

（6）治血淋：牵牛子100 g（微炒），研细末，
每次5 g，用姜汤或茶水送下，日服1 ～ 2次。

（7）治一切虫积：牵牛子100 g（炒，研为
细末），槟榔50 g，使君子肉50个（微炒），

▲圆叶牵牛花（五裂）　　　　　　　▼圆叶牵牛花（侧）

▲圆叶牵牛花（深紫色）

▲圆叶牵牛花（蓝紫色）

▲圆叶牵牛花（白色）

俱为末，每服 10 g，砂糖调下，小儿减半。

（8）治蛔虫病：牵牛子 50 g，槟榔 150 g，共研细末，炼蜜为丸 10 g 重，每次 1 丸，空腹日服 1 次。

（9）治小儿食积：牵牛子、人参、大黄、槟榔各等量，共研细末，每次 1 g，日服 2 次，温开水送下。3 岁以下儿童药量酌减。

附　注　本品为《中华人民共和国药典》2020年版）收录的药材。

◎参考文献◎

［1］江苏新医学院.中药大辞典（下册）[M].上海：上海科学技术出版社，1977:1626-1628.

［2］朱有昌.东北药用植物 [M].哈尔滨：黑龙江科学技术出版社，1989:930-933.

［3］《全国中草药汇编》编写组.全国中草药汇编（上册）[M].北京：人民卫生出版社，1975:590-591.

▲圆叶牵牛植株（花杂色）

▲ 牵牛植株（匍匐型）

▼ 牵牛花

▼ 牵牛花（侧）

牵牛 *Ipomoea nil*（L.）Roth

别　　名　裂叶牵牛　牵牛子　狗耳草

俗　　名　牵牛花　喇叭花　爬山虎

药用部位　旋花科牵牛的种子（白色称"白丑"，黑色称"黑丑"）。

原植物　一年生缠绕草本。叶宽卵形或近圆形，深或浅的 3 裂，偶 5 裂，长 4 ～ 15 cm，宽 4.5 ～ 14.0 cm，基部圆，心形，中裂片长圆形或卵圆形；叶柄长 2 ～ 15 cm。花腋生，单一或通常 2 朵着生于花序梗顶，花序梗长短不一，长 1.5 ～ 18.5 cm；苞片线形或叶状；花梗长 2 ～ 7 mm；小苞片线形；萼片近等长，长 2.0 ～ 2.5 cm，披针状线形，内面 2 片稍狭；花冠漏斗状，长 5 ～ 10 cm，蓝紫色或紫红色，花冠管色淡；雄蕊及花柱内藏；雄蕊不等长；花丝基部被柔毛；子房无毛，柱头头状。蒴果近球形，直径 0.8 ～ 1.3 cm，3 瓣裂。种子卵状三棱形，长约 6 mm，黑褐色或米黄色。花期 7—8 月，果期 8—9 月。

生　　境　生于山坡灌丛、干燥河谷路边、园边宅旁及山地路边等处。

分　　布　黑龙江伊春、绥化、牡丹江、鸡西、大庆等地。吉林集安、通化等地。辽宁各地。全国绝大部分地区。热带与温带的广大地区。

▲ 牵牛植株（缠绕型）

附　　注　其他同圆叶牵牛。

◎参考文献◎

［1］江苏新医学院.中药大辞典（下册）[M].上海：上海科学技术出版社，1977:1626-1628.

［2］朱有昌.东北药用植物 [M].哈尔滨：黑龙江科学技术出版社，1989:930-933.

［3］《全国中草药汇编》编写组.全国中草药汇编（上册）[M].北京：人民卫生出版社，1975:589-590.

▲ 牵牛种子

▲ 牵牛果实

▲内蒙古自治区阿尔山国家地质公园湿地秋季景观

▲ 钝背草植株

紫草科 Boraginaceae

本科共收录 12 属、17 种、1 变种。

钝背草属 *Amblynotus* Johnst

钝背草 *Amblynotus rupestris* (Pall.) Popov

药用部位 紫草科钝背草的花及叶。

原植物 多年生小草本。茎数条至多条，直立，斜升或外倾，高 6 ~ 8 cm，上部稍分枝，有伏贴短糙毛。叶小，密生糙伏毛，基生叶和茎下部叶狭匙形，长 7 ~ 15 mm。花序长 1 ~ 3 cm，有数朵花；花有短花梗，苞片与上部茎生叶同形而较小，花序轴、花梗及花萼两面都密生短糙伏毛；花萼裂片长约 2 mm，果期几不增大；花冠蓝色，筒部长约 1.5 mm，檐部直径约 5 mm，裂片倒卵

▼ 钝背草植株（花淡蓝色）

形或近圆形，长约 2 mm，全缘，开展，喉部附属物半圆形，肥厚；花药长约 0.9 mm；花柱长约 1 mm，柱头头状。小坚果歪卵形，长 1.5 ~ 2.0 mm，淡黄白色，背面圆钝，腹面有纵隆脊。种子褐色，背腹扁，卵形。花期 6—7 月，果期 8—9 月。

生　境　生于石质山坡及沙地上。

分　布　内蒙古额尔古纳、牙克石、鄂伦春旗、东乌珠穆沁旗、西乌珠穆沁旗等地。俄罗斯（西伯利亚）、蒙古。

采　制　夏季采摘花及叶，洗净，除去杂质，晒干。

性味功效　有解毒消肿的功效。

主治用法　用于发热、流行性感冒、温热症、血热症等。水煎服。外用煎水洗患处。

用　量　适量。

◎参考文献◎

[1] 江纪武 . 药用植物辞典 [M]. 天津：天津科学技术出版社，2005:41.

▲ 钝背草花（侧）

▲ 钝背草花

▼ 钝背草群落

▲ 斑种草果实

斑种草属 *Bothriospermum* Bge.

斑种草 *Bothriospermum chinense* Bge.

别　　名	斑种细叠子草
俗　　名	蛤蟆草　细叠子草
药用部位	紫草科斑种草的全草。

原 植 物　一年生草本，高 20 ~ 30 cm。根为直根，细长，不分枝。茎数条丛生，直立或斜升。基生叶及茎下部叶具长柄，匙形或倒披针形，通常长 3 ~ 6 cm，茎中部及上部叶无柄，长圆形或狭长圆形，长 1.5 ~ 2.5 cm。花序长 5 ~ 15 cm，具苞片；苞片卵形或狭卵形；花梗短，花期长 2 ~ 3 mm，果期伸长；花萼长 2.5 ~ 4.0 mm，裂片披针形；花冠淡蓝色，长 3.5 ~ 4.0 mm，檐部直径 4 ~ 5 mm，裂片圆形，长宽约 1 mm；花药卵圆形或长圆形，长约 0.7 mm，花丝极短，着生花冠筒基部以上 1 mm 处；花柱短，长约为花萼的 1/2。小坚果肾形，长约 2.5 mm，有一网状皱褶及稠密的粒状突起。花期 5—6 月，果期 8—9 月。

生　　境	生于荒野路边、山坡草丛及林下等处。
分　　布	辽宁北镇、义县等地。河北、山东、山西、河南、陕西、甘肃。

采 制	夏季采收全草，洗净，晒干。
性味功效	味微苦，性凉。有解毒消肿、利湿止痒的功效。
主治用法	用于痔疮、肛门肿痛、湿疹等。水煎服。外用煎水

洗患处。

| 用 量 | 9 ~ 15 g。外用适量。 |

◎参考文献◎

[1] 朱有昌．东北药用植物 [M].哈尔滨：黑龙江科学技术出
版社，1989:937-938.

[2] 中国药材公司．中国中药资源志要[M].北京：科学出版社，
1994:1032.

[3] 江纪武．药用植物辞典 [M].天津：天津科学技术出版社，
2005:114.

▲ 斑种草植株

▼斑种草花

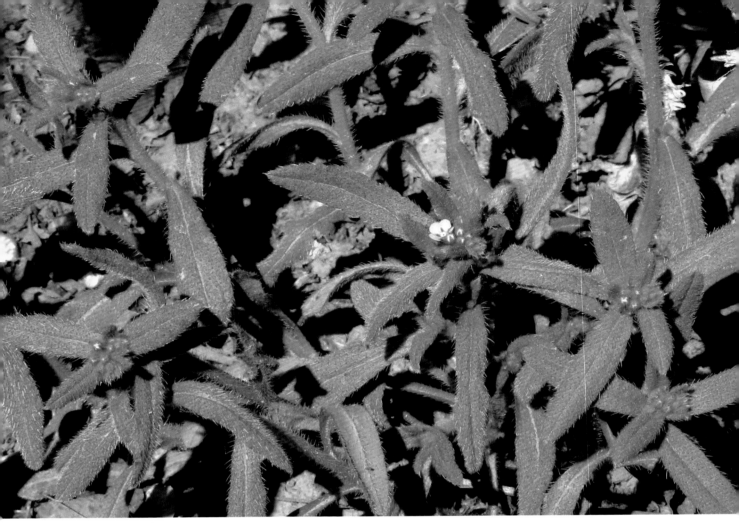

▲ 狭苞斑种草植株

狭苞斑种草 *Bothriospermum kusnezowii* Bge.

别　　名	叠子草　顾氏斑种草
药用部位	紫草科狭苞斑种草的全草。

原 植 物　一年生草本，高 15 ~ 40 cm。茎数条丛生，直立或平卧。基生叶莲座状，倒披针形或匙形，长 4 ~ 7 cm，宽 0.5 ~ 1.0 cm，先端钝，基部渐狭成柄，边缘有波状小齿，茎生叶无柄，长圆形或线状倒披针形，长 2 ~ 5 cm，宽 0.5 ~ 1.0 cm，花序长 5 ~ 20 cm，具苞片；苞片线形或线状披针形；花梗长 1.0 ~ 2.5 mm，果期增长；花萼长 2 ~ 3 mm；花冠淡蓝色、蓝色或紫色，钟状，长 3.5 ~ 4.0 mm，檐部直径约 5 mm，裂片圆形，有明显的网脉，喉部有 5 个梯形附属物，附属物高约 0.7 mm，先端浅 2 裂；花药椭圆形或卵圆形，长 0.7 mm，花丝极短，着生花筒基部以上 1 mm 处；花柱短，长约为花萼的 1/2，柱头头状。小坚果椭圆形，长 2.0 ~ 2.5 mm，密生疣状突起。花期 5—6 月，果期 6—7 月。

生　　境	生于河滩、荒地、路边、山谷、山谷林缘、山坡及山坡草甸等地。

分　　布　辽宁沈阳、大连、盖州、建平、朝阳、凌源等地，内蒙古科尔沁右翼前旗、科尔沁右翼中旗、阿鲁科尔沁旗、巴林右旗、翁牛特旗等地。河北、河南、山西、宁夏、陕西、甘肃、青海等。

采　　制	夏、秋季采收全草，洗净，晒干。
性味功效	有解毒消肿、利湿止痒的功效。

用　　量 适量。

[1] 江纪武. 药用植物辞典 [M]. 天津：天津科学技术出版社，2005:114.

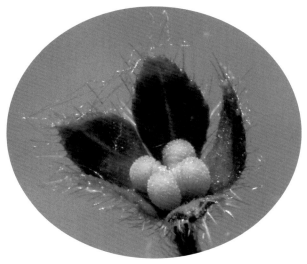

▲ 狭苞斑种草果实

▲ 狭苞斑种草植株（侧）

▼ 狭苞斑种草花

▲ 山茄子花序

▼ 山茄子幼苗

山茄子属 *Brachybotrys* Maxim. ex Oliv

山茄子 *Brachybotrys paridiformis* Maxim.

俗　　名　棒槌幌子　山茄秧　人参幌子
药用部位　紫草科山茄子的全草。
原 植 物　多年生草本。根状茎粗约 3 mm，茎直立，高 30 ~ 40 cm。基部茎生叶鳞片状；中部茎生叶具长叶柄，叶片倒卵状长圆形，长 2 ~ 5 cm；叶柄长

▼ 山茄子坚果

▲市场上的山茄子幼株

▲山茄子幼株

▲山茄子花（背）

▲山茄子花

卵形，腹面由3个面组成。花期5—6月，果期8—9月。

生　境　生于林下及林缘等处，常聚集成片生长。

分　布　黑龙江伊春、尚志等地。吉林长白山各地、辽宁宽甸、凤城、本溪、桓仁、鞍山等地。朝鲜、俄罗斯（西伯利亚中东部）。

采　制　夏、秋季采收全草，除去杂质，切段，洗净，晒干。

主治用法　能孕大鼠口服全草水提取物有避孕作用。

用　量　适量。

◎参考文献◎

[1] 江纪武. 药用植物辞典 [M]. 天津：天津科学技术出版社，2005:115.

▼ 山茄子果实

▲ 山茄子植株

3 ～ 5 cm，有狭翅；上部 5 ～ 6 叶假轮生，叶片倒卵形至倒卵状椭圆形，长 6 ～ 12 cm。花序顶生，长约 5 cm，具纤细的花序轴，花集于花序轴的上部，具花通常约为 6；花梗长 4 ～ 15 mm；花萼长约 8 mm，5 裂至近基部，裂片钻状披针形；花冠紫色，长约 11 mm，筒部约比檐部短一半，檐部裂片倒卵状长圆形；雄蕊着生附属物之下；子房 4 裂，花柱长约 1.7 mm。小坚果长 3.0 ～ 3.5 mm，背面三角状

琉璃草果实

琉璃草属 *Cynoglossum* L.

大果琉璃草 *Cynoglossum divaricatum* Steph. ex Lehm.

别　　名　展枝倒提壶　琉璃草根

俗　　名　大赖鸡毛子　大赖毛子　小沾染子　山白菜　招汉子草　招汉精　粘染子

药用部位　紫草科大果琉璃草的根及果实。

原 植 物　多年生草本，高 25 ~ 100 cm，具红褐色粗壮直根。茎直立，中空。基生叶和茎下部叶长圆状披针形或披针形，长 7 ~ 15 cm；茎中部及上部叶无柄，狭披针形。花序顶生及腋生，长约 10 cm，花稀疏，集为疏松的圆锥状花序；苞片狭披针形或线形；花梗细弱，长 3 ~ 10 mm，花后伸长，果期长 2 ~ 4 cm，下弯；花萼长 2 ~ 3 mm，裂片卵形或卵状披针形；花冠蓝紫色，长约 3 mm，檐部直径 3 ~ 5 mm，裂片卵圆形，先端微凹，喉部有 5 个梯形附属物；花药卵球形，长约 0.6 mm；花柱肥厚，扁平。小坚果卵形，长 4.5 ~ 6.0 mm，宽约 5 mm，密生锚状刺，背面平。花期 7—8 月，果期 8—9 月。

▲ 大果琉璃草植株（花期）

▼ 大果琉璃草花

▼ 大果琉璃草花（背）

▲ 大果琉璃草幼株

附 方

（1）治小儿腹泻：大果琉璃草果实7粒，焙黄研末，开水或米汤送服；或用果实5g，水煎服。

（2）治扁桃体炎：大果琉璃草根15g，每日2次，水煎服。

◎参考文献◎

［1］江苏新医学院.中药大辞典（下册）[M].上海：上海科学技术出版社，1977:1981.

［2］朱有昌.东北药用植物[M].哈尔滨：黑龙江科学技术出版社，1989:941−942.

［3］中国药材公司.中国中药资源志要[M].北京：科学出版社，1994:1034.

生　境　生于山坡、草地、沙丘、石滩及路边等处。

分　布　黑龙江安达、泰来、大庆市区、肇源、肇州、杜尔伯特等地。吉林靖宇、抚松、延吉等地。辽宁彰武、建平等地。内蒙古科尔沁右翼前旗、科尔沁右翼中旗、科尔沁左翼中旗、科尔沁左翼后旗、扎赉特旗、扎鲁特旗、巴林右旗等地。河北、山西、陕西、甘肃、新疆。俄罗斯（西伯利亚）、蒙古。

采　制　春、秋季采挖根，洗净，晒干。秋季采收果实，除去杂质，晒干。

性味功效　根：味淡，性寒。有清热解毒的功效。果实：味苦，性平。有收敛止泻的功效。

主治用法　根：用于扁桃体炎、疮疖痈肿等。水煎服。果实：用于小儿腹泻。水煎服，或研末为散。

用　量　根：15～25g。果实：5～15g。

▲ 大果琉璃草植株（果期）

齿缘草属 *Eritrichium* Schrad

石生齿缘草 *Eritrichium pauciflorum* （Ledeb.）DC.

别　　名　少花齿缘草　蓝梅

药用部位　紫草科石生齿缘草的花及叶。

原 植 物　多年生草本，高 10 ~ 30 cm。茎数条，基生叶片及宿存的枯叶，常形成密簇。基生叶匙形或
匙状倒披针形，长 3 ~ 6 cm；茎生叶狭倒披针形至
线形，长 1 ~ 2 cm。花序顶生，长 1 ~ 2 cm，花
后延长，可达 5 cm，分枝 2 ~ 4，分枝有花数至十数，
生苞腋外；苞片线状披针形，长 3 ~ 9 mm；花梗
长 3 ~ 5 mm；花萼裂片线形或倒披针形；花冠蓝色，
钟状辐形，筒长约 2 mm，檐部直径 6.5 ~ 8.0 mm，
裂片椭圆形或近圆形，长 4 ~ 5 mm；花药长圆形。
小坚果陀螺形，长约 2 mm，背面平或微凸，着生
面宽卵形，位于基部，棱缘有三角形小齿，齿端无
锚钩，稀小齿退化或变长，长者顶端具锚钩。花期
7 月，果期 8 月。

生　　境　生于石质山坡、干山坡、砾石缝或路边
等处。

▲ 石生齿缘草花序

▲ 石生齿缘草植株

分　布　辽宁建昌。内蒙古东乌珠穆沁旗、西乌珠穆沁旗等地。河北、山西、宁夏、甘肃。俄罗斯（西伯利亚）、蒙古。

采　制　夏、秋季采摘花及叶，除去杂质，晒干。

性味功效　味甘，性寒。有清热解毒的功效。

▼ 石生齿缘草花（背）

主治用法　用于感冒、温热病、脉管炎等。水煎服。

用　量　5.0～7.5 g。

附　方　治流行性感冒发热：石生齿缘草7.5 g，水煎服，每日3次。

◎参考文献◎

［1］江苏新医学院.中药大辞典(上册）[M].上海：上海科学技术出版社，1977:1327-1328.

［2］中国药材公司.中国中药资源志要[M].北京：科学出版社，1994:1035.

［3］江纪武.药用植物辞典[M].天津:天津科学技术出版社，2005:303.

鹤虱属 *Lappula* Gilib

▼ 鹤虱果实

鹤虱 *Lappula myosotis* V. Wolf

别　　名　东北鹤虱

俗　　名　赖毛子　赖鸡毛子　赖毛蒿子　黏珠子　小黏染子　养汉精　蓝花蒿　小粘染子

药用部位　紫草科鹤虱的果实。

原 植 物　一年生或二年生草本。茎直立，高 30 ~ 60 cm。基生叶长圆状匙形；茎生叶较短而狭，披针形或线形；花梗果期伸长，长约 3 mm；花萼 5 深裂，几达基部，裂片线形，急尖，花期长 2 ~ 3 mm；花冠淡蓝色，漏斗状至钟状，长约 4 mm，檐部直径 3 ~ 4 mm，裂片长圆状卵形，喉部附属物梯形。小坚果卵状，长 3 ~ 4 mm，背面狭卵形或长圆状披针形，通常有颗粒状疣突，稀平滑或沿中线龙骨状突起上有小棘突，边缘有 2 行近等长的锚状刺，内行刺长 1.5 ~ 2.0 mm，基部不连合，外行刺较内行刺稍短或近等长，通常直立，小坚果腹面通常具棘状突起或有小疣状突起。花期 6—7 月，果期 8—9 月。

生　　境　生于河谷草甸、山坡草地及路旁等处。

分　　布　黑龙江哈尔滨市区、牡丹江市区、鸡西、佳木斯、绥化、

▲ 鹤虱植株

大庆、齐齐哈尔、伊春、宾县、尚志、宁安、东宁、穆棱、依兰、富锦、五大连池等地。吉林省各地。辽宁各地。内蒙古额尔古纳、陈巴尔虎旗、牙克石、鄂伦春旗、阿尔山、科尔沁右翼前旗、科尔沁右翼中旗、扎赉特旗、扎鲁特旗、克什克腾旗等地。河北、山西、陕西、宁夏、甘肃。朝鲜、俄罗斯、阿富汗、巴基斯坦。北美洲。

采　制　秋季采收成熟果实，除去杂质，晒干。

性味功效　味苦、辛，性平。有毒。有消积杀虫、消炎止痒的功效。

主治用法　用于蛔虫病、蛲虫病、绦虫病、虫积腹痛等。水煎服或入丸、散。

用　量　5～15 g。

附　方

（1）治蛔虫病、蛲虫病：鹤虱、槟榔、使君子各15 g，水煎服。

（2）治泻肚：鹤虱15 g，焙干研末，白开水送服（内蒙古科尔沁右翼前旗民间方）。

（3）手术前洗手、皮肤消毒：鹤虱全草1.5 kg，加水约4 L，煎熬2 h，过滤，得1 500 ml。浓度为100%，成浓茶样，一般可保存10 d左右，供医师术前洗手和患者手术时皮肤消毒。

（4）治钩虫病：鹤虱150 g，洗净后水煎2次，药液混合浓缩至60 ml（每10 ml相当于生药25 g），过滤加少量白糖调味，成人每晚睡前服30 ml，连服2晚，小儿及年老体弱者酌减。

◎参考文献◎

［1］江苏新医学院.中药大辞典（下册）[M].上海：上海科学技术出版社，1977:2628-2630.

［2］朱有昌.东北药用植物[M].哈尔滨：黑龙江科学技术出版社，1989:942-943.

［3］《全国中草药汇编》编写组.全国中草药汇编（上册）[M].北京：人民卫生出版社，1975:910-912.

▲ 鹤虱幼株

▲ 鹤虱花

▲ 卵盘鹤虱花

卵盘鹤虱 *Lappula redowskii*（Hornem.）Greene

▼ 卵盘鹤虱花（侧）

别　名	中间鹤虱　东北鹤虱　蒙古鹤虱
俗　名	赖毛子　黏珠子　小沾染子
药用部位	紫草科卵盘鹤虱的果实。
原植物	一年生草本。主根单一，

粗壮，圆锥形，长约 7 cm。茎高达 60 cm，直立。茎生叶较密，线形或狭披针形，长 2 ~ 5 cm。花序生于茎或小枝顶端，果期伸长，长 5 ~ 20 cm；苞片下部者叶状，上部者渐小，呈线形；花梗直立；花萼 5 深裂，裂片线形；花冠蓝紫色至淡蓝色，钟状，长 3.0 ~ 3.5 mm，较花萼稍长，筒部短，长约 1 mm，檐部直径约 3 mm，裂片长圆形，喉部缢缩，附属物生花冠筒中部以上。果实宽卵形或近球状，

长约 3 mm；小坚果宽卵形，长 2.5 ~ 3.0 mm，具颗粒状突起，边缘具 1 行锚状刺，刺长 1.0 ~ 1.5 mm，平展，小坚果腹面常具皱褶；花柱短，长仅 0.5 mm。花期 6—7 月，果期 8—9 月。

▲ 卵盘鹤虱幼株

生　　境　生于荒地、田间、草原、沙地及干旱山坡等处。

分　　布　黑龙江塔河、呼玛、伊春、牡丹江、佳木斯、七台河、鸡西、哈尔滨等大多数地区。吉林柳河、通化、辉南等地。辽宁沈阳、大连、凌源、彰武等地。内蒙古鄂伦春旗、扎兰屯、科尔沁右翼前旗。河北、山西、陕西、四川、宁夏、甘肃、西藏。朝鲜、俄罗斯、蒙古。

采　　制　秋季采收成熟果实，除去杂质，晒干。

性味功效　味苦、辛，性平。有毒。有杀虫、解毒的功效。

主治用法　用于绦虫、蛔虫及蛲虫等引起的腹痛。水煎服。外用捣烂敷患处治疗毒蛇咬伤及恶疮等。

用　　量　15～25 g。外用适量。

▲ 卵盘鹤虱果实

◎参考文献◎

［1］钱信忠.中国本草彩色图鉴（第二卷）[M].北京：人民卫生出版社，2003:70-71.

［2］中国药材公司.中国中药资源志要[M].北京：科学出版社，1994:1036.

［3］江纪武.药用植物辞典[M].天津：天津科学技术出版社，2005:442.

▲卵盘鹤虱植株

紫草属 *Lithospermum* L.

紫草 *Lithospermum erythrorhizon* Sieb. et Zucc.

别　名	硬紫草

俗　名　紫草根子　紫根　山紫草　红石
地血　紫丹

药用部位　紫草科紫草的根。

原植物　多年生草本，根富含紫色物质。
茎通常 1 ~ 3，直立，高 40 ~ 90 cm。叶
无柄，卵状披针形至宽披针形，长 3 ~ 8 cm，
宽 7 ~ 17 mm，先端渐尖。花序生茎和枝
上部，长 2 ~ 6 cm，果期延长；苞片与叶
同形而较小；花萼裂片线形，长约 4 mm；
花冠白色，长 7 ~ 9 mm，外面稍有毛，筒
部长约 4 mm，檐部与筒部近等长，裂片宽
卵形，长 2.5 ~ 3.0 mm，开展，全缘或微
波状，先端有时微凹，喉部附属物半球形，
无毛；雄蕊着生花冠筒中部稍上，花丝长约
0.4 mm，花药长 1.0 ~ 1.2 mm；花柱长
2.2 ~ 2.5 mm，柱头头状。小坚果卵球形，
乳白色或带淡黄褐色，长约 3.5 mm，平滑，
有光泽。花期 7—8 月，果期 8—9 月。

生　境　生于林缘、灌丛及石砾山坡。

分　布　黑龙江伊春、牡丹江市区、佳木
斯、七台河市区、鸡西市区、密山、虎林、
饶河、尚志、五常、铁岭、勃利、呼兰、宾
县、阿城、宁安、东宁、穆棱、依兰、富锦、
五大连池等地。吉林长白山各地及九台。辽
宁各地。内蒙古牙克石、鄂伦春旗、克什克
腾旗等地。华北、华中、西南。朝鲜、日本、
俄罗斯、蒙古。

采　制　春、秋季采挖根，洗净，晒干。

性味功效　味苦、咸，性寒。有清热解毒、
凉血活血、透疹、抗癌的功效。

主治用法　用于温热斑疹、湿热黄疸、痈疽
疮疡、麻疹不透、猩红热、腮腺炎、紫癜、
吐血、尿血、衄血、淋浊、血痢、尿路感染、
小便赤涩、阴道炎、湿疹阴痒、大便秘结、
下肢溃疡、冻伤、烫火伤及丹毒等。水煎服
或入散。外用熬膏涂患处。脾胃虚寒、大便
滑泄者忌用。

用　量　5 ~ 15 g。外用适量。

▲ 紫草植株

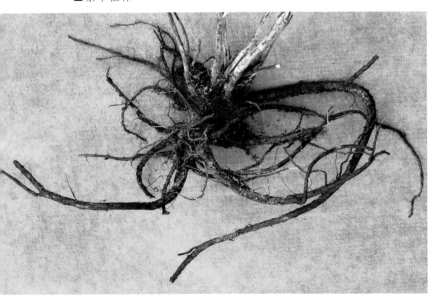

▲ 紫草根

市场上的紫草根

▲紫草花

附　方

（1）治绒毛膜上皮癌：紫草根 100 g，水煎分 2 次服，每日 1 剂。

（2）治烧烫伤：紫草 50 g，黄檗 25 g，芝麻油 0.5 L，冰片 5 g，将前二药轧碎，放油中熬后去渣，凉后加冰片。用时涂患部或用纱布条敷患部。又方：紫草、白芷、忍冬藤各 50 g，冰片 2.5 g，芝麻油 0.5 L。将白芷、忍冬藤置芝麻油中用文火煎熬，直至白芷变为焦黄色，用纱布过滤除渣，趁油热加入紫草，置水浴加热煮沸 1.5 h，滤除紫草，待油冷至 50 ~ 60℃时，加入冰片粉搅匀，分装瓶内，100℃流通蒸汽消毒 30 min 即可，用时将油涂布贴于烧伤创面上。

（3）治下肢溃疡：紫草 50 g，红升丹 5 ~ 10 g，芝麻油 100 ml，冰片 5 ~ 10 g，黄蜡 200 g。熬成软膏。用时，将药涂于敷料上，溃疡面撒碘仿后，贴于患部。如溃疡皮肤起湿疹瘙痒，可撒适量硫黄粉吸水止痒，再用绷带扎好，5 ~ 7 d 换药 1 次。

（4）治玫瑰糠疹：紫草 25 ~ 50 g，水煎服，每日 1 剂，1 d 为一个疗程。有效病例，平均服药 9 剂开始见效，停药几天后可适当继续服用几个疗程。

（5）预防和治疗小儿麻疹：紫草糖浆，每次服 10 ml，每日 3 次。又方：紫草 15 g，甘草 5 g，水煎服。

（6）治麻疹初出：紫草（去粗梗）100 g，陈橘皮（去白，焙干）50 g，共研细末，每服 5 g，用水 1 碗，加葱白 6 cm，煎至六分，去渣温服，不计时候。

（7）治过敏性紫癜：紫草 25 g，蝉蜕 10 g，当归 20 g，竹叶、西河柳、牛蒡子、黄檗各 15 g，知母 10 g，苦参 15 g，水煎服。

（8）治血小板减少症紫癜：紫草 10 g，海螵蛸 25 g，茜

▲紫草坚果

▲紫草幼株

草 10 g，水煎服。

（9）治婴儿皮炎、外阴湿疹、阴道炎、子宫颈炎：采用质量分数 2%、质量分数 10%、质量分数 20%、质量分数 40% 的紫草菜油浸剂，或用紫草乙醚提取物配成质量分数 1% 的菜油制剂，局部应用，有显著疗效。

（10）治青年扁平疣及银屑病：用紫草根提取物紫草醌制成质量分数 0.1% 的注射液，肌肉注射，每次 2 ml；少数银屑病患者用质量分数 0.05% 的紫草醌注射液进行静脉注射，每次 10 ml，平均每日 1 次。都有显著疗效。制剂：紫草糖浆：取紫草 160 g，加水煎煮 3 次，过滤，合并滤液，浓缩，加水蔗糖 100 g，煮沸，添加适量冷开水 1 000 ml。

▼紫草花（侧）

◎参考文献◎

［1］江苏新医学院．中药大辞典（下册）[M]．
上海：上海科学技术出版社，1977:2342-2346.

［2］朱有昌．东北药用植物 [M]．哈尔滨：黑龙
江科学技术出版社，1989:944-945.

［3］《全国中草药汇编》编写组．全国中草药
汇编（上册）[M]．北京：人民卫生出版社，
1975:841-843.

小花紫草 *Lithospermum officinale* L.

别　名　白果紫草

药用部位　紫草科小花紫草的根。

原植物　多年生草本。根不含紫色物质。茎高 30 ~ 70 cm，密被伏刚毛，常于基部分枝。叶无柄，披针形至卵状披针形，长 3 ~ 8 cm，宽 5 ~ 15 mm，先端短渐尖，基部楔形或渐狭，两面均有糙伏毛，脉在叶下面凸起，沿脉有较密的糙伏毛。花序生茎和枝上部，果期长可达 15 cm，苞片与叶同形而较小；花萼裂片线形，长约 5 mm，果期可达 7 mm，背面有短糙伏毛；花冠白色或淡黄绿色，长 4 ~ 6 mm，筒部比檐部长 1 倍，边缘波状，喉部具 5 个附属物，附属物短梯形，长约 0.4 mm，密生短毛；雄蕊着生花冠筒中部，花丝长约 0.4 mm，花药长约 1.2 mm；花柱长约 2 mm，柱头头状。小坚果乳白色或带黄褐色，卵球形，长约 3 mm，平滑，有光泽，腹面中线凹陷成纵沟。花期 7 月，果期 8 月。

生　境　生于山坡草甸、湿草甸、林缘等处。

分　布　内蒙古鄂伦春旗、东乌珠穆沁旗、西乌珠穆沁旗等地。宁夏、甘肃、新疆。俄罗斯、蒙古、伊朗。欧洲。

▼ 小花紫草花　　　　　　　　　▲ 小花紫草植株

采　制　秋季采挖根，除去杂质，洗净，晒干。

性味功效　有活血化瘀、祛风止痛、消炎等功效。

主治用法　用于跌打损伤、风湿性关节炎等。水煎服。

用　量　适量。

◎参考文献◎

[1] 中国药材公司.中国中药资源志要 [M].北京：科学出版社，1994: 1036.

[2] 江纪武.药用植物辞典 [M].天津：天津科学技术出版社，2005: 478.

▲田紫草花

田紫草 *Lithospermum arvense* L.

▼田紫草花（侧）

别　　名　麦家公

药用部位　紫草科田紫草的果实。

原 植 物　一年生草本。根稍含紫色物质。茎通常单一，高15～35 cm。叶无柄，倒披针形至线形，长2～4 cm。聚伞花序生枝上部，长可达10 cm，苞片与叶同形而较小；花序排列稀疏；花萼裂片线形，长4.0～5.5 mm，通常直立；花冠高脚碟状，白色，有时蓝色或淡蓝色，筒部长约4 mm，外面稍有毛，檐部长约为筒部的一半，裂片卵形或长圆形，直立或稍开展，长约1.5 mm，稍不等大，喉部无附属物，但有5条延伸到筒部的毛带；雄蕊着生花冠筒下部，花药长约1 mm；花柱长1.5～2.0 mm，柱头头状。小坚果三角状卵球形，长约3 mm，灰褐色，有疣状突起。花期4—5月，果期6—8月。

生　　境　生于丘陵、山坡、农田及道旁等处。

分　　布　辽宁大连。河北、山东、山西、江苏、浙江、安徽、湖北、陕西、甘肃、新疆。朝鲜、日本。欧洲。

采　　制　秋季采收成熟果实，除去杂质，晒干。

性味功效　味甘、辛，性温。有温中健胃、消肿止痛、强筋骨的功效。

▲田紫草植株

主治用法　用于胃胀反酸、胃寒疼痛、吐血、跌打损伤、骨折等。水煎服。外用研末搽患处。

用　　量　5 ~ 10 g。研末：1.5 ~ 2.5 g。

附　　方　胃寒泛酸：田紫草 1.5 ~ 2.5 g，研粉，生姜煎水冲服。

附　　注　种子入药，在欧亚地区曾主要用作利尿药。

◎参考文献◎

［1］朱有昌 . 东北药用植物 [M]. 哈尔滨：黑龙江科学技术出版社，1989:940-941.

［2］中国药材公司 . 中国中药资源志要 [M]. 北京：科学出版社，1994:1036.

［3］江纪武 . 药用植物辞典 [M]. 天津：天津科学技术出版社，2005:478.

▲ 砂引草居群

▲ 砂引草花

▲ 砂引草花（侧）

砂引草属 *Messerschmidia* L.

砂引草 *Messerschmidia sibirica* L.

俗　　名　挠挠糖

别　　名　紫丹草

药用部位　紫草科砂引草的全草及根。

原 植 物　多年生草本，高 10 ~ 30 cm。茎单一或数条丛生，直立或斜升。叶披针形、倒披针形或长圆形。花序顶生，直径 1.5 ~ 4.0 cm；萼片披针形，长 3 ~ 4 mm，密生向上的糙伏毛；花冠黄白色，钟状，长 1.0 ~ 1.3 cm，裂片卵形或长圆形，外弯，花冠筒较裂片长，外面密生向上的糙伏毛；花药长圆形，长 2.5 ~ 3.0 mm，先端具短尖，花丝极短，长约 0.5 mm，着生花筒中部；子房无毛，略现 4 裂，长 0.7 ~ 0.9 mm，花柱细，长约 0.5 mm，柱头浅 2 裂，长 0.7 ~ 0.8 mm，下部环状膨大。核果椭圆形或卵球形，长 7 ~ 9 mm，直径 5 ~ 8 mm，粗糙，密生伏毛，先端凹陷，核具纵肋。花期5—6月，果期7—8月。

生　境　生于海滨沙地、干旱荒漠及山坡道旁等处，常聚集成片生长。

分　布　黑龙江安达、大庆市区、肇东、肇源、杜尔伯特等地。吉林通榆、镇赉、洮南、大安、前郭、长岭、双辽、珲春等地。辽宁丹东、庄河、盖州、大连市区、绥中、兴城等地。内蒙古新巴尔虎左旗、新巴尔虎右旗、牙克石、科尔沁右翼前旗、科尔沁右翼中旗、科尔沁左翼中旗、科尔沁左翼后旗、扎鲁特旗、扎赉特旗、克什克腾旗、翁牛特旗、东乌珠穆沁旗、西乌珠穆沁旗、阿巴嘎旗等地。河北、河南、山东、陕西、甘肃、宁夏等。朝鲜、日本、蒙古。

采　制　夏季采收全草，洗净，切段，晒干。春、秋季采挖根，洗净，晒干。

性味功效　有排脓敛疮的功效。

主治用法　全草：用于风湿关节痛。水煎服。根：用于麻疹透发不畅、吐血、衄血、肺热咳嗽。水煎服。

▲狭叶砂引草植株

▲砂引草植株（侧）

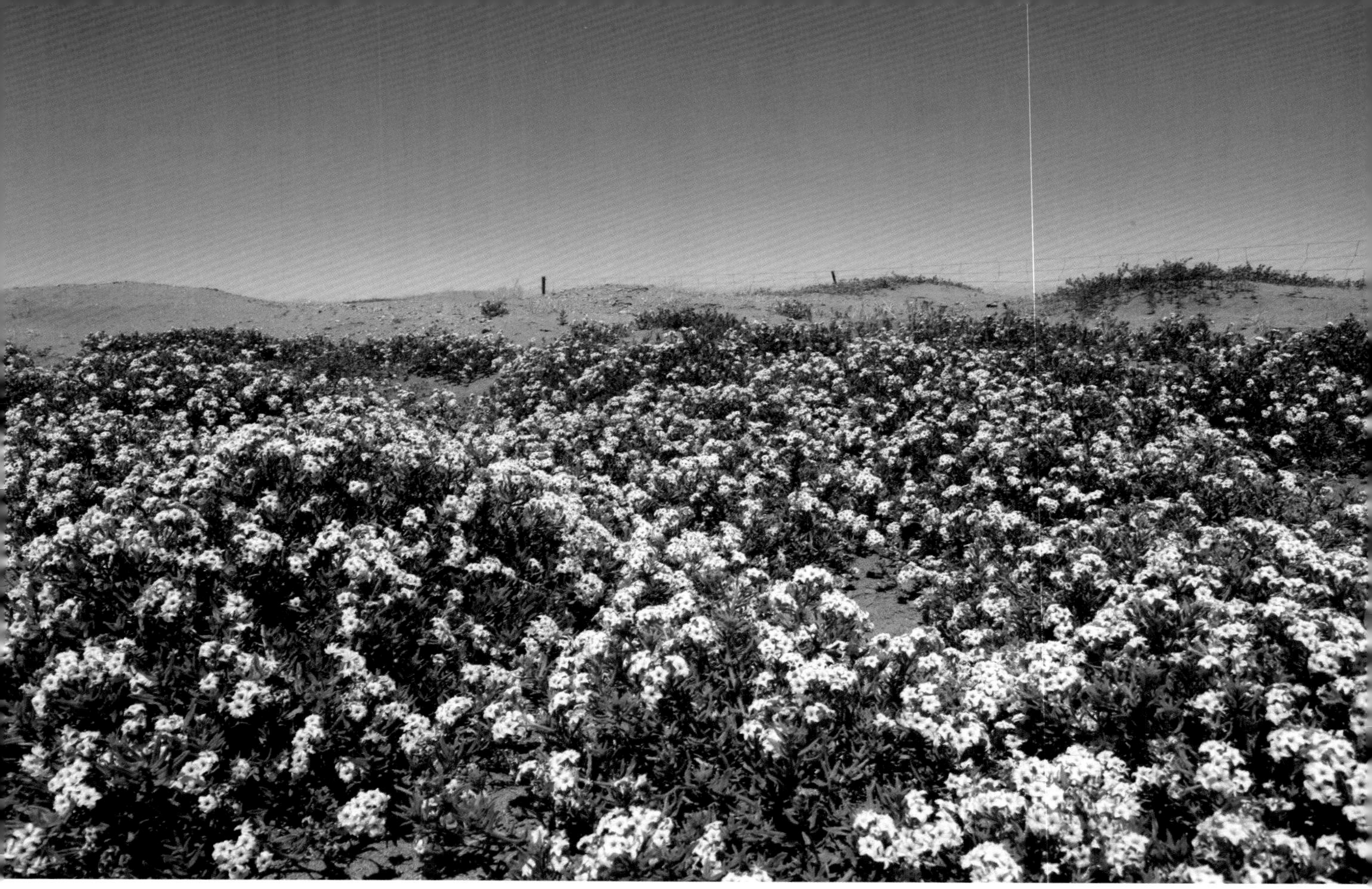

▲砂引草群落

▼狭叶砂引草花

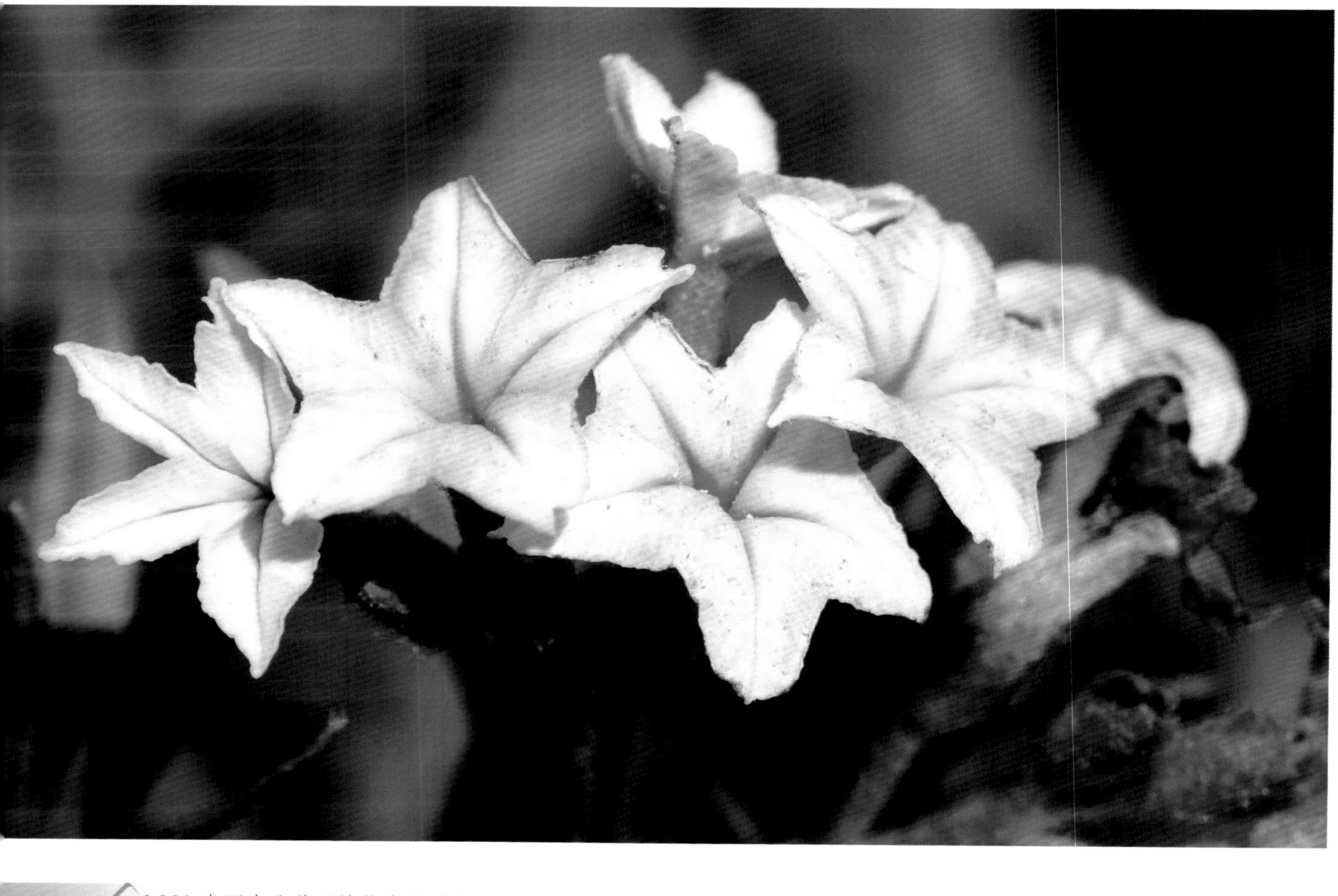

▲砂引草植株

▲砂引草果实

▲砂引草幼苗

▼砂引草幼株

用　　量　适量。

附　　注　砂引草有 1 变种：

狭叶砂引草 var.*angustior*（DC.）Nakai，叶披针状线形或线形，长 1.4 ~ 4.0 cm，宽 0.3 ~ 0.6 mm，先端通常锐尖。其他与原种同。

◎参考文献◎

［1］中国药材公司.中国中药资源志要[M].北京：科学出版社，1994:1037.

［2］江纪武.药用植物辞典[M].天津：天津科学技术出版社，2005:516.

▲ 紫筒草花序

▼ 紫筒草果实

紫筒草属 *Stenosolenium* Turcz.

紫筒草 *Stenosolenium saxatile*（Pall.）Turcz.

别　　名	白毛草　伏地蜈蚣草
俗　　名	蛤蟆草
药用部位	紫草科紫筒草的全草及根。

原 植 物　多年生草本。根细锥形，根皮紫褐色，稍含紫红色物质。茎通常数条，直立或斜升，高 10 ～ 25 cm。基生叶和下部叶匙状线形或倒披针状线形，近花序的叶披针状线形，长 1.5 ～ 4.5 cm。花序顶生，逐渐延长，密生硬毛；苞片叶状。花具长约 1 mm 的短花梗；花萼长约 7 mm，密生长硬毛，裂片钻形，果期直立，基部包围果实；花冠蓝紫色，紫色或白色，长 1.0 ～ 1.4 cm，花冠筒细，明显较檐部长，通常稍弧曲，檐部直径 5 ～ 7 mm，裂片开展；雄蕊螺旋状着生花冠筒中部之上，内藏；花柱长约为花冠筒的 1/2，先端 2 裂，柱头球形。小坚果的短柄长约 0.5 mm。花期 6—7 月，果期 8—9 月。

生　　境　生于沙丘、草地、路旁及石质坡地等处。

分　　布　黑龙江大庆市区、肇州、肇源、安达、泰来、杜尔伯特等地。吉林通榆、镇赉、洮南、双辽、大安、前郭、长岭等

▲ 紫筒草花

▼ 紫筒草花（侧）

地。辽宁建平、彰武等地。
内蒙古鄂伦春旗、阿尔山、
科尔沁右翼前旗、科尔沁右
翼中旗、科尔沁左翼中旗、
科尔沁左翼后旗、扎鲁特旗、
扎赉特旗、奈曼旗、库伦旗、
突泉、开鲁、东乌珠穆沁旗、
西乌珠穆沁旗、阿巴嘎旗等
地。河北、山西、陕西、宁夏、
甘肃、青海。朝鲜、俄罗斯（西
伯利亚）、蒙古。

采　制　春、秋季采挖根，
除去泥沙，洗净，晒干。夏、
秋季采收全草，切段，洗净，
晒干。

性味功效　全草：味苦，性温。
有祛风除湿的功效。根：味
甘、微苦，性凉。有清热凉血、
止血、止咳的功效。

主治用法　全草：用于风湿
关节痛。水煎服。根：用于感冒、麻疹透发不畅、吐血、衄血、肺热咳嗽。水煎服。

▲紫筒草植株

▲紫筒草花（白色）

用　量　全草：15 g。根：15 g。

附　注

（1）治小关节疼痛：紫筒草 15 g，水煎服。长期服
用或加桑葚 15 g 同煮，效果更好。

（2）治咯血、吐血：紫筒草根 15 g，土三七 25 g，
仙鹤草 15 g，水煎服。

◎参考文献◎

［1］江苏新医学院.中药大辞典（上册）[M].上海：
　　　上海科学技术出版社，1977:699−700，2372.

［2］朱有昌.东北药用植物 [M].哈尔滨：黑龙江科
　　　学技术出版社，1989:946−947.

［3］钱信忠.中国本草彩色图鉴（第五卷）[M].北京：
　　　人民卫生出版社，2003:109−110.

▲ 聚合草花（白色）

聚合草属 *Symphytum* L.

聚合草 *Symphytum uplandicum* Nyman

俗　　名	爱国草 友谊草
药用部位	紫草科聚合草的全草、根及根状茎。

原植物　丛生型多年生草本，高 30 ~ 90 cm。根发达，主根粗壮，淡紫褐色。茎数条，直立或斜升，有分枝。基生叶通常50 ~ 80，最多可达 200，具长柄，叶片带状披针形、卵状披针形至卵形，长 30 ~ 60 cm，先端渐尖；茎中部和上部叶较小，无柄，基部下延。花序含多数花；花萼裂至近基部，裂片披针形，先端渐尖；花冠长 14 ~ 15 mm，淡紫色、紫红色至黄白色，裂片三角形，先端外卷，喉部附属物披针形，长约 4 mm，不伸出花冠檐；花药长约 3.5 mm，顶端有稍突出的药隔，花丝长约 3 mm，下部与花药近等宽；子房通常不育。小坚果歪卵形，长 3 ~ 4 mm，黑色。花期 6—7 月，果期 8—9 月。

生　　境	生于林缘、路旁、田间、荒地及住宅附近等处。
分　　布	全国绝大部分地区。
采　　制	夏、秋季采收全草，除去杂质，切段，洗净，鲜用或晒

▼ 聚合草幼株

▲ 聚合草花

▼ 聚合草植株

▲ 聚合草花（侧）

干。春、秋季采挖根及根状茎，除去泥土，洗净，晒干。

性味功效　有补血、祛痰、抗菌、止泻抗炎、镇痛的功效。

主治用法　用于肺部感染、胃溃疡、赤痢、肠出血、慢性黏膜炎、疲劳、肌肉骨骼疼痛、艾滋病等。水煎服。

用　　量　适量。

◎参考文献◎

[1] 江纪武. 药用植物辞典 [M]. 天津：天津科学技术出版社，2005:786.

▲ 弯齿盾果草植株

盾果草属 *Thyrocarpus* Hance

弯齿盾果草 *Thyrocarpus glochidiatus* Maxim.

药用部位 紫草科弯齿盾果草的全草。
原植物 一年生草本。茎一至数条，细弱，斜升或外倾，高 10 ~ 30 cm。基生叶有短柄，匙形或狭倒披针形，长 1.5 ~ 6.5 cm，宽 3 ~ 14 mm；茎生叶较小，无柄，卵形至狭椭圆形。花序长可达 15 cm；苞片卵形至披针形，长 0.5 ~ 3.0 cm，花生苞腋或腋外；花梗长 1.5 ~ 4.0 mm；花萼长约 3 mm，裂片狭椭圆形至卵状披针形；花冠淡蓝色或白色，筒部比檐部短 1.5 倍，檐部直径约 2 mm，裂片倒卵形至近圆形，喉部附属物线形，长约 1 mm，先端截形或微凹；雄蕊 5，着生花冠筒中部，内藏，花丝很短，花药宽卵形，长约 0.4 mm。小坚果 4，长约 2.5 mm，黑褐色，外层突起色较淡。花期 5—6 月，果期 7—8 月。
生　境 生于山坡草地、田埂及路旁等处。
分　布 辽宁大连、北镇等地。河南、江西、安徽、江苏、陕西、四川、广东、甘肃。
采　制 夏、秋季采收全草，晒干药用。

性味功效 有清热解毒、消肿的功效。
主治用法 用于痈疖疔疮、痢疾、泄泻、咽喉痛、乳疮、疔疮等。水煎服。外用鲜品捣烂敷患处。
用　量 适量。

◎参考文献◎

[1] 中国药材公司. 中国中药资源志要 [M]. 北京：科学出版社，1994:1039.
[2] 江纪武. 药用植物辞典 [M]. 天津：天津科学技术出版社，2005:810.

▲ 弯齿盾果草花序

▲ 附地菜幼株

▼ 附地菜幼苗

附地菜属 *Trigonotis* Stev.

附地菜 *Trigonotis peduncularis*(Trev.) Benth.

别　　名　伏地菜

俗　　名　黄瓜香　地胡椒　生瓜菜　鹅肠菜　雀铺拉　地铺拉草

药用部位　紫草科附地菜的全草。

原 植 物　一年生或二年生草本。茎通常多条丛生，密集，铺散，高5～30 cm，基部多分枝。基生叶呈莲座状，有叶柄，叶片匙形，长2～5 cm，先端圆钝，基部楔形或渐狭，茎上部叶长圆形或椭圆形。花序生茎顶，幼时卷曲；花梗短，花后伸长，长3～5 mm，顶端与花萼连接部分变粗呈棒状；花萼裂片卵形，长1～3 mm，先端急尖；花冠淡蓝色或粉色，筒部甚短，

▲ 附地菜花

▼ 附地菜果实

檐部直径 1.5 ~ 2.5 mm，喉部附属物 5，白色或带黄色；花药卵形，长 0.3 mm，先端具短尖。小坚果 4，长 0.8 ~ 1.0 mm，背面三角状卵形，具 3 锐棱，腹面的 2 个侧面近等大而基底面略小，突起，具短柄，柄长约 1 mm。花期 6—8 月，果期 7—9 月。

生　境　生于田野、路旁、荒地及住宅附近。

分　布　黑龙江黑河、伊春、佳木斯、鹤岗、双鸭山、鸡西、牡丹江、七台河、大庆、齐齐哈尔、哈尔滨、绥化等大多数地区。吉林省各地。辽宁丹东市区、凤城、沈阳、庄河、盖州等地。内蒙古额尔古纳、牙克石、鄂伦春旗、科尔沁右翼前旗、科尔沁右翼中旗、科尔沁左翼中旗、科尔沁左翼后旗、扎赉特旗、奈曼旗、库伦旗、敖汉旗、突泉、开鲁等地。

▲附地菜植株

河北、福建、江西、广西、云南、西藏。朝鲜、俄罗斯。欧洲、亚洲，温带其他地区。

采　　制　夏、秋季采收全草，晒干药用。

性味功效　味辛、苦，性凉。有温中健脾、消肿止痛、止痢、止血的功效。

主治用法　用于遗尿、赤白痢、胸肋疼痛、胃痛作酸、吐血、手脚麻木、跌打损伤、骨折等。水煎服、捣汁或浸酒。外用鲜品捣烂敷患处。

用　　量　25 ～ 50 g。外用适量。

附　　方

（1）治热肿、漆疮瘙痒：附地菜适量，捣烂外敷。

（2）治手脚麻木：附地菜 100 g，泡酒服。

（3）治胸肋骨痛：附地菜 50 g，煎水服。

（4）治风热牙痛、水肿发歇、元脏气虚、小儿疳蚀：附地菜、旱莲草、细辛各等量，研为末，每日搽 3 次。

◎ 参考文献 ◎

［1］江苏新医学院 . 中药大辞典（上册）[M]. 上海：上海科学技术出版社，1977:1194.

［2］朱有昌 . 东北药用植物 [M]. 哈尔滨：黑龙江科学技术出版社，1989:946-948.

［3］《全国中草药汇编》编写组 . 全国中草药汇编（上册）[M]. 北京：人民卫生出版社，1975:435.

▲ 钝萼附地菜幼株

钝萼附地菜 *Trigonotis peduncularis* var. *amblyosepala*（Nakai et Kitag.）W. T. Wang

▲ 钝萼附地菜花（淡粉色）

药用部位 紫草科钝萼附地菜的全草。

原 植 物 一年生或二年生草本。茎多条丛生，斜升或铺散，高7～40 cm，基部多分枝。基生叶密集，铺散，有长柄，叶片通常匙形或狭椭圆形；茎下部叶似基生叶，狭椭圆形、狭卵形、长圆状倒卵形或椭圆形，长1～3 cm；茎上部叶较短而狭。花序生于茎及小枝顶端，长达20 cm；花梗细弱，花期长3～5 mm；花萼5深裂；花冠蓝色，筒长约1.5 mm，檐部直径3.5～4.0 mm，裂片宽倒卵形，长约2 mm，平展，先端圆钝，喉部附属物5，黄色；花药椭圆形，黄色，长约0.6 mm，先端具短尖；子房4裂，花柱短，长约0.6 mm。小坚果4，直立，斜三棱锥状四面体形，长约1 mm。花期5—6月，果期7—8月。

生　　境 生于低山山坡草地、林缘、灌丛或田间及荒野等处。

分　　布 辽宁北镇。河北、山西、陕西、宁夏、甘肃。朝鲜。

采　　制 夏、秋季采收全草，晒干药用。

性味功效 有清热、消炎、止痛、止痢的功效。

用　　量 适量。

▲钝萼附地菜花序

◎参考文献◎

［1］中国药材公司.中国中药资源志要 [M].北京：科学出版社，1994:1039-1040.

［2］江纪武.药用植物辞典 [M].天津：天津科学技术出版社，2005:822.

▲钝萼附地菜花

▲钝萼附地菜花（背）

▲钝萼附地菜植株

▲黑龙江太平沟国家级自然保护区湿地秋季景观

▲日本紫珠花序

▼日本紫珠枝条

马鞭草科 Verbenaceae

本科共收录4属、6种。

紫珠属 *Callicarpa* L.

日本紫珠 *Callicarpa japonica* Thunb.

别　名	紫珠
药用部位	马鞭草科日本紫珠的根、叶及果实（入药称"紫珠"）。
原植物	落叶灌木，高约2 m；小枝圆柱形，褐色，幼时有星状毛，后无毛。叶对生，具短柄，柄长2～6 mm，叶片倒卵形、卵形或椭圆形，

长7～12 cm，宽4～6 cm，顶端急尖或长尾尖，基部楔形，两面通常无毛，边缘上半部有锯齿，表面绿色，无毛或稍有毛，背面色淡，具黄色腺点，脉上有星状毛；叶柄长约6 mm。聚伞花序细弱而短小，宽约2 cm，2～3次分歧，花序梗长6～10 mm；花萼杯状，无毛，萼齿钝三角形；花冠白色或淡紫色，长约3 mm，无毛；花丝与花冠等长或稍长，花药长约1.8 mm，突出花冠外，药室孔裂。果为浆果状核果，球形，直径约2.5 mm，紫红色。花期6—7月，果期8—10月。

▲日本紫珠花

生　　境　生于多石质山沟、溪旁及灌丛中。

分　　布　辽宁大连市区、庄河等地。河北、山东、江苏、安徽、浙江、台湾、江西、湖南、湖北、四川、贵州。朝鲜、日本。

采　　制　春、秋季采挖根，洗净，晒干。夏季开花前采摘叶，鲜用或阴干。秋季采摘果实，除去杂质，晒干。

性味功效　味苦，性平。有清热、凉血、止血、消炎的功效。

主治用法　用于风湿骨痛、吐血、咯血、衄血、便血、崩漏等。水煎服。外用煎水洗患处。

用　　量　3～9g。外用适量。

◎参考文献◎

［1］钱信忠. 中国本草彩色图鉴（第五卷）[M]. 北京：人民卫生出版社，2003:99-100.

［2］中国药材公司. 中国中药资源志要 [M]. 北京：科学出版社，1994:1045.

［3］江纪武. 药用植物辞典 [M]. 天津：天津科学技术出版社，2005:132.

▲日本紫珠果实

▲ 白棠子树花

白棠子树 *Callicarpa dichotoma*（Lour.）K. Koch

别　　名　小叶雅鹊饭
药用部位　马鞭草科白棠子树的根、枝条及叶。
原 植 物　落叶多分枝的小灌木，高1～3m。小枝纤细，幼嫩部分有星状毛。叶倒卵形或披针形，长2～6cm，宽1～3cm，顶端急尖或尾状尖，基部楔形，边缘仅上半部具数个粗锯齿，表面稍粗糙，背面无毛，密生细小黄色腺点；侧脉5～6对；叶柄长不超过5mm。聚伞花序在叶腋的上方着生，细弱，宽1.0～2.5cm，2～3次分歧，花序梗长约1cm，略有星状毛，至结果时无毛；苞片线形；花萼杯状，顶端有不明显的4齿或近截头状；花冠紫色，长1.5～2.0mm；花丝长约为花冠的2倍，花药卵形，细小，药室纵裂；子房无毛，具黄色腺点。果实球形，紫色，直径约2mm。花期5—6月，果期8—10月。
生　　境　生于低山丘陵灌丛中。
分　　布　辽宁大连。山东、河北、河南、江苏、安徽、浙江、江西、湖北、湖南、福建、台湾、广东、广西、贵州。日本、越南。
采　　制　春、秋季采挖根，洗净，晒干。春、秋季割取枝条，切段，晒干。夏季开花前采摘叶，鲜用或阴干。
性味功效　味苦、涩，性平。有收敛止血、祛风除湿的功效。
主治用法　用于吐血、咯血、衄血、便血、崩漏、创伤出血等。水煎服。外用捣烂洗患处。
用　　量　5～15g。外用适量。
附　　方

（1）治肺结核咯血，胃、十二指肠溃疡出血：白棠子树叶、白及各等量，共研细粉，每服10g，每日3次。
（2）治血小板减少性出血症（紫癜、咯血、衄血、牙龈出血、胃肠出血）：白棠子树叶、侧柏各100g，水煎服，每日1剂。

▲白棠子树枝条

（3）治外伤出血：白棠子树叶，研成细粉，撒于伤口。

（4）治上呼吸道感染、扁桃体炎、肺炎、支气管炎：白棠子树叶、紫金牛各 25 g，秦皮 15 g，水煎服，每日 1 剂。

（5）治阴道炎、宫颈炎：质量分数为 50% 的白棠子树叶溶液，每次 10 ml，涂抹阴道，或用阴道栓，每天 1 次。1 周为一个疗程。

（6）治上结膜炎、角膜炎、角膜溃疡、沙眼：质量分数 50% 的白棠子树叶溶液 100 ml，加生理盐水至 500 ml，过滤，滴眼。

▼白棠子树果实

◎参考文献◎

［1］《全国中草药汇编》编写组 . 全国中草药汇编（上册）[M]. 北京：人民卫生出版社，1975:844−847.

［2］中国药材公司 . 中国中药资源志要 [M]. 北京：科学出版社，1994:1042.

［3］江纪武 . 药用植物辞典 [M]. 天津：天津科学技术出版社，2005:131.

▼蒙古莸花序（淡紫色）   ▲蒙古莸植株（前期）

▼蒙古莸花序（深蓝色）

莸属 *Caryopteris* Bge.

蒙古莸 *Caryopteris mongholica* Bge.

| 俗　　　名 | 兰花茶　白蒿 |
| 药用部位 | 马鞭草科蒙古莸的枝条。 |

原 植 物　落叶小灌木，常自基部即分枝，高 0.3 ~ 1.5 m。嫩枝紫褐色，圆柱形，有毛，老枝毛渐脱落。叶片厚纸质，线状披针形或线状长圆形，全缘，很少有稀齿，长 0.8 ~ 4.0 cm，宽 2 ~ 7 mm，表面深绿色，稍被细毛，背面密生灰白色茸毛；叶柄长约 3 mm。聚伞花序腋生，无苞片和小苞片；花萼钟状，长约 3 mm，外面密生灰白色茸毛，深 5 裂，裂片阔线形至线状披针形，长约 1.5 mm；花冠蓝紫色，长约 1 cm，外面被短毛，5 裂，下唇中裂片较长大，边缘流苏状，花冠管长约 5 mm，管内喉部有细长柔毛；雄蕊 4，几等长；子房长圆形，柱头 2 裂。蒴果椭圆状球形。花期 7—8 月，果期 9—10 月。

生　　境　生于草原带的石质山坡、沙地、干河床及沟谷等处。

分　　布　内蒙古西乌珠穆沁旗、阿巴嘎旗、苏尼特右旗、镶黄旗、正镶白旗、太仆寺旗等地。河北、山西、陕西、甘肃。蒙古。

采　　制　夏季开花前剪取枝条，切段，除去杂质，晒干。

▲蒙古荙植株（后期）

性味功效　有消食理气、祛风湿、活血止痛的功效。

主治用法　用于消化不良、腹胀、风湿疼痛、小便赤涩、脚气湿痒、虚肿、肿毒等。水煎服。外用煎水洗患处。

用　　量　适量。

◎参考文献◎

［1］中国药材公司．中国中药资源志要 [M]．北京：科学出版社，1994:1045-1046．

［2］江纪武．药用植物辞典 [M]．天津：天津科学技术出版社，2005:131．

▲ 海州常山植株

▼ 海州常山树干

桢桐属 *Clerodendrum* L.

海州常山 *Clerodendrum trichotomum* Thunb.

别　　名　臭梧桐　海桐　臭桐　臭芙蓉
俗　　名　臭牡丹　山梧桐
药用部位　马鞭草科海州常山的根、嫩枝、叶、花及果实（入药称"臭梧桐"）。
原 植 物　落叶灌木或小乔木，高1.5～5.0 m。老枝灰白色，具皮孔，髓白色。叶片纸质，卵形、卵状椭圆形或三角状卵形，长5～16 cm，宽2～13 cm，顶端渐尖；叶柄长2～8 cm。伞房状聚伞花序顶生或腋生，通常二歧分枝，疏散，末次分枝着花3，花序长8～18 cm，花序梗长3～6 cm；苞片叶状，椭圆形，早落。花萼蕾时绿白色，后紫红色，基部合生，中部

略膨大，有5棱脊，顶端5深裂；花香，花冠白色或带粉红色，花冠管细，长约2 cm，顶端5裂，裂片长椭圆形，长5～10 mm；雄蕊4；花柱较雄蕊短，柱头2裂。核果近球形，直径6～8 mm，成熟时外果皮蓝紫色。花期7—8月，果期9—10月。
生　　境　生于林缘、山坡灌丛中。

▲ 海州常山果实

▼ 海州常山花（背）

▼ 海州常山花

分　　布　辽宁大连市区、长海、丹东市区、凤城、庄河等地。陕西、甘肃。华北、华东、华中、西南。朝鲜、日本、菲律宾。

采　　制　春、秋季采挖根，洗净，晒干。春、秋季割取枝条，切段，晒干。夏季开花前采摘叶，鲜用或阴干。夏季采摘花，鲜用或阴干。秋季采收果实，除去杂质，鲜用或阴干。

性味功效　根：味苦，性寒。有祛风除湿、降血压、助消化的功效。嫩枝及叶：味苦、甘，性平。有祛风除湿、降血压、止痛的功效。花：味苦、甘，性寒。有止泻、止痛的功效。果实：味苦、甘，性平。有祛风湿、平喘的功效。

主治用法　根：用于风湿性关节炎、高血压、疟疾、食积饱胀、小儿疳积，跌打损伤等。水煎服或捣汁冲酒。嫩枝及叶：用于风湿性关节炎、高血压、半身不遂、偏头痛、疟疾、痢疾、手癣、痔疮、水田皮炎、痈疽疮疖，湿疹等。水煎服、浸酒或入丸、散。外用适量煎水洗，研末调敷或捣敷。花：用于头痛、痢疾、疝气等。水煎服、研末或浸酒。果实：用于风湿痛、哮喘、牙痛等。水煎服。外用捣烂敷患处。

用　　量　根：15～25 g。捣汁：50～100 g。嫩枝及叶：15～25 g（鲜品50～100 g）。外用适量。花：10～15 g。果实：15～25 g。外用适量。

▲ 海州常山枝条（果期）

附　　方

（1）治高血压：臭梧桐叶 15 g（鲜叶 50 g），水煎服，连服 1 个月。又方：臭梧桐 10 g，野荞麦根、夏枯草（花穗）、荠菜各 50 g，玄参、生地黄、火炭母（小晕药）各 25 g，水煎服，每日 3 次。口苦加龙胆草 15 g，失眠加夜交藤 50 g，合欢花 25 g。

（2）治风湿痛、骨节酸痛、高血压：臭梧桐 15 ~ 50 g，水煎服；研粉每服 5 g，每日 3 次。也可与豨莶草配合应用。

▼ 海州常山枝条（花期）

（3）治一切内外痔：臭梧桐叶 7 片，瓦松 7 枝，皮硝 15 g，煎汤熏洗。

（4）治湿疹或痱子发痒：臭梧桐适量，煎汤洗浴。

◎参考文献◎

［1］江苏新医学院.中药大辞典（下册）[M].上海：上海科学技术出版社，1977:1891－1893.

［2］朱有昌.东北药用植物 [M].哈尔滨：黑龙江科学技术出版社，1989:948－950.

［3］中国药材公司.中国中药资源志要[M].北京：科学出版社，1994:1049.

牡荆属 *Vitex* L.

荆条 *Vitex negundo* L. var. *heterophylla*（Franch.）Rehd.

俗　　名	荆条　荆稍子　黑谷子　五指风
药用部位	马鞭草科荆条的根、枝条、叶及果实（称"黄荆子"）。

▼荆条花（白色）

原 植 物　落叶灌木或小乔木。小枝四棱形，密生灰白色绒毛。掌状复叶，小叶5，少有3；小叶片边缘有缺刻状锯齿，浅裂至深裂，背面密被灰白色茸毛，长圆状披针形至披针形，顶端渐尖，基部楔形，全缘或每边有少数粗锯齿，表面绿色，背面密生灰白色茸毛；中间小叶长 4～13 mm，宽 1～4 mm，两侧小叶依次递小，若具5小叶时，中间3片小叶有柄，最外侧的2片小叶无柄或近无柄。聚伞花序排成圆锥花序式，顶生，长 10～27 mm，花序梗密生灰白色茸毛；花萼钟状，顶端有5裂齿，外有灰白色绒毛；花冠淡紫色，外有微柔毛，

▲ 荆条树干

▼ 荆条花序（蓝色）

▲ 荆条花序（白色）

顶端 5 裂，二唇形；雄蕊伸出花冠管外；子房近无毛。核果近球形，直径约 2 mm；宿萼接近果实的长度。花期 6—7 月，果期 8—9 月。

生　　境　生于山坡、路旁或灌木丛中，常形成大面积群落。

分　　布　吉林伊通。辽宁凌源、建平、葫芦岛市区、兴城、建昌、绥中、北票、朝阳、喀左、阜新等地。内蒙古敖汉旗、宁城、喀喇沁旗、库伦旗、巴林右旗、翁牛特旗等地。河北、山西、山东、河南、陕西、甘肃、江苏、安徽、江西、湖南、贵州、四川。日本。

采　　制　春、秋季采挖根，洗净，晒干。春、秋季割取枝条，切段，晒干。夏季开花前采摘叶，鲜用或阴干。秋季采摘果实，除去杂质，晒干。

性味功效　根：味辛，性温。有解表、祛风湿、理气止痛、截疟、驱虫的功效。枝条：味辛，性温。有祛风解表、消肿解毒的功效。叶：味甘、苦，性平。有清热解表、化湿截疟的功效。果实：味苦、辛，性温。有止咳平喘、理气止痛的功效。

主治用法　根：用于感冒、咳嗽、风湿、胃痛、痧气腹痛、疟疾、蛲虫病等。水煎服。枝条：用于感冒、咳嗽、喉痹肿痛、风湿骨痛、牙痛、烫伤等。水煎服。外用捣敷或煅烧存性研末调敷。叶：用于感冒、肠炎、痢疾、疟

幼株

疾、泌尿系统感染、湿疹、皮炎、脚癣、风湿、跌打肿痛、毒蛇咬伤。水煎服。煎汤外洗或捣烂敷患处。果实：用于咳嗽哮喘、胃痛、消化不良、肠炎、痢疾等。水煎服。

用　量　根：10 ~ 20 g。枝条：5 ~ 10 g。外用适量。叶：鲜品25 ~ 100 g。外用适量。果实：5 ~ 15 g（大剂量25 ~ 50 g）。

▼荆条花（淡粉色）

▼荆条果核　　　　　▲荆条枝条（花白色）

附　方

（1）预防疟疾：黄荆叶50 g，黄皮叶25 g，水煎服。每日1次，连服5 d。

（2）治慢性气管炎：黄荆根鲜品200 g（干品100 g），水煎2 ~ 3 h，过滤去渣，加上20%红糖，浓缩成100 ml，每日2次，每次50 ml，10 d为一个疗程，连服两个疗程。

▲ 荆条枝条（花粉色）

▲ 荆条果实　▼ 荆条花序（淡粉色）

又方：黄荆子粉（去壳研粉）25 g，紫河车、山药各 10 g，研成细粉，混合均匀，加饴糖适量，制成丸，为一日量，分 3 次服。10 d 为一个疗程，连服两个疗程。

（3）治痢疾、肠炎、消化不良：黄荆子 0.5 kg，酒药子（酒曲）50 g，白糖 250 g。黄荆子、酒药子分别炒黄，共研细粉，加白糖拌匀，每服 4 ～ 6 g；小儿 1 ～ 2 g，每日 4 次。

（4）治胃肠绞痛、手术后疼痛：黄荆子 300 g，研细粉，每服 10 g，每日 3 次。

（5）治脚癣：鲜黄荆叶 250 g，置面盆中，每晚临睡前加开水至浸没黄荆叶为度，浸泡至水现淡绿色时，加温水到半面盆，然后将脚浸泡水中 5 ～ 6 min，浸后用干布把脚趾擦干。

◎参考文献◎

［1］江苏新医学院.中药大辞典（下册）[M].上海：上海科学技术出版社，1977:2057-2059.

［2］朱有昌.东北药用植物 [M].哈尔滨：黑龙江科学技术出版社，1989:950-951.

［3］《全国中草药汇编》编写组.全国中草药汇编（上册）[M].北京：人民卫生出版社，1975:767-768.

▲ 单叶蔓荆花

▼ 单叶蔓荆植株

单叶蔓荆 *Vitex rotundifolia* L. f.

别　　名　蔓荆子　蔓荆实

药用部位　马鞭草科单叶蔓荆的果实（入药称"蔓荆子"）、枝条及叶。

原 植 物　落叶灌木。茎匍匐，节处常生不定根。有香味；小枝四棱形，密生细柔毛。单叶对生，叶片倒卵形或近圆形，顶端通常钝圆或有短尖头，基部楔形，全缘，长 2.5 ～ 5.0 cm，宽 1.5 ～ 3.0 cm，顶端钝或短尖，基部楔形，全缘，表面绿色，无毛或被微柔毛，背面密被灰白色茸毛，侧脉约 8 对，两面稍隆起。圆锥花序顶生，长 3 ～ 15 cm；花萼钟形，顶端 5 浅裂，外面有茸毛；花冠淡紫色或蓝紫色，长 6 ～ 10 mm，花冠管内有较密的长柔毛，顶端 5 裂，二唇形，下唇中间裂片较大；雄蕊 4，伸出花冠外；柱头 2 裂。核果近圆形，直径约 5 mm，成熟时黑色；果萼宿存。花期 7—8 月，果期 9—10 月。

▲单叶蔓荆群落

▼单叶蔓荆果实

生　　境　生于海边及河湖沙滩上。

分　　布　辽宁大连市区、长海等地。河北、山东、江苏、安徽、浙江、江西、福建、台湾、广东。日本、印度、缅甸、泰国、越南、马来西亚、澳大利亚、新西兰。

采　　制　秋季采摘果实，除去杂质，晒干。春、秋季割取枝条，切段，晒干。夏季开花前采摘叶，鲜用或阴干。

性味功效　果实：味苦、辛，性凉。有疏散风热、清利头目的功效。枝条及叶：味苦、辛，性微寒。有活血化瘀、消炎止痛的功效。

主治用法　果实：用于风热感冒、头晕、头痛、目赤肿痛、夜盲症、牙痛、肌肉神经痛等。水煎服，浸酒或入丸、散。外用捣烂敷患处。枝条及叶：用于跌打损伤、风湿疼痛、头风、刀伤出血等。水煎服，捣烂冲酒或敷患处。

用　　量　果实：10～15 g。外用适量。枝条及叶：5～15 g。外用适量。

▲单叶蔓荆花（侧）

▼单叶蔓荆枝条

附　　方

（1）治感冒头痛：蔓荆子、紫苏叶、薄荷、白芷、菊花各15 g，水煎服。

（2）治高血压、头痛眩晕：蔓荆子、菊花各15 g，薄荷（后下）、川芎各10 g，钩藤20 g，水煎服。

（3）治急性结膜炎、头痛：蔓荆子、决明子、菊花各15 g，蝉蜕10 g，水煎服。

（4）治风寒侵目、肿痛出泪、涩胀畏光：蔓荆子15 g，荆芥、白蒺藜各10 g，柴胡、防风各5 g，甘草2.5 g，水煎服。

附　　注　本品为《中华人民共和国药典》（2020 年版）收录的药材。

◎参考文献◎

［1］江苏新医学院. 中药大辞典（下册）[M]. 上海：上海科学技术出版社，1977:2541-2544.

［2］朱有昌. 东北药用植物 [M]. 哈尔滨：黑龙江科学技术出版社，1989:951-952.

［3］《全国中草药汇编》编写组. 全国中草药汇编（上册）[M]. 北京：人民卫生出版社，1975:903-904.

▲内蒙古额尔古纳国家级自然保护区月亮湾湿地秋季景观

水马齿科 Callitrichaceae

本科共收录 1 属、1 种。

水马齿属 *Callitriche* L.

沼生水马齿 *Callitriche palustris* L.

药用部位　水马齿科沼生水马齿的全草。

原植物　一年生草本，高 30～40 cm。茎纤细，多分枝。叶互生，在茎顶常密集呈莲座状，浮于水面，倒卵形或倒卵状匙形，长 4～6 mm，宽约 3 mm，先端圆形或微钝，基部渐狭，两面疏生褐色细小斑点，具 3 脉；茎生叶匙形或线形，长 6～12 mm，宽 2～5 mm；无柄。花单性，同株，单生叶腋，为 2 个小苞片所托；雄花：雄蕊 1，花丝细长，长 2～4 mm，花药心形，小，长约 0.3 mm；雌花：子房倒卵形，长约 0.5 mm，顶端圆形或微凹，花柱 2，纤细。果倒卵状椭圆形，长 1.0～1.5 mm，仅上部边缘具翅，基部具短柄。花期 7—8 月，果期 8—9 月。

生　　境　生于沼泽、溪流、水田、沟旁及林中湿地等处，常聚集成片生长。

分　　布　黑龙江呼玛、伊春市区、铁力、牡丹江、尚志、五常、七台河、勃利、鸡西市区、虎林、佳木斯市区、汤原等地。吉林长白山各地。辽宁本溪、清原、沈阳、鞍山等地。内蒙古额尔古纳、根河、牙克石、鄂伦春旗、阿尔山等地。华东至西南各地。欧洲、北美洲、亚洲温带地区。

采　制　夏、秋季采收全草，除去杂质，洗净，晒干。

性味功效　有清热解毒、利湿消肿、利尿的功效。

主治用法　用于目赤肿痛、水肿、小便淋痛、烧伤。水煎服。外用鲜品捣烂敷患处。

适　量　适量。

◎参考文献◎

［1］中国药材公司. 中国中药资源志要 [M]. 北京：科学出版社，1994:1055.

［2］江纪武. 药用植物辞典 [M]. 天津：天津科学技术出版社，2005:133.

▲沼生水马齿莲座状叶

▼沼生水马齿植株

▲藿香植株（林缘型）

▼藿香花序

唇形科 Labiatae

本科共收录 25 属、64 种、3 变种。

藿香属 Agastache Clayt. et Gronov

藿香 *Agastache rugosa*（Fisch. et C. A. Mey.）O. Kuntze

别　　名	排香草　土藿香
俗　　名	猫把蒿　把蒿　野苏子　拉拉香　仁丹草　山猫把　狗尾巴香

猫尾巴香

药用部位　唇形科藿香的干燥地上部分。

原植物　多年生草本。茎直立，高 0.5 ~ 1.5 m，四棱形。叶心状卵形至长圆状披针形，长 4.5 ~ 11.0 cm；叶柄长 1.5 ~ 3.5 cm。轮伞花序多花，在主茎或侧枝上组成顶生密集的圆筒形穗状花序，穗状花序长 2.5 ~ 12.0 cm；轮伞花序具短梗，总梗长约 3 mm；花萼管状倒圆锥形，萼齿三角状披针形，后 3 齿长约 2.2 mm，前 2 齿稍短；花冠淡紫蓝色，长约 8 mm，冠筒基部宽约 1.2 mm，冠檐二唇形，

▲藿香果穗

▲藿香花

上唇直伸，下唇3裂，中裂片较宽大，长约2mm；雄蕊伸出花冠，花丝细，扁平；花柱与雄蕊近等长，丝状，先端相等的2裂；花盘厚环状。成熟小坚果卵状长圆形，长约1.8mm，褐色。花期7—8月，果期8—9月。

生 境 生于山坡、林间、路旁、荒地、山沟溪流边及住宅附近。

分 布 黑龙江伊春、牡丹江、七台河、鹤岗、双鸭山、鸡西、五大连池、哈尔滨等山区和半山区的各地。吉林长白山各地及九台。辽宁丹东市区、宽甸、凤城、本溪、桓仁、抚顺、清原、鞍山市区、岫岩、海城、庄河、瓦房店、大连市区等地。内蒙古科尔沁右翼中旗、扎赉特旗等地。全国绝大部分地区。朝鲜、俄罗斯、日本。北美洲。

▲市场上的藿香幼株（鲜）

采 制 夏、秋季采收地上部分，切段，洗净，阴干。

性味功效 味辛，性微温。有祛暑解表、化湿和中、理气开胃的功效。露（茎叶蒸馏丹毒芳香水）：有清暑、正气的功效。

主治用法 用于中暑发热、感冒暑湿、头痛胸闷、寒热、外感风寒、呕吐、泄泻、脾胃气滞、腹痛吐泻、不思饮食、疟疾、痢疾、口臭、手足癣等。水煎服或入丸、散。外用煎水含漱或烧存性研末调敷。根：用于霍乱吐泻。

用 量 7.5～15.0g。外用适量。

附 方

（1）治头痛发热、胸腹胀痛、呕吐泄泻：（藿香正气丸）藿香、白术、茯苓、大腹皮各15g，

▲市场上的藿香植株（干）

▲ 藿香群落

▼ 藿香花（侧）

陈皮、桔梗、紫苏、甘草、半夏、厚朴、白芷各 10 g。或用成药藿香正气丸，每次服 1 ~ 2 丸。

（2）治单纯性胃炎：藿香、佩兰、半夏、黄芩各 15 g，陈皮 10 g，制川朴 7.5 g，水煎服。食积加麦芽 25 g，呕吐剧烈加姜竹茹 15 g、黄连 5 g，腹痛加木香 10 g。

▲ 藿香幼苗

（3）治无黄疸型肝炎（湿困型）：藿香、苍术、制香附、郁金各 15 g，板蓝根、蒲公英各 25 g，厚朴、陈皮各 10 g，水煎服。

（4）治手、足癣：藿香 50 g，黄精、大黄、皂矾各 20 g。上药浸于 1 L 米醋内 7 ~ 8 d，去渣备用。用时将患部放入药水中浸泡，以全部浸入为度。每

▲藿香植株（岩生型）

▲藿香幼株

▲藿香坚果

次0.5 h。每日3次，浸后忌用肥皂水及碱水洗涤。

（5）治霍乱吐泻：陈皮（去白）、藿香叶（去土）各等量，每服25 g，水一盏半，煎至七分，温服，不拘时候。

（6）治疟疾：高良姜、藿香各25 g，研成细末。均分为4服，每服用水1碗，煎成1盏，温服，未愈再服。

（7）去口臭：藿香洗净，煎汤，经常含漱。

附　注　本品为《中华人民共和国药典》（2020年版）收录的药材。

◎参考文献◎

［1］江苏新医学院.中药大辞典（下册）[M].上海：上海科学技术出版社，1977:2710-2712.

［2］朱有昌.东北药用植物[M].哈尔滨：黑龙江科学技术出版社，1989:953-955.

［3］《全国中草药汇编》编写组.全国中草药汇编（上册）[M].北京：人民卫生出版社，1975:936-938.

▲藿香植株（岩生型）

▲ 白苞筋骨草植株

▼ 白苞筋骨草花序

筋骨草属 *Ajuga* L.

白苞筋骨草 *Ajuga lupulina* Maxim.

<table>
<tr><td>别　　名</td><td>白毛筋骨草 轮花筋骨草 忽布筋骨草</td></tr>
<tr><td>药用部位</td><td>唇形科白苞筋骨草的全草（入药称"忽布筋骨草"）。</td></tr>
<tr><td>原 植 物</td><td>多年生草本，具地下走茎。茎粗壮，直立，高 18 ~ 25 cm，四棱形；叶片纸质，披针状长圆形，长 5 ~ 11 cm，宽 1.8 ~ 3.0 cm。穗状聚伞花序由多数轮伞花序组成；苞叶大，向上渐小，白黄、白或绿紫色，卵形或阔卵形，长 3.5 ~ 5.0 cm；花梗短；花萼钟状或略呈漏斗状，长 7 ~ 9 mm，萼齿 5，狭三角形，整齐，先端渐尖；花冠白、白绿或白黄色，具紫色斑纹，长 1.8 ~ 2.5 cm，冠檐二唇形，上唇小，直立，2 裂，下唇延伸，3 裂，中裂片狭扇形，侧裂片长圆形，长约 3 mm；雄蕊 4，二强，花药肾形；花盘杯状，裂片近相等；子房 4 裂。小坚果倒卵状或倒卵长圆状三棱形。花期 7—9 月，果期 8—10 月。</td></tr>
<tr><td>生　　境</td><td>生于河滩沙地、高山草地及陡坡石缝中等处。</td></tr>
<tr><td>分　　布</td><td>内蒙古宁城。河北、山西、四川、甘肃、青海、西藏。</td></tr>
<tr><td>采　　制</td><td>夏、秋季采收全草，除去杂质，洗净，晒干。</td></tr>
</table>

▲ 白苞筋骨草花

▼ 白苞筋骨草花（侧）

性味功效　味苦，性寒。有清热解毒、活血消肿的功效。

主治用法　用于急性热病、感冒发热、咽喉痛、咳嗽、吐血、高血压、面瘫、梅毒、炭疽、跌打肿痛等。水煎服。外用捣烂敷患处。

用　　量　15～25 g。

◎参考文献◎

［1］江苏新医学院.中药大辞典（上册）[M].上海：上海科学技术出版社，1977:1442-1443.

［2］中国药材公司.中国中药资源志要 [M].北京：科学出版社，1994:1057.

［3］江纪武.药用植物辞典 [M].天津：天津科学技术出版社，2005:29.

▲ 多花筋骨草群落　　　▼ 多花筋骨草植株（侧）

多花筋骨草 *Ajuga multiflora* Bge.

别　　名　　筋骨草　花夏枯草
药用部位　　唇形科多花筋骨草的全草。
原 植 物　　多年生草本。茎直立，不分枝，高 6～20 cm，四棱形，密被灰白色绵毛状长柔毛。基生叶具柄，柄长 0.7～2.0 cm，

▼ 多花筋骨草花

多花筋骨草幼苗

▲ 多花筋骨草植株

茎上部叶无柄；叶片均纸质，椭圆状长圆形或椭圆状卵圆形，长
1.5 ~ 4.0 cm，宽 1.0 ~ 1.5 cm。轮伞花序自茎中部向上渐靠近，
至顶端呈一密集的穗状聚伞花序；苞叶大；花梗极短；花萼宽钟形，
萼齿 5，整齐；花冠蓝紫色或蓝色，筒状，长 1.0 ~ 1.2 cm，冠
檐二唇形，上唇短，直立，先端 2 裂，裂片圆形，下唇伸长，宽大，
3 裂，中裂片扇形，侧裂片长圆形；雄蕊 4，二强，花丝粗壮；花
柱细长；花盘环状，裂片不明显。小坚果倒卵状三棱形。花期 5—
6 月，果期 7—8 月。

生　境　生于向阳草地、山坡、林缘、阔叶林下、溪流旁沙质
地及路旁等处。

分　布　黑龙江黑河、哈尔滨、宁安、虎林等地。吉林通化、抚松、
长白、柳河、临江、靖宇、辉南、江源、通榆、镇赉、洮南、大安、
长岭、前郭等地。辽宁丹东市区、凤城、抚顺、新宾、沈阳、鞍山、
庄河、大连市区等地。内蒙古额尔古纳、牙克石、阿尔山等地。河北、
江苏、安徽。朝鲜、俄罗斯（西伯利亚中东部）。

采　制　夏、秋季采收全草，除去杂质，洗净，晒干。

性味功效　有清热、凉血、消肿的功效。

主治用法　用于跌打损伤。水煎服。

用　量　3 ~ 5 g。

▼ 多花筋骨草花（侧）

▼ 多花筋骨草幼株

▲多花筋骨草植株（花白色）

◎参考文献◎

［1］中国药材公司.中国中药资源志要 [M].北京：科学出版社，1994:1058.

［2］江纪武.药用植物辞典 [M].天津：天津科学技术出版社，2005:29.

▲ 水棘针果实

▼ 水棘针坚果

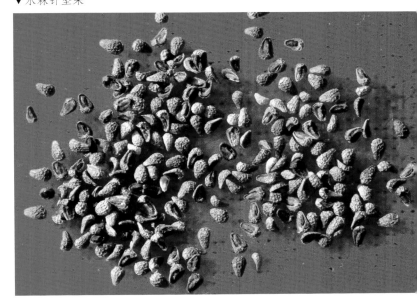

水棘针属 *Amethystea* L.

水棘针 *Amethystea caerulea* L.

药用部位 唇形科水棘针的全草。

原 植 物 一年生草本，高 0.3 ~ 1.0 m，呈金
字塔形分枝。茎四棱形。叶柄长 0.7 ~ 2.0 cm；
叶片纸质或近膜质，三角形或近卵形，3 深裂，
裂片披针形，边缘具粗锯齿或重锯齿。花序为
由松散具长梗的聚伞花序所组成的圆锥花序；
苞叶与茎叶同形，变小；小苞片微小，线形，
长约 1 mm；花梗短；花萼钟形，萼齿 5，近整齐，
三角形；花冠蓝色或紫蓝色，冠檐二唇形，上
唇 2 裂，长圆状卵形或卵形，下唇略大，3 裂，
中裂片近圆形；雄蕊 4，前对能育，花丝细弱，
伸出雄蕊约 1/2，花药 2 室，室叉开，纵裂；花盘环状，具相等浅裂片。小坚果倒卵状三棱形，背面具网
状皱纹。花期 8—9 月，果期 9—10 月。

生　境 生于田间、路旁、林缘、灌丛及湿草地等处。

分　布 黑龙江孙吴、逊克、萝北、尚志、哈尔滨市区、密山、虎林等地。吉林省各地。辽宁宽甸、
桓仁、抚顺、新宾、铁岭、西丰、开原、昌图、鞍山、庄河、营口、建平、凌源等地、内蒙古额尔古纳、
根河、牙克石、鄂伦春旗、扎兰屯、科尔沁右翼前旗、科尔沁右翼中旗、科尔沁左翼中旗、科尔沁左翼
后旗、扎鲁特旗、扎赉特旗、克什克腾旗、翁牛特旗、东乌珠穆沁旗、西乌珠穆沁旗、阿巴嘎旗、正蓝旗、

▲水棘针幼苗

▲水棘针植株

镶黄旗、正镶白旗、太仆寺旗等地。河北、河南、山东、安徽、湖北、山西、陕西、四川、甘肃、云南、新疆。朝鲜、俄罗斯、蒙古、日本、伊朗。

采　制　夏、秋季采收全草，除去杂质，切段，洗净，晒干。

性味功效　味辛，性温。有发表散寒、祛风透疹的功效。

主治用法　用于感冒、头痛、咽喉肿痛、麻疹不出、荨麻疹、皮肤瘙痒等。水煎服。

用　量　3 ~ 10 g。

▲水棘针花

◎参考文献◎

［1］中国药材公司.中国中药资源志要 [M].北京：科学出版社，1994:1058-1059.

［2］江纪武.药用植物辞典 [M].天津：天津科学技术出版社，2005:42.

▲水棘针花（侧）

▲水棘针幼株

▲ 风车草花（背）

▼ 风车草果实

风轮菜属 *Clinopodium* L.

风车草 *Clinopodium urticifolium* (Hance)C. Y. Wu et Hsuan ex H. W. Li

别　　名　风轮菜　大花风轮菜　麻叶风轮菜
俗　　名　野薄荷　野凉粉草　苦刀草　断血流
药用部位　唇形科风车草的全草。
原 植 物　多年生草本，高35～80 cm。茎直立，四棱形。叶对生，茎下部叶柄长1.0～1.2 cm，叶片卵形、卵圆形或卵状披针形，长3～5 cm；茎上部叶柄向上渐短，长2～5 mm。轮伞花序多花密集，彼此远离；苞叶叶状，超过花序，上部者与花序近相等，且呈苞片状，线形，带紫红色，具明显的中肋，边缘具长缘毛；花总梗多分枝；花萼管状，长约8 mm，上部带紫红色，外面被疏柔毛，里面喉部具2列毛茸，冠檐二唇形，上唇倒卵形，先端微凹，下唇3裂，中裂片大；雄蕊4，前雄蕊稍长，不超出花冠；花柱先端不相等2浅裂。小坚果倒卵形，褐色，无毛。花期6—8月，果期8—9月。
生　　境　生于山坡、草地、林缘、路旁及田边等处。

▲风车草花

分　布　黑龙江哈尔滨、伊春、萝北、集贤、勃利、密山、虎林等地。吉林长白山各地及松原。辽宁丹东市区、宽甸、凤城、本溪、桓仁、抚顺、清原、新宾、西丰、法库、庄河、盖州、大连市区等地。河北、河南、山东、江苏、山西、陕西、四川。朝鲜、俄罗斯、日本。

采　制　夏、秋季采收全草，除去杂质，切段，洗净，晒干。

性味功效　味苦、辛，性凉。有清热解毒、疏风、消肿、凉血止血的功效。

主治用法　用于感冒、中暑、急性胆囊炎、肝炎、腮腺炎、乳腺炎、肠炎、痢疾、急性结膜炎、过敏性皮炎、指头炎、血尿、痈肿疮毒、毒蛇咬伤、刀伤、狂犬咬伤及小儿疳病等。水煎服。外用捣烂敷患处或用水洗。

▲风车草幼株

用　量　15～25 g。外用适量。

附　方

（1）治疔疮：风车草捣敷，或研末调菜油敷患处。又方：用风车草、菊花叶各适量，捣烂外敷。

（2）治皮肤疮痒：风车草晒干为末，调菜油外擦。

（3）治小儿疳积：风车草25 g，晒干研末，蒸猪肝食用。

▲ 风车草幼苗

▼ 风车草坚果

（4）治火眼：风车草叶放手中揉去皮，放眼角，数分钟后流出泪转好。

（5）治狂犬咬伤：风车草嫩头7个，捣烂，泡淘米水，兑白糖服。

附　注　本品为《中华人民共和国药典》（2020 年版）收录的药材。

◎参考文献◎

[1]江苏新医学院.中药大辞典（上册）[M].上海：上海科学技术出版社，1977:484.

[2]朱有昌.东北药用植物[M].哈尔滨：黑龙江科学技术出版社，1989:955−956.

[3]中国药材公司.中国中药资源志要[M].北京：科学出版社，1994:1061−1062.

▲风车草植株

光萼青兰坚果

▲光萼青兰群落

▼光萼青兰花序

青兰属 *Dracocephalum* L.

光萼青兰 *Dracocephalum argunense* Fisch. ex Link

别　　名　北青兰
药用部位　唇形科光萼青兰的全草。
原 植 物　多年生草本。茎直立，高 35 ~ 57 cm。茎下部叶片长圆状披针形，长 2.2 ~ 4.0 cm；茎中部以上叶无柄，披针状

▼光萼青兰花

▲ 光萼青兰花（侧）

线形，长 4.5 ～ 6.8 cm，宽 3.2 ～ 6.0 mm；在花序上
叶变短，披针形或卵状披针形。轮伞花序生于茎顶 2 ～ 4
节上，占长度 2.0 ～ 4.5 cm，多数少密集，苞片长为萼
之 1/2 或 2/3，绿色，椭圆形或匙状倒卵形，先端锐尖，
边缘被睫毛；花萼长 1.4 ～ 1.8 cm，下部密被倒向的小毛，
2 裂近中部，齿锐尖，常带紫色，上唇 3 裂约至本身 2/3 处，
中齿披针状卵形，较侧齿稍宽，侧齿披针形，下唇 2 裂
几至本身基部，齿披针形；花冠蓝紫色，长 3.3 ～ 4.0 cm，
花丝疏被毛。花期 7—8 月，果期 8—9 月。

▲ 光萼青兰植株

▼ 光萼青兰果实

| 生　　境 | 生于山地草甸、山地草原、林缘灌丛、沟谷及河滩地等处。 |

| 分　　布 | 黑龙江塔河、嫩江、黑河市区、鹤岗市区、萝北、集贤等地。吉林通化、集安、长白、柳河、辉南、镇赉、扶余、长春等地。辽宁西丰、开原、喀左、建平等地。内蒙古额尔古纳、牙克石、扎兰屯、科尔沁右翼前旗、扎鲁特旗等地。河北。朝鲜、俄罗斯（西伯利亚中东部）。 |

| 采　　制 | 夏、秋季采收全草，除去杂质，洗净，晒干。 |

| 性味功效 | 有清热燥湿、凉血止血的功效。 |

| 主治用法 | 用于头痛、咽喉痛。水煎服。 |

| 用　　量 | 10 ～ 25 g。外用适量。 |

◎ 参考文献 ◎

［1］中国药材公司.中国中药资源志要 [M].北京：科学
　　出版社，1994:1064.

［2］江纪武.药用植物辞典 [M].天津：天津科学技术出
　　版社，2005:272.

垂花青兰 *Dracocephalum nutans* L.

别　　名	兴安青兰
药用部位	唇形科垂花青兰的全草。

原 植 物　多年生草本，根状茎单一或多数，不分枝或基部具少数分枝，高 16 ~ 55 cm，四棱形。基生叶及茎下部叶具长柄，叶片长 0.8 ~ 2.3 cm，宽约等于长，宽卵形，基部心形，边缘具钝齿；中部茎生叶具短柄，叶片通常较叶柄长，卵形或长卵形，长 1.2 ~ 4.5 cm，宽 0.7 ~ 2.1 cm，先端钝，有时微尖，基部浅心形、近截形或宽楔形，叶缘具锐齿或小牙齿；上部茎生叶变小，叶缘具少数锯齿或全缘。轮伞花序生于茎中部以上的叶腋，具花 8 ~ 12；花具短梗；苞片全缘，椭圆形或倒卵形，先端急尖，边缘被睫毛，长为萼的 1/3 ~ 1/2。花萼长 9 ~ 10 mm，常带紫色，2 裂至 1/4 或 1/3 处，5 齿近等长，不明显二唇形，上唇中齿倒卵圆形，先端具短刺，较其他的齿宽 2.5 ~ 3.0 倍，侧齿及下唇 2 齿披针形，先端刺状渐尖，尖头长 1 ~ 2 mm。花冠蓝紫色，长 12 ~ 19 mm，上唇稍短于下唇。雄蕊无毛。花期 7—8 月，果期 8—9 月。

生　　境	生于山地阳坡及谷中阳处等处。
分　　布	黑龙江塔河、呼玛等地。内蒙古牙克石、克什克腾旗等地。新疆。俄罗斯（西伯利亚）。东欧。
采　　制	夏、秋季采收全草，除去杂质，晒干。
性味功效	味苦、辛，性凉。有毒。有清肝明目、平肝潜阳、止咳化痰、降压的功效。
主治用法	用于咳嗽痰喘、慢性支气管炎、目赤肿痛、流泪、头晕目眩、耳鸣如蝉、高血压等。水煎服。
用　　量	6 ~ 9 g。

▲垂花青兰花序

◎参考文献◎

［1］中国药材公司．中国中药资源志要[M]．北京：科学出版社，1994:1065.
［2］江纪武．药用植物辞典[M]．天津：天津科学技术出版社，2005:276.

▼香青兰花序

香青兰 *Dracocephalum moldavica* L.

别 名	山薄荷
俗 名	摩眼籽
药用部位	唇形科香青兰的全草。

原 植 物　一年生草本，高 6 ~ 40 cm。茎数个，直立或渐升。基生叶卵圆状三角形；下部茎生叶与基生叶近似，具与叶片等长柄，中部以上具短柄，叶片披针形至线状披针形。轮伞花序生于茎或分枝上部 5 ~ 12 节处，占长度 3 ~ 11 cm，通常具花 4；花梗长 3 ~ 5 mm；苞片长圆形，每侧具 2 ~ 3 小齿；花萼长 8 ~ 10 mm，上唇 3 浅裂至本身 1/4 ~ 1/3 处，3 齿近等大，三角状卵形；花冠淡蓝紫色，长 1.5 ~ 3.0 cm，喉部以上宽展，冠檐二唇形，上唇短舟形，3 裂，下唇 2 裂，具深紫色斑点；雄蕊微伸出，花丝无毛，先端尖细，先端 2 等裂。小坚果长约 2.5 mm，长圆形。花期 7—8 月，果期 8—9 月。

生　境　生于干燥山地、山谷及河滩多石等处。

分　布　黑龙江泰来、龙江、甘南等地。吉林通榆、镇赉、洮南、大安、前郭、长岭、梅河口、梨树、伊通、双辽等地。辽宁绥中、凌源、建昌、喀左、建平、朝阳、北镇、阜新、新民、法库、康平、彰武等地。内蒙古科尔沁右翼前旗、扎鲁特旗、克什克腾旗、翁牛特旗、巴林右旗、巴林左旗、东乌珠穆沁旗、西乌珠穆沁旗、阿巴嘎旗、苏尼特左旗、苏尼特右旗、正蓝旗、镶黄旗、正镶

▲香青兰植株

白旗等地。河北、山西、河南、陕西、甘肃、青海。俄罗斯（西伯利亚）。欧洲东部及中部。

▼香青兰花

采 制 夏、秋季采收全草，除去杂质，晒干。

性味功效 味辛、苦，性凉。有清肺解表、消炎、凉肝止血的功效。

主治用法 用于感冒、头痛、喉痛、气管炎哮喘、黄疸、吐血、衄血、心脏病、痢疾、胃炎、神经衰弱及狂犬咬伤等。水煎服。

用 量 15～25 g（鲜品 50 g）。

附 方

（1）治外感头痛、发热：鲜香青兰 30 g（干品 15 g），水煎服，每日 2 次（吉林洮南民间方）。

（2）治狂犬咬伤：鲜香青兰 50 g（干品 25 g），朱砂 0.5 g，水煎服。

（3）治眼结膜炎：香青兰果实 2～3 粒，放入眼睑内（辽宁建昌民间方）。

◎参考文献◎

[1] 江苏新医学院.中药大辞典（上册）[M].上海：上海科学技术出版社，1977:203-204.

[2] 朱有昌.东北药用植物[M].哈尔滨：黑龙江科学技术出版社，1989:957-958.

[3] 中国药材公司.中国中药资源志要[M].北京：科学出版社，1994:1065.

▲香青兰群落

▲青兰植株

青兰 *Dracocephalum ruyschiana* L.

药用部位 唇形科青兰的全草。

原植物 多年生草本。茎数个自根状茎生出,直立,钝四棱形,被倒向的小毛,在下部较稀疏,自叶腋生出具有小型叶的短枝。叶无柄或几无柄,线形或披针状线形,先端钝,基部窄楔形,长3.4～6.2 cm,上面及下面中脉疏被小毛或变无毛。轮伞花序生于茎上部4～6节,占长度2.5～6.0 cm,多数少密集;苞片长为萼1/2或更短,卵状椭圆形,先端锐尖,密被睫毛。花萼长10～12 mm,外面中部以下密被短毛,上部较稀疏,2裂约至2/5处,上唇3裂至本身2/3处,中齿卵状椭圆形,较侧齿稍宽,侧齿三角形或宽披针形,下唇2裂至本身基部,齿披针形,各齿均先端锐尖,被睫毛,常带紫色。花冠蓝紫色,长1.7～2.4 cm,外被短柔毛;花药被短柔毛。花期7月,果期8—9月。

生境 生于山地草甸及草原多石处。

分布 黑龙江塔河、呼玛等地。吉林通化、汪清、长白、珲春等地。内蒙古额尔古纳、阿尔山、克什克腾旗等地。新疆。俄罗斯。亚洲中部、欧洲。

采制 夏、秋季采收全草,除去杂质,洗净,晒干。

性味功效 味辛、苦,性凉。有疏风清热、凉血解毒的功效。

主治用法 用于感冒头痛、咽喉肿痛、咳嗽、黄疸、痢疾等。水煎服。

用量 9～15 g。

◎参考文献◎

［1］朱有昌.东北药用植物[M].哈尔滨:黑龙江科学技术出版社,1989:957-958.

［2］中国药材公司.中国中药资源志要[M].北京:科学出版社,1994:1065.

［3］江纪武.药用植物辞典[M].天津:天津科学技术出版社,2005:276.

▲青兰花序

▲青兰植株（侧）

▲ 毛建草群落

▼ 毛建草幼株

毛建草 *Dracocephalum rupestre* Hance

别　　名　岩青兰

俗　　名　毛尖　毛尖茶

药用部位　唇形科毛建草的全草（入药称"岩青兰"）。

原 植 物　多年生草本。根状茎直，粗约 10 mm，生出多数茎。茎不分枝，渐升，长 15～42 cm，四棱形。基出叶多数，叶片三角状卵形，先端钝，基部常为深心形，或为浅心形，长 1.4～5.5 cm，宽 1.2～4.5 cm，边缘具圆锯齿。轮伞花序密集，通常成头状，成穗状；花萼长 2.0～2.4 cm，常带紫色，被短柔毛及睫毛，2 裂至 2/5 处，上唇 3 裂至本身基部，中齿倒卵状椭圆形，先端锐短渐尖，宽为侧齿的 2 倍，侧齿披针形，先端锐渐尖，下唇2 裂稍超过本身基部，齿狭披针形；花冠紫蓝色，长 3.8～4.0 cm，最宽处 5～10 mm，下唇中裂片较小。花丝疏被柔毛，顶端具尖的突起。花期 6—7 月，果期 8—9 月。

生　　境　生于干燥山坡、疏林下及岩石缝隙等处。

分　　布　黑龙江尚志、五常、东宁等地。吉林通化、集安等地。辽宁本溪、朝阳、建平、凌源、建昌、

▲毛建草植株

喀左等地。内蒙古宁城、喀喇沁旗。河北、山西、陕西、宁夏、河南、贵州、青海。朝鲜、日本、俄罗斯（西伯利亚中东部）。

采　制　夏、秋季采收全草，除去杂质，晒干。

性味功效　味甘、辛，性凉。有毒。有清热解毒、消炎、凉血止血的功效。

主治用法　用于外感风热、头痛寒热、咽喉痛、咳嗽、胸胁胀满、黄疸型肝炎、吐血、衄血、痢疾等。水煎服或研末入丸、散。

用　量　5 ~ 15 g。

附　方　治外感夹食，寒热头痛，因胃热而致的呕吐、腹泻：岩青兰、香薷、防风、茯苓、蔷薇果各 10 ~ 15 g，水煎服。

▲毛建草花

▼毛建草植株（侧）

◎参考文献◎

［1］江苏新医学院.中药大辞典（上册）[M].上海：上海科学技术出版社，1977:1347.

［2］朱有昌.东北药用植物 [M].哈尔滨：黑龙江科学技术出版社，1989:958−959.

［3］中国药材公司.中国中药资源志要 [M].北京：科学出版社，1994:1065.

▲ 白花枝子花植株

▼ 白花枝子花果穗

白花枝子花 *Dracocephalum heterophyllum* Benth.

别　　名　异叶青兰

药用部位　唇形科白花枝子花的全草。

原 植 物　多年生草本。植株高 10 ~ 25 cm。根粗壮，茎多数，茎在中部以下具长的分枝，四棱形或钝四棱形，密被倒向的小毛。叶片宽卵形至长卵形，长 1.5 ~ 3.5 cm，宽 0.7 ~ 2.0 cm。先端钝或圆形，基部心形，边缘被短睫毛及浅圆齿；茎中部叶与基生叶同形，边缘具浅圆齿或尖锯齿；茎上部叶变小，叶柄变短，轮伞花序生于茎上部叶腋，具花，因上部节间变短而花又长过节间，故各轮花密集；苞片较萼稍短，倒卵状匙形或倒披针形，长 10 ~ 12 mm，边缘具小齿，齿尖具长 2 ~ 4 mm 的小刺，花萼浅绿色，长 13 ~ 15 mm，外面疏被短柔毛，下部较密，上唇三角状卵形，先端具刺，下唇齿披针形，先端具刺。花冠白色，长 2.0 ~ 2.5 cm，二唇近等长。雄蕊无毛。花期 7—8 月，果期 8—9 月。

生　　境　生于山地草原及半荒漠的多石干燥地区。

分　　布　内蒙古苏尼特右旗、二连浩特等地。山西、宁夏、陕西、甘肃、青海、新疆、西藏等。俄罗斯、蒙古。亚洲（中部）、欧洲。

采　　制　夏、秋季采收全草，洗净，晒干。

性味功效　有清热、止咳、清肝火、散郁结的功效。

主治用法　用于高血压、慢性气管炎、咳嗽痰喘、瘿瘤、瘰疬、口腔溃疡、甲状

▲ 白花枝子花植株（侧）

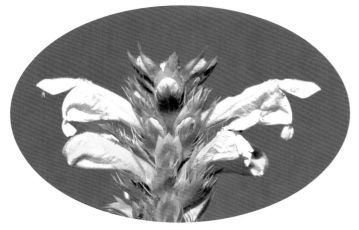

▲ 白花枝子花花

腺肿大、淋巴结炎、黄疸性发热、热性病头痛、眼翳等。水煎服。

用　　量　9 ~ 15 g。

◎参考文献◎

［1］江纪武.药用植物辞典 [M].天津：天津科学技术出版社，
　　2005:276.

［2］赵一之，赵利清，曹瑞.内蒙古植物志（第四卷）[M].3 版.呼和
　　浩特：内蒙古人民出版社，2020:199-200.

▲ 白花枝子花花序

▲ 木香薷植株

▼ 木香薷花

香薷属 *Elsholtzia* Willd

木香薷 *Elsholtzia stauntoni* Benth.

别　　名	华北香薷
俗　　名	柴荆芥
药用部位	唇形科木香薷的枝条。
原 植 物	直立半灌木，高 0.7～1.7 m。茎上部多分枝。叶披

▼ 木香薷枝条

针形至椭圆状披针形，长 8 ~ 12 cm；叶柄长 4 ~ 6 mm。穗状花序伸长，长 3 ~ 12 cm，生于茎枝及侧生小花枝顶上，位于茎枝上者较长，由具花 5 ~ 10、近偏向于一侧的轮伞花序所组成；苞叶呈苞片状，披针形或线状披针形；花梗长 0.5 mm；花萼管状钟形，长约 2 mm，萼齿 5，卵状披针形，长约 0.5 mm；果时花萼伸长，明显管状，长达 4 mm；花冠玫瑰红紫色，长约 9 mm，冠筒长约 6 mm，冠檐二唇形，上唇直立，先端微缺，下唇开展，3 裂；雄蕊 4，前对较长，明显伸出，花丝丝状，花药卵圆形。小坚果椭圆形，光滑。花期 7—8 月，果期 9—10 月。

生　境　生于干燥石质山坡、沙质地、灌丛及岩石缝隙中等处。

分　布　辽宁凌源、绥中、锦州等地。内蒙古宁城、喀喇沁旗等地。河北、山西、河南、陕西、

▼ 木香薷花序

▲ 木香薷群落

甘肃。

采　制　夏、秋季割取枝条，除去杂质，切段，洗净，阴干。

性味功效　味辛，性微温。有理气、止痛、开胃的功效。

主治用法　用于胃气疼痛、气滞疼痛、呕吐、泄泻、痢疾、感冒发热、头痛、风湿关节痛等。水煎服。

用　量　适量。

◎参考文献◎

［1］中国药材公司.中国中药资源志要 [M].北京：科学出版社，1994:1070.

［2］江纪武.药用植物辞典 [M].天津：天津科学技术出版社，2005:291.

▲ 密花香薷果穗

1.2 mm，暗褐色。花期8—9月，果期10月。

<u>生　　境</u>　生于林缘、林下、河边及山坡荒地等处。

<u>分　　布</u>　内蒙古牙克石、鄂伦春旗、鄂温克旗、阿尔山、克什克腾旗、东乌珠穆沁旗、西乌珠穆沁旗等地。河北、山西、陕西、甘肃、青海、四川、云南、西藏、新疆等。俄罗斯、阿富汗、巴基斯坦、尼泊尔、印度。

<u>采　　制</u>　夏、秋季花开时采收全草，除去杂质，切段，洗净，阴干。

<u>性味功效</u>　味辛，性微温。有发汗解暑、利水消肿的功效。

<u>主治用法</u>　用于伤暑感冒、水肿、肾炎、脓疮、皮肤病等。水煎服。外用捣烂敷患处或煎水洗。

<u>用　　量</u>　适量。

◎参考文献◎

［1］中国药材公司.中国中药资源志要[M].北京：科学出版社，1994：1067-1068.

［2］江纪武.药用植物辞典[M].天津：天津科学技术出版社，2005：290.

▼ 密花香薷植株

密花香薷 *Elsholtzia densa* Benth.

<u>别　　名</u>　东北香薷　细穗香薷　细穗密花香薷

<u>药用部位</u>　唇形科密花香薷带花全草。

<u>原 植 物</u>　一年生草本，高20～60 cm。茎直立。叶长圆状披针形至椭圆形，长1～4 cm；叶柄长0.3～1.3 cm，背腹扁平。穗状花序长圆形或近圆形，长2～6 cm，宽1 cm，由密集的轮伞花序组成；最下的一对苞叶与叶同形，向上呈苞片状，卵圆状圆形，长约1.5 mm，先端圆；花萼钟状，长约1 mm，萼齿5，后3齿稍长，近三角形；花冠小，淡紫色，长约2.5 mm，冠筒向上渐宽大，冠檐二唇形，上唇直立，先端微缺，下唇稍开展，3裂，中裂片较侧裂片短；雄蕊4，前对较长，微露出，花药近圆形；花柱微伸出，先端近相等2裂。小坚果卵珠形，长2 mm，宽

密花香薷花序

▲密花香薷居群

▲ 海州香薷花序

海州香薷 *Elsholtzia splendens* Nakai ex F. Maekawa

别　　名	蜜蜂草　江香薷
俗　　名	铜草　把蒿
药用部位	唇形科海州香薷带花全草（入药称"香薷"）。
原植物	一年生草本，高30～50 cm。茎直立。叶卵状三角形、卵状长圆形至长圆状披针形或披针形，长3～6 cm。穗状花序顶生，偏向一侧，长3.5～4.5 cm，由多数轮伞花序所组成；苞片近圆形或宽卵圆形，长约5 mm；花梗长不及1 mm。花萼钟形，长2.0～2.5 mm，具腺点，萼齿5，三角形；花冠玫瑰红紫色，长6～7 mm，微内弯，

近漏斗形，冠筒基部宽约0.5 mm，向上渐宽，至喉部宽不及2 mm，冠檐二唇形，上唇直立，先端微缺，下唇开展，3裂，中裂片圆形，全缘，侧裂片截形或近圆形；雄蕊4，前对较长，均伸出；花柱超出雄蕊。小坚果长圆形，具小疣。花期8—9月，果期9—10月。

生　境　生于山坡的林缘、灌丛、草地、多石地、路边及田边等处。

分　布　黑龙江尚志、宁安、东宁等地。吉林通化、舒兰、蛟河等地。辽宁本溪、宽甸、凤城、庄河等地。河北、山东、河南、江苏、江西、浙江、广东。朝鲜。

采　制　夏、秋季花开时采收全草，除去杂质，切段，洗净，阴干。

性味功效　味辛，性微温。有发汗解暑、行水散湿、温胃调中的功效。

▼ 海州香薷果实

▲ 海州香薷植株

主治用法 用于夏月感寒阴冷、头痛发热、恶寒无汗、胸痞腹痛、呕吐腹泻、水肿、脚气、小便不利等。水煎服或研末。

用　　量 5 ~ 15 g。

◎参考文献◎

［1］江苏新医学院.中药大辞典(下册）[M].上海：上海科学技术出版社，1977:1680-1681.

［2］朱有昌.东北药用植物 [M].哈尔滨：黑龙江科学技术出版社，1989:961-963.

［3］中国药材公司.中国中药资源志要 [M].北京：科学出版社，1994:1070.

▼ 海州香薷花

▼ 海州香薷花序（背）

▲ 香薷植株（田野型）

▼ 市场上的香薷植株（切段）

香薷 *Elsholtzia ciliata*（Thunb.）Hyland.

别　　名　土香薷

俗　　名　山苏子　臭荆芥　小叶巴蒿　臭香麻　水荆芥　拉拉香　小叶苏子

药用部位　唇形科香薷的全草。

原 植 物　一年生直立草本，高 0.3 ~ 0.5 m。叶卵形或椭圆状披针形，长 3 ~ 9 cm。穗状花序长 2 ~ 7 cm，宽达 1.3 cm，偏向一侧，由多花的轮伞花序组成；苞片宽卵圆形或扁圆形，长宽约 4 mm，先端具芒状突尖；花梗纤细，长 1.2 mm；花萼钟形，长约 1.5 mm，萼齿 5，三角形，前 2 齿较长；花冠淡紫色，约为花萼长之 3 倍，冠筒自基部向上渐宽，至喉部宽约 1.2 mm，冠檐二唇形，上唇直立，先端微缺，下唇开展，3 裂，中裂片半圆形，侧裂片弧形，较中裂片短；雄蕊 4，前对较长，外伸，花丝无毛，花药紫黑色；花柱内藏，先端 2 浅裂。小坚果长圆形，长约 1 mm，棕黄色，光滑。花期 8—9 月，果期 9—10 月。

生　　境　生于田边、路旁、山坡、村旁、河岸等处。

▲ 香薷幼苗

▼ 香薷幼株

▲ 市场上的香薷幼株

分　布　黑龙江塔河、呼玛、黑河、哈尔滨市区、伊春市区、铁力、
尚志、五常、安达、富裕、勃利、萝北、饶河、抚远、密山、虎林、
穆棱、东宁等大多数地区。吉林省各地。辽宁宽甸、凤城、本溪、
桓仁、抚顺、新宾、清原、西丰、沈阳、鞍山市区、庄河、大连市区、
岫岩、营口、北镇、喀左等地。内蒙古额尔古纳、牙克石、鄂伦
春旗、科尔沁右翼前旗、克什克腾旗、翁牛特旗、东乌珠穆沁旗、
西乌珠穆沁旗等地。全国绝大部分地区（除新疆、青海外）。朝鲜、
俄罗斯（西伯利亚）、蒙古、日本、印度。中南半岛。

采　制　夏、秋季花开时割取地上部分，除去杂质，洗净，晒

▲香薷果实（后期）

干或阴干。

性味功效　味辛、微苦，性温。有发汗解表、祛暑化湿、利尿消肿的功效。

主治用法　用于头痛发热、急性胃肠炎、腹痛吐泻、劳伤吐血、水肿、霍乱、疮疖肿毒、脚气水肿、颜面水肿、小便不利、中暑、胸闷、口臭、食鱼中毒等。水煎服。外用鲜品捣烂敷患处。表虚有汗者忌用，阳盛阴虚有热者禁用。

用　　量　15～50 g。

附　　方

（1）治暑湿感冒：香薷、厚朴、白扁豆各15 g，甘草10 g，水煎服。

（2）治感冒畏寒、头痛：香薷20 g，白芷、川芎各15 g，水煎服。

（3）治急性肾炎、全身水肿、小便少：香薷、白术各10 g，水煎服。

（4）治劳伤吐血：香薷50 g，水煎服。

▼香薷花序

▲香薷坚果

▲香薷花（侧）

（5）治暑天感冒、发热无汗、恶心：香薷、藿香各15g，水煎服。

◎参考文献◎

[1] 江苏新医学院.中药大辞典（上册）[M].上海：上海科学技术出版社，1977:779-780.

[2] 朱有昌.东北药用植物 [M].哈尔滨：黑龙江科学技术出版社，1989:959-961.

[3] 《全国中草药汇编》编写组.全国中草药汇编（上册）[M].北京：人民卫生出版社，1975:45-46.

▼香薷果实（前期）

▼香薷花

▲ 香薷植株（河岸型）

▲ 鼬瓣花果实

鼬瓣花属 *Galeopsis* L.

鼬瓣花 *Galeopsis bifida* Boenn

俗　　名	野苏子 黑苏子
药用部位	唇形科鼬瓣花的全草及根。

原 植 物　一年生草本。茎直立，通常
高 20 ~ 80 cm。茎叶卵圆状披针形或
披针形，通常长 3.0 ~ 8.5 cm。轮伞花
序腋生，多花密集；小苞片线形至披针形，
长 3 ~ 6 mm；花萼管状钟形，连齿长
约 1 cm，齿 5，近等大，长约 5 mm，
长三角形；花冠白、黄或粉紫红色，长
约 1.4 cm，冠筒漏斗状，喉部增大，长
8 mm，冠檐二唇形，上唇卵圆形，先端
钝，下唇 3 裂，中裂片长圆形，宽度与
侧裂片近相等，约 2 mm 宽，先端明显
微凹，侧裂片长圆形，全缘；雄蕊 4，
花丝丝状，花药卵圆形，2 室，二瓣横裂，
内瓣较小；花柱先端近相等 2 裂；花盘
前方呈指状增大。小坚果倒卵状三棱形，
褐色。花期 7—9 月，果期 9 月。

▼ 鼬瓣花幼苗

▲鼬瓣花群落

▼鼬瓣花花

生　境　生于林缘、灌丛、河岸、湿草地及村屯附近，常聚集成片生长。

分　布　黑龙江漠河、塔河、呼玛、讷河、嫩江、黑河市区、宁安、海林、虎林、尚志、伊春等地。吉林长白山各地。内蒙古额尔古纳、根河、牙克石、鄂伦春旗、扎兰屯、阿尔山、东乌珠穆沁旗等地。河北、山西、陕西、湖北、四川、贵州、甘肃、青海、西藏等。朝鲜、俄罗斯、蒙古、日本。欧洲、北美洲。

采　制　夏、秋季采收全草，切段，洗净，晒干。秋季采挖根，除去泥土，洗净，晒干。

▲鼬瓣花坚果

性味功效 味辛，性温。有发汗解表、祛暑化湿、止咳化痰、利尿的功效。种子入药，有补脾、养心、润肺的功效。

主治用法 用于感冒、中暑、风湿症、肾炎、尿路感染、梅毒、咳嗽、哮喘等。水煎服。

用　　量 10 ~ 20 g。

◎参考文献◎

［1］钱信忠. 中国本草彩色图鉴（第五卷）[M]. 北京：人民卫生出版社，2003:529-530.

［2］中国药材公司. 中国中药资源志要 [M]. 北京：科学出版社，1994:1072.

［3］江纪武. 药用植物辞典 [M]. 天津：天津科学技术出版社，2005:343.

▼ 鼬瓣花花（白色）　　　　　　　　　　▼ 鼬瓣花花（侧）

活血丹属 *Glechoma* L.

活血丹 *Glechoma longituba*（Nakai）Rupr.

别　　名	连钱草　遍地金钱　金钱草
俗　　名	铜钱草
药用部位	唇形科活血丹的全草（入药称"连钱草"）。
原植物	多年生草本，具匍匐茎，上升，逐节生根。茎高10～30 cm，四棱形。叶草质，下部者较小，叶片心形或近肾形；上部者较大，叶片心形，长1.8～2.6 cm。轮伞花序通常2花；苞片及小苞片线形，长达4 mm；花萼管状，长9～11 mm，齿5，上唇3齿，较长，下唇2齿，略短。花冠淡蓝、蓝至紫色，下唇具深色斑点，冠筒直立，冠檐二唇形。上唇直立，2裂，裂片近肾形，下唇伸长，斜展，3裂，中裂片最大，肾形；雄蕊4，内藏，后对着生于上唇下；花药2室，略叉开；子房4裂；花盘杯状；花柱细长，略伸出，先端近相等2裂。成熟小坚果深褐色，长圆状卵形。花期5—6月，果期7—8月。
生　　境	生于林下、林缘、灌丛、湿草地及河边等处，常聚集成片生长。
分　　布	黑龙江哈尔滨市区、尚志、宁安、虎林等地。吉林

▲ 活血丹植株

长白山各地及长春市区、公主岭、伊通、梨树等地。辽宁丹东市区、凤城、桓仁、抚顺、新宾、沈阳、庄河、瓦房店、大连市区等地。河北、山东、河南、江苏、浙江、安徽、福建、江西、湖北、湖南。朝鲜、俄罗斯（西伯利亚中东部）。

采　制　夏、秋季采收地上部分，除去杂质，切段，洗净，阴干。

▼ 活血丹花

性味功效　味辛、微苦，性凉。有利湿通淋、清热解毒、散瘀消肿、利尿排石、镇咳的功效。

主治用法　用于尿路结石、胆管结石、胆囊炎、黄疸型肝炎、肝胆结石、肾炎水肿、胃和十二指肠溃疡、痈肿咳嗽、风湿性关节痛、疮疡肿痛、疟疾、小儿疳积、惊痫、湿疹、月经不调、骨折、跌打损伤、外伤出血及毒蛇咬伤等。水煎服。

用　量　15 ~ 25 g（鲜品 50 ~ 100 g）。

附　方

（1）治急性肾炎：连钱草、地念、海金沙藤、马兰各 50 g，每日 1 剂，2 次煎服。

（2）治肾及膀胱结石：鲜连钱草 50 g，水煎服。连服 1 ~ 2 个月，逐日增量，增至 60 g 为止。又方：连钱草、龙须草、车前草各 25 g，水煎服，亦可用连钱草、藕节

▲ 活血丹居群

各 100 g，水煎，日服 2 次。

（3）治雷公藤中毒：鲜连钱草 250～500 g，洗净绞汁，分 3～4 次服，其渣可煎汁代茶；并可结合输液及补充 B 族维生素、维生素 C。腹痛可用阿托品止痛；水肿可用车前草、白茅根煎汤代茶。

（4）治跌打损伤：鲜连钱草 100 g，捣汁调白糖内服。另取鲜草适量，捣烂敷患处。

（5）治肾炎水肿：连钱草、萹蓄草各 50 g，荠菜花 25 g，水煎服。

（6）治疟疾：连钱草 75～150 g。水煎，分 2 次服，每日 1 剂，连服 3 d。或在发疟疾前用连钱草 7 个叶搓成丸塞鼻中。

（7）治腮腺炎：鲜连钱草洗净，加少量食盐捣烂，敷于肿处，须两侧同时敷药。经 12 h 后即可退热消肿。

（8）治肺热、肺痈咳嗽：连钱草 100 g，甘草 50 g，用大麦煎汤浸泡 1～2 h，去渣加蜂蜜 25 g，当茶饮。

附 注 本品为《中华人民共和国药典》（2020 年版）收录的药材。

▲ 活血丹幼苗

◎参考文献◎

［1］江苏新医学院.中药大辞典（上册）[M].上海：上海科学技术出版社，1977:1399-1400.

［2］朱有昌.东北药用植物 [M].哈尔滨：黑龙江科学技术出版社，1989:963-965.

［3］《全国中草药汇编》编写组.全国中草药汇编（上册）[M].北京：人民卫生出版社，1975:419.

▲ 夏至草植株（田野型）

▼ 夏至草花序

夏至草属 *Lagopsis* Bge. ex Benth

夏至草 *Lagopsis supina*（Steph.）Ik. - Gal. ex Knorr.

别　　名	夏枯草
俗　　名	抽风草
药用部位	唇形科夏至草的全草。

原植物　多年生草本。茎高 15 ~ 35 cm。叶轮廓为圆形，长宽 1.5 ~ 2.0 cm，先端圆形，基部心形，3 深裂，裂片有圆齿或长圆形犬齿。轮伞花序疏花，直径约 1 cm，在枝条上部者较密集，在下部者较疏松；小苞片长约 4 mm。花萼管状钟形，长约 4 mm，外密被微柔毛，脉 5，凸出，齿 5，不等大；花冠白色，稍伸出萼筒，长约 7 mm；冠筒长约 5 mm，直径约 1.5 mm；冠檐二唇形，上唇直伸，比下唇长，长圆形，全缘，下唇斜展，3 浅裂，中裂片扁圆形，2 侧裂片椭圆形；雄蕊 4，着生于冠筒中部稍下，不伸出，后对较短；花药卵圆形，2 室；花柱先端 2 浅裂。小坚果长卵形，褐色。花期 5—6 月，果期 7—8 月。

生　　境　生于林下、林缘、灌丛、湿草地及河边等处。

分　　布　黑龙江哈尔滨等地。吉林镇赉、洮南、大安、扶余、安图、抚松、通化、蛟河等地。辽宁沈阳、盖州、大连、北镇等地。内蒙古科尔沁右翼前旗、扎鲁特旗、扎赉特旗、克什克腾旗、翁牛

▲ 夏至草花（侧）　　　　　　　　　　　　　▲ 夏至草花

特旗、巴林右旗、巴林左旗、东乌珠穆沁旗、西乌珠穆沁旗、阿巴嘎旗、苏尼特左旗、苏尼特右旗、正蓝旗、镶黄旗、正镶白旗等地。河北、河南、山西、山东、浙江、江苏、安徽、湖北、陕西、四川、贵州、甘肃、云南、青海、新疆等。朝鲜、俄罗斯（西伯利亚）。

采 制	夏至前采收全草，切段，洗净，鲜用或阴干。
性味功效	味微苦，性平。有小毒。有养血、活血、调经的功效。
主治用法	用于贫血性头晕、半身不遂、月经不调、肾炎、水肿等。水煎服或熬成膏剂服用。
用 量	15 ～ 20 g。

▼ 夏至草居群

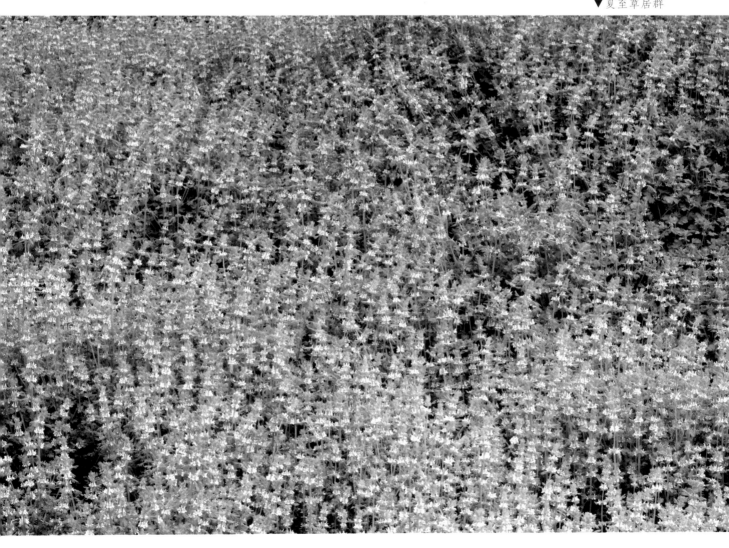

▲ 夏至草果实

◎参考文献◎

[1] 江苏新医学院.中药大辞典(下册)
　　[M].上海：上海科学技术出版社，
　　1977:1827.

[2] 朱有昌.东北药用植物 [M].哈
　　尔滨：黑龙江科学技术出版社，
　　1989:965–966.

[3] 中国药材公司.中国中药资源
　　志要 [M].北京：科学出版社，
　　1994:1082.

▲夏至草植株（山坡型）

▼野芝麻植株（侧）　　▲野芝麻幼株

野芝麻属 *Lamium* L.

野芝麻 *Lamium barbatum* Sieb. et Zucc.

俗　　名　山苏子　白花菜　山芝麻

药用部位　唇形科野芝麻的根、根状茎、全草及花。

原植物　多年生植物。茎 60 ～ 80 cm。茎下部的叶卵圆形或心脏形，长 4.5 ～ 8.5 cm，茎上部的叶卵圆状披针形，先端长尾状渐尖。轮伞花序 4 ～ 14 花，着生于茎端；苞片狭线形或丝状，长 2 ～ 3 mm，锐尖；花萼钟形，长约 1.5 cm，宽约 4 mm，萼齿披针状钻形，长 7 ～ 10 mm；花冠白或浅黄色，长约 2 cm，冠筒基部直径 2 mm，冠檐二唇形，上唇直立，倒卵圆形或长圆形，长约 1.2 cm，下唇长约 6 mm，3 裂，中裂片倒肾形，先端深凹，基部急收缩，侧裂片宽；雄蕊花丝扁平，彼此粘连，花药深紫色；花柱丝状，先端近相等的 2 浅裂；花盘杯状；子房裂片长圆形。小坚果倒卵圆形。花期 5—6 月，果期 7—8 月。

生　　境　生于林下、林缘、河边或采伐迹地等土质较肥沃的湿润地上，常聚集成片生长。

▲粉花野芝麻植株

▼野芝麻花（仰）

分　布　黑龙江呼玛、塔河、哈尔滨市区、伊春、尚志、五常、宁安、东宁、汤原、虎林等地。吉林长白山各地及九台、长春等地。辽宁宽甸、凤城、东港、本溪、桓仁、新宾、鞍山、庄河等地。内蒙古额尔古纳、根河、牙克石、鄂伦春旗、鄂温克旗、扎兰屯、阿尔山、科尔沁右翼前旗、东乌珠穆沁旗等地。河北、山西、山东、江苏、浙江、陕西、甘肃、湖北、湖南、四川、贵州等。朝鲜、俄罗斯（西伯利亚中东部）、日本。

采　制　春、秋季采挖根、根状茎，除去泥沙，洗净，晒干。夏、秋季采收全草，切段，晒干。春季采摘花，洗净，阴干。

性味功效　根及根状茎：味微甘，性平。有清肝利湿、活血消肿的功效。全草：味甘、辛，性平。有散瘀、消积、调经、利湿的功效。花：味甘、辛，性平。有调经、利湿的功效。

主治用法　根及根状茎：用于眩晕、肝炎、肺结核、肾炎水肿、带下病、疳积、痔疮、肿毒。水煎服，外用适量研末或捣烂敷患处。全草：用于跌打损伤、肺热咳嗽、小儿疳积、小儿虚热、带下病、痛经、月经不调、水肿、小便涩痛、膀胱炎。水煎服。花：用于月经不调、子宫颈炎、白带异常、小便不利、尿道炎、支气管炎。水煎服。

▲ 野芝麻花

▲ 野芝麻果实

用　量　根及根状茎：15 ~ 25 g。研末 5 ~ 15 g（鲜品 50 ~ 100 g）。外用适量。全草：50 ~ 100 g。花：15 ~ 25 g。

附　方

（1）治子宫颈炎、月经不调、小便不利：野芝麻 25 g，水煎，每日服 2 次。

（2）治小儿虚热：野芝麻、地骨皮各 15 g，石斛 20 g，水煎服。

（3）治小儿疳积：野芝麻根研细末，5 ~ 15 g，蒸猪肉吃，又方：野芝麻根 100 g，爵床 10 g，煮蛋，去药渣，食蛋饮汁。

（4）治神经衰弱、头晕目眩：野芝麻根 7.5 g，何首乌 20 g，丹参草 50 g，仙茅 10 g，柏子仁 20 g，水煎，每日 2 次分服。

附　注　在东北尚有 1 变种：粉花野芝麻 var. *barbatum*（Sieb. et Zucc.）Franch. et Sav.，花淡粉红色或淡红紫色，苞片条形或丝状，长 2.5 ~ 4.0 mm，为萼长的 1/4.5 ~ 1/3。其他与原种同。

▲野芝麻植株

◎参考文献◎

［1］江苏新医学院．中药大辞典（下册）[M]．上海：上海科学技术出版社，1977:2133−2134，2152−2153.

［2］朱有昌．东北药用植物 [M]．哈尔滨：黑龙江科学技术出版社，1989:967−969.

［3］钱信忠．中国本草彩色图鉴（第四卷）[M]．北京：人民卫生出版社，2003:423−424.

▲野芝麻坚果

▲野芝麻花（粉色）

▲ 大花益母草幼苗

▼ 大花益母草果实

益母草属 Leonurus L.

大花益母草 *Leonurus macranthus* Maxim.

别　　　名	錾菜
俗　　　名	白花益母草　益母蒿
药用部位	唇形科大花益母草的全草。
原　植　物	多年生草本。茎直立，高 60 ~ 120 cm。

叶形变化很大，最下部茎叶心状圆形，长 7 ~ 12 cm；茎中部叶通常卵圆形；花序上的苞叶变小。轮伞花序腋生，具花 8 ~ 12，多数远离而组成长穗状；小苞片刺芒状，长约 1 cm；花萼管状钟形，长 7 ~ 9 mm，齿 5，前 2 齿靠合，后 3 齿较短；花冠淡红或淡红紫色，长 2.5 ~ 2.8 cm，冠筒逐渐向上增大，长约达花冠之半，冠檐二唇形，上唇直伸，长圆形，长约 1.2 cm，下唇长 0.8 cm，3 裂；雄蕊 4，均延伸至上唇片之下，平行，前对较长，花丝丝状，花药卵圆形，2 室；花柱丝状；花盘平顶；子房褐色。小坚果长圆状三棱形。花期 7—9 月，果期 9 月。

生　　　境	生于山坡灌丛、草丛中及林间草地等处。
分　　　布	黑龙江哈尔滨等地。吉林辉南、梅河口、集安、安图、和龙、龙井、珲春、敦化、汪清、扶

▲ 大花益母草花

余、长春等地。辽宁桓仁、抚顺、铁岭、西丰、鞍山、大连、北镇、凌源等地。河北。朝鲜、俄罗斯（西伯利亚中东部）、日本。

采　　制 夏、秋季在花未开或刚开时采收全草，除去杂质，切段，洗净，晒干，生用或熬膏用。

性味功效 味辛，性平。有接骨止痛、固表止血的功效。

主治用法 用于月经不调、产后腹痛、腰腹疼痛、筋骨疼痛、血崩、虚弱、痿软、自汗、盗汗及跌打损伤等。水煎服。

用　　量 15 ～ 50 g。

▼ 大花益母草花序

▲ 大花益母草坚果

◎参考文献◎

[1]《全国中草药汇编》编写组.全国中草药汇编（上册）[M].北京：人民卫生出版社，1975:655-656.

[2] 朱有昌.东北药用植物 [M].哈尔滨：黑龙江科学技术出版社，1989:973-975.

[3] 中国药材公司.中国中药资源志要 [M].北京：科学出版社，1994:1084.

▲ 大花益母草植株

▲ 錾菜花

▼ 錾菜花序

錾菜 *Leonurus pseudomacranthus* Kitagawa

别　　名	假大花益母草　白花益母草
俗　　名	益母草　益母蒿　白花益母蒿
药用部位	唇形科錾菜的全草。

原植物　多年生草本。茎直立,高 60 ～ 100 cm。叶片变异很大,最下部的叶通常脱落,近茎基部叶轮廓为卵圆形,长 6 ～ 7 cm;茎中部的叶通常不裂,轮廓为长圆形。花序上的苞叶最小;轮伞花序腋生,多花;小苞片少数;花萼管状,长 7 ～ 8 mm,萼齿 5,前 2 齿靠合,较大,长 5 mm,后 3 齿较小;花冠白色,常带紫纹,长 1.8 cm,冠筒长约 8 mm,冠檐二唇形,上唇长圆状卵形,先端近圆形,基部略收缩,长达 1 cm,下唇轮廓为卵形,长约 8 mm,3 裂;雄蕊 4,花丝丝状,扁平,具紫斑,花药卵圆形,2 室;花柱丝状,先端相等 2 浅裂。小坚果长圆状三棱形,黑褐色。花期 8—9 月,果期 9—10 月。

生　　境　生于山坡及丘陵地上。

分　　布　吉林桦甸、和龙等地。辽宁桓仁、法库、盖州、大连、营口市区、锦州市区、北镇、阜新、喀左、建昌、建平、

鏨菜花（侧）

▲鏨菜植株

凌源等地。山东、河北、河南、安徽、江苏、山西、陕西、甘肃。

采　制　夏、秋季在花未开或刚开时采收全草，除去杂质，切段，洗净，晒干，生用或熬膏用。

性味功效　味甘、辛，性微寒。有破瘀、调经、利尿的功效。

主治用法　用于月经不调、产后腹痛、痛经、肾炎水肿、疔疮等。水煎服或研末，外用捣烂或研末敷。

用　量　10～25 g。外用适量。

附　方

（1）治月经不调：鏨菜 30 g，当归 15 g，熟地 30 g，水煎服。

（2）治产后瘀血腹痛：鏨菜 25 g，红花 10 g，水煎冲黄酒 1 盅服。又方：鏨菜 15 g，桃仁、红花各 10 g，水煎服。

（3）治经期不准、腰腹疼痛：鏨菜 15 g，鸡冠花 25 g，茜草 15 g，水煎服。

◎参考文献◎

［1］江苏新医学院.中药大辞典（下册）[M].上海：上海科学技术出版社，1977:2655-2656.

［2］朱有昌.东北药用植物 [M].哈尔滨：黑龙江科学技术出版社，1989:973-975.

［3］中国药材公司.中国中药资源志要 [M].北京：科学出版社，1994:1084.

▲ 益母草居群

益母草 *Leonurus japonicus* Houtt.

别 名	异叶益母草
俗 名	益母蒿 坤草 龙昌昌

药用部位 唇形科益母草的全草（称"益母草"）、幼株（称"童子益母草"）、花（称"益母草花"）及果实（称"茺蔚子"）。

原 植 物 一年生或二年生草本。茎直立。叶轮廓变化很大，茎下部叶轮廓为卵形，基部宽楔形，掌状3裂；茎中部叶轮廓为菱形，较小。花序最上部的苞叶线形或线状披针形，长3～12 cm；轮伞花序腋生，具花8～15，轮廓为圆球形，直径2.0～2.5 cm，多数远离而组成长穗状花序；小苞片刺状；花无梗；花萼管状钟形，齿5，前2齿靠合，长约3 mm，

▼ 益母草坚果

▼ 益母草幼株

▲ 益母草幼苗

▼ 益母草植株（田野型）

▲ 益母草植株（山坡型）

后 3 齿较短；花冠粉红至淡紫红色，长 1.0 ~ 1.2 cm，冠筒长约 6 mm，等大，冠檐二唇形，上唇直伸，内凹，下唇略短于上唇，3 裂，中裂片倒心形，侧裂片卵圆形；雄蕊 4，花丝丝状；花盘平顶；子房褐色。小坚果长圆状三棱形。花期 8—9 月，果期 9—10 月。

生　境　生于田野、沙地、灌丛、疏林、草甸草原及山地草甸等处。

分　布　黑龙江黑河、伊春、牡丹江、七台河、佳木斯、鹤岗、双鸭山、鸡西、齐齐哈尔、大庆、绥化等大多数地区。吉林省各地。辽宁各地。内蒙古额尔古纳、陈巴尔虎旗、科尔沁右翼前旗、扎鲁特旗、扎赉特旗、科尔沁右翼中旗、科尔沁左翼中旗、科尔沁左翼后旗、克什克腾旗、翁牛特旗、巴林右旗、巴林左旗、东乌珠穆沁旗、西乌珠穆沁旗、阿巴嘎旗、苏尼特左旗、苏尼特右旗、正蓝旗、镶黄旗、正镶白旗等地。全国绝大部分地区。朝鲜、俄罗斯、日本。亚洲热带地区、非洲、美洲。

采　制　夏、秋季在花未开或刚开时采收全草，除去杂质，切段，洗净，晒干，生用或熬膏用。春、秋季采收幼株，切段，洗净，阴干。夏、秋季采摘花，除去杂质，阴干。秋季采收成熟果实，除去杂质，生用或炒用。

性味功效　全草：味辛、苦，性凉。有活血调经、祛瘀生新、利尿消肿的功效。幼株：有补血、祛瘀生新的功效。花: 味苦、甘。有利水行血的功效。果实: 味甘、辛, 性凉。有活血调经、凉肝明目的功效。

主治用法 全草: 用于月经不调、胎漏难产、胞衣不下、产后血晕、瘀血腹痛、尿血、泄血、痛经、经闭、恶露不尽、水肿尿少、小腹胀痛、痛肿疮疡、跌打损伤等。水煎服, 熬膏或入丸、散。外用鲜草适量捣烂敷患处。血虚无瘀血者不宜服用, 忌铁器。幼株 (童子益母草): 用于疮疡肿毒、跌打损伤。花: 用于疮疡肿毒、胎漏难产、胎衣不下、产后血晕、瘀血腹痛。果实: 用于经闭、痛经、产后瘀血腹痛、月经不调、肝热头痛、目赤肿痛、崩中带下、角膜薄翳等。瞳孔放大、血虚无瘀者慎用。

用 量 全草: 15 ~ 30 g。外用适量。幼株: 适量。花: 10 ~ 15。果实: 7.5 ~ 15.0 g。

附 方
（1）治急性肾炎水肿: 鲜益母草 300 ~ 400 g (干品 150 ~ 200 g, 均用全草), 加水 700 ml, 文

▼ 白花益母草花序

▲ 益母草植株（岩生型）

火煎至 300 ml, 分 2 次服, 每日 1 剂。
（2）治月经不调、痛经、产后及刮宫后子宫复旧不全: 鲜益母草 200 g, 鸡血藤 100 g。水煎加红糖服, 每日 1 剂。
（3）治流产后胎盘残留 (加味生化汤): 益母草、当归各 25 g, 川芎、桃仁、红花、炮姜、艾叶各 15 g, 熟地、丹皮各 30 g, 重者每日 2 剂, 轻者每日 1 剂。
（4）治产后腹痛、子宫复旧不良: 益母草 20 g, 生蒲黄、川芎各 10 g, 当归、山楂炭各 15 g, 水煎服。
（5）治子宫脱垂: 茺蔚子 25 g, 枳壳 20 g, 水煎服。
（6）治痛经: 益母草 25 g, 元胡 10 g, 水煎服。
又方: 当归 20 g, 川芎、炮姜、茯神、益母草、甘草各 15 g, 水煎服 (清咸丰太医院太医贾宜俺家藏秘方)。

附 注
（1）本品为《中华人民共和国药典》(2020 年版) 收录的药材。

▲ 益母草果实

▼ 益母草花序

（2）益母草 20 ～ 50 g，鸡蛋 2 个。加水共煮，熟后剥去蛋壳后再煮一会儿，然后吃蛋饮汤，主治月经不调、经行不畅、小腹疼痛经闭、痛经等妇科疾病。

（3）秋天，将本品的地上部分用刀切碎与红糖熬在一起做成简易的"益母膏"，可治疗妇科疾病。

（4）在东北尚有 1 变种：

白花益母草 var. *albiflorus*（Migo）S. Y. Hu.，花白色，其他与原种同。

◎参考文献◎

[1] 江苏新医学院. 中药大辞典（下册）[M].上海：上海科学技术出版社，1977:1954-1958.

[2] 朱有昌. 东北药用植物 [M].哈尔滨：黑龙江科学技术出版社，1989:969-972.

[3]《全国中草药汇编》编写组. 全国中草药汇编（上册）[M].北京：人民卫生出版社，1975:655-656.

▲ 细叶益母草植株

▼ 细叶益母草花（腹）

▼ 细叶益母草花（侧）

细叶益母草 *Leonurus sibirica* L.

别　　名	狭叶益母草
俗　　名	益母蒿　益母草　龙昌菜
药用部位	唇形科细叶益母草的全草（称"益母草"）、幼株（称"童子益母草"）、花（称"益母草花"）及果实（称"茺蔚子"）。
原 植 物	一年生或二年生草本。茎直立，高 20 ～ 80 cm。茎最下部的叶早落，中部的叶轮廓为卵形，长 5 cm，宽 4 cm，基部宽楔形，掌状 3 全裂，裂片呈狭长圆状菱形。花序最上部的苞叶轮廓近于菱形，3 全裂成狭裂片，中裂片通常再 3 裂，小裂片均为线形；轮伞花序腋生，多花，花时轮廓为圆球形，直径 3.0 ～ 3.5 cm，多数，向顶渐次密集组成长穗状；小苞片刺状；花萼管状钟形，齿 5，前 2 齿靠合，后 3 齿较短，三角形，具刺尖；花冠粉红至紫红色，长约 1.8 cm，冠筒长约 0.9 cm，冠檐二唇形，上唇长圆形，直伸，内凹，长约 1 cm，下唇长约 0.7 cm；雄蕊 4。小坚果长圆状三棱形。花期 7—9 月，果期 9 月。

▲ 细叶益母草群落

▲ 细叶益母草花序

生　境　生于石质地、沙质地及沙丘上等处。

分　布　黑龙江泰来、安达、大庆市区、杜尔伯特、肇源等地。吉林通榆、镇赉、洮南、大安、前郭、长岭、长春、辉南、柳河、安图、抚松、长白、通化、和龙等地。辽宁桓仁、西丰、康平、新民、彰武等地。内蒙古额尔古纳、陈巴尔虎旗、鄂温克旗、科尔沁右翼前旗、扎鲁特旗、扎赉特旗、科尔沁右翼中旗、科尔沁左翼中旗、科尔沁左翼后旗、克什克腾旗、翁牛特旗、巴林右旗、巴林左旗、东乌珠穆沁旗、西乌珠穆沁旗、阿巴嘎旗、苏尼特左旗、苏尼特右旗、正蓝旗、镶黄旗、正镶白旗等地。河北、山西、陕西。朝鲜、俄罗斯、蒙古。

附　注　其采制、性味功效、主治用法及用量同益母草。

◎参考文献◎

［1］朱有昌. 东北药用植物 [M]. 哈尔滨：黑龙江科学技术出版社，1989:972−973.

［2］中国药材公司. 中国中药资源志要 [M]. 北京：科学出版社，1994:1084.

［3］江纪武. 药用植物辞典 [M]. 天津：天津科学技术出版社，2005:449.

▲ 细叶益母草花序（白色）

▲ 细叶益母草花

地笋属 Lycopus L.

小花地笋 *Lycopus parviflorus* Maxim.

别　　名　小花地瓜苗

药用部位　唇形科小花地笋的茎、叶及根状茎。

原植物　多年生草本。根状茎横卧，呈纺锤形肥大，其上密生纤维状须根。茎直立，高 25 ~ 40 cm。叶具短柄，长圆状椭圆形，茎中部者最大，向茎两端变小，长 3.0 ~ 5.5 cm。轮伞花序无梗，少花，具花 7 ~ 10，不呈明显的圆球状，下承以长约 1 mm 边缘具缘毛的 2 ~ 3 线状披针形小苞片；花萼阔钟形，长约 2 mm，外被短柔毛，萼齿 5，卵圆形，长约 0.75 mm，先端锐尖，具小缘毛，

除一齿略小外其余均等大；花冠白色，长约 2 mm，外被短柔毛，冠筒长约 1 mm，冠檐不明显二唇形，上唇直立，下唇开裂，3 裂；雄蕊略超出花冠；花柱略超出雄蕊，先端相等 2 浅裂；花盘平顶。花期 7 月，果期 8—9 月。

生　　境　生于林缘、路旁、河岸及湿草甸子上。

分　　布　黑龙江黑河、伊春等地。吉林大安、扶余、长白、抚松、安图等地。朝鲜、俄罗斯（西伯利亚中东部）。

采　　制　夏、秋季采收茎及叶，洗净，晒干。春、秋季采挖根状茎，除去泥土，洗净，晒干。

▲小花地笋植株

性味功效　茎及叶：味苦、辛，性温。有活血化瘀、行水消肿的功效。根状茎：味甘、辛，性温。有益气活血、消肿的功效。

主治用法　茎及叶：用于月经不调、经闭、痛经、乳腺炎、产后瘀血腹痛、水肿、跌打损伤、金疮痈肿。水煎服。外用捣烂敷患处。根状茎：用于吐血、衄血、产后腹痛、带下病、咳嗽、乳痈、痈肿。外用捣烂敷患处。

用　　量　茎及叶：5～15 g。外用适量。根状茎：8～15 g。外用适量。

◎参考文献◎

［1］朱有昌. 东北药用植物 [M]. 哈尔滨：黑龙江科学技术出版社，1989:980-981.

［2］钱信忠. 中国本草彩色图鉴（第一卷）[M]. 北京：人民卫生出版社，2003:311-312.

［3］中国药材公司. 中国中药资源志要 [M]. 北京：科学出版社，1994:1086.

小叶地笋 *Lycopus cavaleriei* H. Lév.

别　　名　朝鲜地瓜苗

药用部位　唇形科小叶地笋的茎、叶、根状茎及全草。

原 植 物　多年生草本，高 15 ～ 60 cm。根状茎横走，有先端逐渐肥大的地下长匍匐枝。茎直立。叶长圆状卵圆形至卵圆形，长 1.5 ～ 3.0 cm。轮伞花序无梗，多花密集，轮廓圆球形；小苞片线状钻形，长 1.5 ～ 2.5 mm；花梗无；花萼钟形，连萼齿在内长 2.5 ～ 3.0 mm，10 ～ 15 脉，萼齿 4 ～ 5，长约 1 mm，三角状披针形；花冠白色，钟状，略超出花萼，长 3.0 ～ 3.5 mm，冠檐不明显二唇形，唇片长 1 mm，上唇圆形，先端微凹，下唇 3 裂；前对雄蕊能育，花丝丝状，花药卵圆形，2 室，室略叉开；花柱略超出雄蕊，先端相等 2 浅裂，裂片钻形；花盘平顶。小坚果背腹扁平，倒卵状四边形，褐色。花期 7—8 月，果期 8—9 月。

生　　境　生于水边、路旁及山坡上。

分　　布　黑龙江尚志、五常、东宁、虎林等地。吉林辉南、安图、和龙、龙井、珲春、敦化、汪清。浙江、安徽、江西。朝鲜、俄罗斯（西伯利亚中东部）、日本。

采　　制　夏、秋季采收茎、叶及全草，洗净，晒干。春、秋季采挖根状茎，除去泥土，洗净，晒干。

性味功效　茎、叶：有活血化瘀、行水消肿的功效。根状茎：有益气活血、消肿的功效。全草：有活血通经、利尿的功效。

主治用法　茎、叶：用于月经不调、经闭、痛经、产后瘀血腹痛、水肿、跌打损伤、金疮痈肿等。水煎服或捣烂敷患处。根状茎：用于吐血、衄血、产后腹痛、带下病、咳嗽、乳痈、痈肿。水煎服或捣烂敷患处。全草：用于产前产后诸症。

▲小叶地笋果实

▼小叶地笋花序

用 | 量 适量。

◎参考文献◎

［1］朱有昌.东北药用植物 [M].哈尔滨：黑龙江科学技术出版社，1989:980-981.

［2］中国药材公司.中国中药资源志要 [M].北京：科学出版社，1994:1086.

［3］江纪武.药用植物辞典 [M].天津：天津科学技术出版社，2005:484.

▲ 地笋花

▼ 地笋幼株

地笋 *Lycopus lucidus* Turcz. ex Benth.

别　　名　地瓜苗　地瓜儿苗　泽兰　方梗泽兰
俗　　名　地环　螺丝钻　矮地瓜苗　地嫩儿　地牛子　地环秧　疗毒草
药用部位　唇形科地笋的根状茎和全草。
原 植 物　多年生草本，高 0.6 ~ 1.4 m。根状茎横走，具节，节上密生须根，先端肥大呈圆柱形。茎直立。叶长圆状披针形，多数少弧弯，通常长 4 ~ 8 cm。轮伞花序无梗，轮廓圆球形，花时直径 1.2 ~ 1.5 cm，多花密集；小苞片卵圆形至披针形，先端刺尖，长达 5 mm；花萼钟形，长 3 mm，萼齿 5，披针状三角形，长 2 mm，具刺尖头；花冠白色，长 5 mm，冠筒长约 3 mm，冠檐不明显二唇形，上唇近圆形，下唇 3 裂，中裂片较大；雄蕊仅前对能育，超出花冠，花丝丝状，花药卵圆形，2 室；花柱伸出花冠，先端相等 2 浅裂，裂片线形；花盘平顶。小坚果倒卵圆状四边形，长 1.6 mm。花期 7—8 月，果期 8—9 月。
生　　境　生于低湿草地、沼泽湿草地、溪流旁及沟边等处，常聚集成片生长。
分　　布　黑龙江呼玛、黑河、哈尔滨市区、伊春、富锦、集贤、依兰、密山、虎林、宁安、安达、尚志等地。吉林长白山各地及通榆、镇赉、长春市区、九台等地。辽宁丹东市区、凤城、

▲ 地笋花序

▼ 地笋根状茎

▼ 市场上的地笋根状茎（鲜）

本溪、桓仁、西丰、沈阳、鞍山、长海、大连市区、营口、彰武等地。内蒙古额尔古纳、科尔沁右翼前旗、正蓝旗、镶黄旗、正镶白旗、太仆寺旗、多伦等地。河北、陕西、四川、贵州、云南。朝鲜、俄罗斯、日本。北美洲。

采　制　春、秋季采挖根状茎，剪去不定根，除去泥土，洗净，晒干。夏、秋季采收全草，除去杂质，切段，洗净，阴干。

性味功效　根状茎：味苦、辛，性微温。有活血祛瘀、利水消肿的功效。全草：味苦、辛，性微温。有活血、通经、行水的功效。

主治用法　根状茎：用于产后瘀血腹痛、吐血、衄血、金疮及带下等。水煎服。全草：用于产后瘀血腹痛、经闭、月经不调、水肿、跌打损伤、金疮、痈肿、小儿褥疮及毒蛇咬伤等。水煎服。外用鲜品捣烂敷患处或煎水洗。无瘀血者不宜服，血虚者禁用。

用　量　根状茎：7.5 ~ 15.0 g。全草：7.5 ~ 15.0 g。外用适量。

附　方

（1）治产后子宫复旧不良：地笋 25 ~ 50 g，水煎服，砂糖为引，每日 1 剂。

（2）治产后瘀血腹痛：地笋、赤芍、延胡索、蒲黄各 15 g，丹参 20 g，水煎服。

（3）治产后水肿、血虚水肿：地笋、防己各等量、为末。每服 10 g，酸汤下。

市场上的地笋根状茎（干）

▲地笋果实

▲地笋坚果

▲地笋植株

（4）治疮肿初起、损伤瘀肿：地笋捣烂外敷。

（5）治蛇咬伤：地笋全草100～200 g，加水适量煎服；另取叶一握捣烂，敷贴伤口。

◎参考文献◎

［1］江苏新医学院.中药大辞典（上册）[M].上海：上海科学技术出版社，1977:803，1460-1461.

［2］朱有昌.东北药用植物[M].哈尔滨：黑龙江科学技术出版社，1989: 980-981.

［3］《全国中草药汇编》编写组.全国中草药汇编（上册）[M].北京：人民卫生出版社，1975:467-468.

▲荨麻叶龙头草花（粉色）

▼荨麻叶龙头草花序

龙头草属 *Meehania* Britt. ex Small. et Vaill

荨麻叶龙头草 *Meehania urticifolia*（Miq.）Makino

别　　名	美汉花　美汉草　芝麻花
药用部位	唇形科荨麻叶龙头草的全草。
原植物	多年生草本，丛生，直立，高 20 ~ 40 cm。茎细

▼荨麻叶龙头草坚果

弱，不分枝，常伸出细长柔软的匍匐茎，逐节生根。叶具柄，柄长 0.5 ~ 4.0 cm；叶片纸质，心形或卵状心形，长 3.2 ~ 8.2 cm。花组成轮伞花序；苞片向上渐变小，卵形至披针形；花梗长 3 ~ 9 mm；小苞片钻形；花萼花时呈钟形，长 1.3 ~ 1.8 cm，具 15 脉，齿 5，略呈二唇形，上唇具 3 齿，略高，下唇具 2 齿，齿卵形或卵状三角形；花冠淡蓝紫色至紫红色，长 2.2 ~ 4.0 cm，冠檐二唇形，上唇直立，椭圆形，顶端 2 浅裂或深裂，下唇伸长，3 裂，中裂片扇形；雄蕊 4，花药 2 室；花柱细长；花盘杯状。小坚果卵状长圆形。花期 5—6 月，果期 6 月。

▲荨麻叶龙头草花（侧）

▼荨麻叶龙头草花

▲荨麻叶龙头草幼株

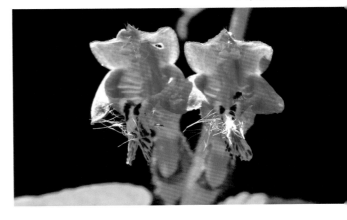

▼荨麻叶龙头草幼苗

▲荨麻叶龙头草植株

◀荨麻叶龙头草果实

▼荨麻叶龙头草花（白色）

生　境　生于林下、山坡及山沟小溪旁等处，常成单优势的大面积群落。

分　布　黑龙江尚志、五常、宁安、东宁等地。吉林长白山各地。辽宁丹东市区、宽甸、凤城、本溪、桓仁、清原、鞍山市区、岫岩、庄河等地。朝鲜、俄罗斯（西伯利亚中东部）、日本。

采　制　夏、秋季采收全草，除去杂质，洗净，阴干。

性味功效　有清热解毒、消肿止痛、补血的功效。

主治用法　用于毒蛇咬伤。

用　量　适量。

◎参考文献◎

［1］中国药材公司.中国中药资源志要 [M].北京：科学出版社，1994:1087.

［2］江纪武.药用植物辞典 [M].天津：天津科学技术出版社，2005:509.

▲ 兴安薄荷花序

薄荷属 *Mentha* L.

▼ 兴安薄荷花

兴安薄荷 *Mentha dahurica* Fisch. ex Benth.

俗 名 野薄荷 土薄荷 仁丹草

药用部位 唇形科兴安薄荷的全草。

原植物 多年生草本。茎直立，高 30 ~ 60 cm，四棱形。叶片卵形或长圆形，长 3 cm；叶柄长 7 ~ 10 mm，扁平。轮伞花序具花 5 ~ 13，具长 2 ~ 10 mm 的梗，通常茎顶 2 轮伞花序聚集成头状花序；小苞片线形；花梗长 1 ~ 3 mm；花萼管状钟形，长 2.5 mm，10 ~ 13 脉，明显，萼齿 5，宽三角形，长 0.5 mm，具微尖头，果时花萼宽钟形；花冠浅红或粉紫色，长 5 mm，冠檐 4 裂，裂片长 1 mm，圆形，先端钝，上裂片明显 2 浅裂；雄蕊 4，前对较长，等于或稍伸出花冠，花丝丝状，花药卵圆形，紫色，2 室；花柱丝状，长约 5 mm，先端扁平，相等 2 浅裂；花盘平顶；子房褐色。花期 7—8 月，果期 8—9 月。

▲兴安薄荷植株

生　　境　生于河旁、湖旁、潮湿草地等处。

分　　布　黑龙江呼玛、伊春、萝北等地。吉林乾安、蛟河、珲春等地。内蒙古额尔古纳、根河、鄂伦春旗、鄂温克旗、阿尔山、科尔沁右翼前旗等地。朝鲜、日本、俄罗斯（西伯利亚中东部）。

采　　制　夏、秋季采收全草，切段，洗净，阴干。

性味功效　味辛，性凉。有宣散风热、疏风、散热、辟秽、解毒、清醒头目的功效。

主治用法　用于外感风热、头痛、咽喉肿痛、牙痛、目赤、食滞气胀、口疮、疥疮、瘾疹等。水煎服。阴虚血燥、肝阳偏亢、表虚多汗者忌用。

用　　量　2 ~ 10 g。

◎参考文献◎

［1］中国药材公司.中国中药资源志要 [M].北京：科学出版社，1994:1088.

［2］江纪武.药用植物辞典 [M].天津：天津科学技术出版社，2005:514.

▲ 薄荷植株

薄荷 *Mentha canadensis* L.

别　　名	东北薄荷
俗　　名	野薄荷　苏薄荷
药用部位	唇形科薄荷的全草。
原 植 物	多年生草本。茎直立，高 30 ~ 60 cm。

叶片长圆状披针形、披针形、椭圆形或卵状披针形，长 3 ~ 7 cm；叶柄长 2 ~ 10 mm。轮伞花序腋生，轮廓球形，花时直径约 18 mm，具梗时梗长达 3 mm；花梗纤细，长 2.5 mm；花萼管状钟形，长约 2.5 mm，10 脉，不明显，萼齿 5，狭三角状钻形，先端长锐尖，长 1 mm；花冠淡紫，长 4 mm，冠檐 4 裂，上裂片先端 2 裂，较大，其余 3 裂片近等大，长圆形，先端钝；雄蕊 4，前对较长，长约 5 mm，均伸出花冠之外，花丝丝状，花药卵圆形，2 室，室平行；花柱略超出雄蕊，先端近相等 2 浅裂，裂片钻形；花盘平顶。小坚果卵珠形。花期 7—8 月，果期 8—9 月。

▼ 市场上的薄荷幼株

生　　境	生于山野、河岸湿地、山沟溪流旁、林缘及湿草地等处。
分　　布	黑龙江呼玛、安达、伊春、萝北、饶河、抚远、虎林、密山、尚志、宁安、哈尔滨市区等地。

▲ 薄荷幼株居群

吉林长白山和西部草原各地。辽宁丹东、本溪、桓仁、清原、新宾、铁岭、西丰、康平、鞍山、庄河、大连市区、新民、建平、凌源等地。内蒙古陈巴尔虎旗、牙克石、鄂伦春旗、阿尔山、科尔沁右翼前旗、扎鲁特旗、扎赉特旗、科尔沁右翼中旗、科尔沁左翼中旗、科尔沁左翼后旗、克什克腾旗、翁牛特旗、巴林右旗、巴林左旗、东乌珠穆沁旗、西乌珠穆沁旗、阿巴嘎旗、苏尼特左旗、苏尼特右旗、正蓝旗、镶黄旗、正镶白旗等地。全国绝大部分地区。朝鲜、日本、俄罗斯（西伯利亚中东部）。

采　制　夏、秋季采收全草，切段，洗净，阴干药用。

性味功效　味辛，性凉。有宣散风热、清头目、利咽喉、透疹、疏解肝郁的功效。

主治用法　用于恶心、呕吐、牙痛、目赤、疥疮、麻疹、风热感冒、咽喉肿痛、胸闷肋痛、皮肤瘙痒、肝气不舒及鼻塞流涕等。水煎服（不宜久煎），或入丸、散。外用捣汁或煎汁涂。阴虚血燥、肝阳偏亢、表虚多汗者忌用。

用　量　5~15g。外用适量。

附　方

（1）治感冒、头痛鼻塞：薄荷、菊花、蔓荆子各15g，荆芥10g，金银花20g，水煎服。

（2）治风热咳嗽：薄荷15g，杏仁10g，桔梗5g，水煎，日服2次。

（3）治偏头痛：薄荷5g，菊花15g，水煎，日服2次。

（4）治风气瘙痒：薄荷、蝉蜕各等量为末，每温酒调服5g。

（5）治感冒、咳嗽、咽干、头昏身热、口唇生疱疹：薄荷（后下）、生甘草、栀子各7.5g，连翘、绿豆（打碎）各15g，水煎服。

（6）治中暑头昏、口渴、小便少：薄荷、生甘草各5g，滑石30g，共研细末，每服15g，开水调服或水煎服。此方亦可外用，治疗热天痱子发痒。

▲薄荷幼苗

▲薄荷幼株

附　注

（1）薄荷油（鲜茎叶经蒸馏而得芳香油）入药，可治疗外感风热、头痛目赤、咽痛、牙痛、皮肤风痒等。薄荷液（鲜茎叶的蒸馏液）入药，有清凉解热的功效。可治疗头痛、热嗽、皮肤痧疹、耳目咽喉口齿诸病。

（2）本品为《中华人民共和国药典》（2020 年版）收录的药材。

◎参考文献◎

［1］江苏新医学院.中药大辞典（下册）[M].上海：上海科学技术出版社，1977:2648-2651.
［2］朱有昌.东北药用植物 [M].哈尔滨：黑龙江科学技术出版社，1989:975-976.
［3］《全国中草药汇编》编写组.全国中草药汇编（上册）[M].北京：人民卫生出版社，1975:923-924.

▼薄荷花序

荠苎属 *Mosla* Buch-Ham. ex Maxim.

荠苎 *Mosla grosseserrata* Maxim.

别　　名　小鱼仙草

俗　　名　野荆芥　土荆芥　野苏子　山苏子　小苏子

药用部位　唇形科荠苎的全草。

原 植 物　一年生草本。茎直立，被倒生短微柔毛，最后无毛，亮绿色，分枝平展。叶卵形，基部全缘，渐狭成柄，先端全缘，锐尖，两边均有3～5大齿。总状花序较短，全部顶生于枝上；苞片披针形，比花梗长；花萼被短柔毛，果时近于无毛，被光亮腺点，比花梗长，上唇具锐齿，中齿较短；花冠为花萼长的1.5倍，长为宽的2倍，无毛环；不育雄蕊的药室明显。小坚果比萼筒短，近球形，基部略锐尖，具疏网纹，基部小窝明显，同色。花期7—8月，果期9月。

生　　境　生于山坡、路旁及草地等处。

分　　布　黑龙江东宁、宁安、虎林等地。吉林柳河。辽宁桓仁、凤城、大连等地。江苏、安徽。日本。

采　　制　夏、秋季采收全草，切段，洗净，阴干或鲜用。

▲荠苎果实

性味功效　味辛、苦，性温。有清热解毒、止血、抗疟的功效。

主治用法　用于中暑、高热、慢性气管炎、疟疾、外伤出血、痱子、无名肿毒、蜈蚣咬伤等。水煎服。外用鲜品捣烂敷患处。

用　　量　4.5 ~ 15.0 g。外用适量。

附　　注　根入药，有宣肺平喘的功能，可治疗哮喘。茎叶入药，可治疗泄泻。

◎参考文献◎

［1］江苏新医学院. 中药大辞典（下册）[M]. 上海：上海科学技术出版社，1977:1608.

［2］朱有昌. 东北药用植物 [M]. 哈尔滨：黑龙江科学技术出版社，1989:977-980.

［3］中国药材公司. 中国中药资源志要 [M]. 北京：科学出版社，1994:1091.

石荠苎 *Mosla scabra*（Thumb.）C. Y. Wu et H. W. Li

别　名	毛荠苎　斑点荠苎
俗　名	野荆芥　土荆芥
药用部位	唇形科石荠苎的全草。

原植物　一年生草本。茎高 20 ~ 60 cm。叶卵形或卵状披针形，长 1.5 ~ 3.5 cm。总状花序生于主茎及侧枝上，长 2.5 ~ 15.0 cm；苞片卵形，长 2.7 ~ 3.5 mm，先端尾状渐尖；花萼钟形，长约 2.5 mm，宽约 2 mm，二唇形，上唇 3 齿呈卵状披针形，先端渐尖，中齿略小，下唇 2 齿，线形，先端锐尖；花冠粉红色，长 4 ~ 5 mm，外面被微柔毛，内面基部具毛环，冠筒向上渐扩大，冠檐二唇形，上唇直立，扁平，先端微凹，下唇 3 裂，中裂片较大，边缘具齿；雄蕊 4，后对能育，药室 2，叉开，前对退化，药室不明显；花柱先端相等 2 浅裂；花盘前方呈指状膨大。小坚果黄褐色，球形。花期 7—8 月，果期 9—10 月。

生　境　生于山坡、路旁、灌丛或沟边潮湿地等处，常聚集成片生长。

分　布　吉林长白山各地。辽宁丹东市区、宽甸、凤城、本溪、桓仁、岫岩、庄河等地。陕西、甘肃、江苏、安徽、浙江、江西、福建、台湾、河南、湖北、湖南、广东、广西、四川。朝鲜、俄罗斯。

采　制　夏、秋季采收全草，切段，洗净，阴干或鲜用。

性味功效　味辛、苦，性凉。有疏风解表、清暑除湿、解毒止痒的功效。

主治用法　用于感冒头痛、咳嗽、咽喉肿痛、中暑、风疹、痢疾、急性胃肠炎、痔血、血崩、白带异常、小便不利、肾炎水肿、热痱、湿疹、肢癣、蛇虫咬伤。水煎服。外用鲜品捣烂敷患处。

用　量　15 ~ 25 g。外用适量。

▲ 石荠苎植株

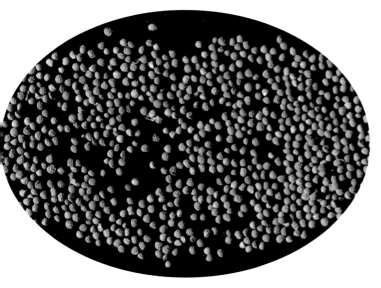
▲ 石荠苎坚果

附　方

（1）治软组织挫伤：石荠苎适量，洗净和红糖共捣烂，取汁内服，药渣敷患处。

（2）治暑热呕吐、腹泻：石荠苎、青蒿各 15 g，荷叶、竹叶心各 10 g，水煎服。

（3）治外感风热、中暑：石荠苎 25 g，薄荷 10 g，银花 15 g，水煎服。或用石荠苎 25 g，水煎服。

（4）治风疹、感冒：石荠苎 15 ~ 25 g，白菊花 15 ~ 25 g，酌加开水炖服。

（5）治风热痒疹、痱子：鲜石荠苎 1 kg，煎汤外洗。或用石荠苎、苍耳子叶各 15 g，水煎服并外洗。亦可用石荠苎鲜叶搓揉，搽擦。

（6）治痔疮出血、便血：石荠苎 25 g，大蓟、小蓟、艾叶各 15 g，水煎服。

▲ 石荠苎幼株

附　　注　本品为《中华人民共和国药典》（2020 年版）收录的药材。

◎参考文献◎

[1] 朱有昌. 东北药用植物 [M]. 哈尔滨：黑龙江科学技术出版社，1989:979-980.

[2] 中国药材公司. 中国中药资源志要 [M]. 北京：科学出版社，1994:1091.

[3] 江纪武. 药用植物辞典 [M]. 天津：天津科学技术出版社，2005:529.

▲ 石荠苎花

▲ 石荠苎果实

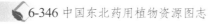

荆芥属 *Nepeta* L.

康藏荆芥 *Nepeta prattii* Levl.

药用部位 唇形科康藏荆芥的全草。

原 植 物 多年生草本。茎高 70 ~ 90 cm，四棱形。叶卵状披针形、宽披针形至披针形，长 6.0 ~ 8.5 cm。轮伞花序生于茎、枝上部 3 ~ 9 节上，下部的远离，顶部的 3 ~ 6 密集成穗状，多花而紧密；苞叶与茎叶同形，向上渐变小，长 1.2 ~ 1.5 cm，具细锯齿至全缘，苞片较萼短或等长，线形或线状披针形；花萼长 11 ~ 13 mm，喉部极斜，上唇 3 齿宽披针形，下唇 2 齿狭披针形；花冠紫色或蓝色，长 2.8 ~ 3.5 cm，冠檐二唇形，上唇裂至中部成 2 钝裂片，下唇中裂片肾形，先端中部具弯缺，侧裂片半圆形；雄蕊短于下唇或后对略伸出；花柱先端近相等 2 裂。小坚果倒卵状长圆形。花期 7—8 月，果期 8—9 月。

生 境 生于山坡草地及湿润处。

▲康藏荆芥花（白色）

▲康藏荆芥果穗

分　　布　内蒙古宁城。河北、山西、陕西、四川、甘肃、西藏。

采　　制　夏、秋季采收全草，洗净，晒干。

性味功效　有疏风、解表、利湿、止血、止痛的功效。

用　　量　适量。

◎参考文献◎

[1] 中国药材公司.中国中药资源志要 [M].北京：科学出版社，1994:1093.

[2] 江纪武.药用植物辞典 [M].天津：天津科学技术出版社，2005:541.

▲康藏荆芥花序

▲康藏荆芥花

▲ 康藏荆芥植株

脓疮草花（侧）

▲脓疮草植株

▼脓疮草花

脓疮草属 *Panzeria* Moench

脓疮草 *Panzerina lanata*（L.）Sojak

药用部位　唇形科脓疮草的全草。

原植物　多年生草本，具粗大的木质主根。茎从基部发出，高可达 35 cm，基部近于木质，多分枝，叶轮廓为宽卵圆形，茎生叶掌状，裂片常达基部，狭楔形，叶片上面由于密被贴生短毛而呈灰白色，下面被有白色紧密的绒毛，叶柄细长，扁平，被绒毛。轮伞花序多花，多数密集排列成顶生长穗状花序；小苞片钻形，先端刺尖，被绒毛。花萼管状钟形，萼筒长 1.2 ~ 1.5 cm，齿 5，稍不等大，长 2 ~ 3 mm，前 2 齿稍长，宽三角形，先端骤然短刺尖。花冠淡黄色或白色，下唇有红条纹，长 3 ~ 4 cm，外被丝状长柔毛，冠檐二唇形，上唇直伸，盔状，长圆形，中裂片较大，心形，侧裂片卵圆形。花丝丝状，花药黄色，卵圆形，横裂。花柱丝状，花盘平顶。小坚果卵圆状三棱形。花期 5—6 月，果期 6—8 月。

生　　境	生于草原带和草原化荒漠化的沙地、沙砾质平原、丘陵坡地、山麓、沟谷及干河床等处。
分　　布	内蒙古二连浩特。宁夏、陕西、甘肃等。俄罗斯、蒙古等。
采　　制	夏、秋季采收全草，洗净，晒干。
性味功效	味辛、微苦，性平。有调经活血、清热利水的功效。
主治用法	用于腹痛、闭经、月经不调、痛经、子宫出血、瘀血症、火眼、云翳白斑、急慢性肾炎、头晕、水肿、耳鸣、乳房肿痛、高血压、角膜炎、结膜炎。水煎服。
用　　量	9 ~ 15 g。外用适量。

▲脓疮草花序

▼脓疮草植株（侧）

◎参考文献◎

［1］江纪武．药用植物辞典 [M]．天津：天津科学技术出版社，
　　2005：567.

［2］赵一之，赵利清，曹瑞．内蒙古植物志（第四卷）[M].3
　　版．呼和浩特：内蒙古人民出版社，2020：220-221.

▲ 块根糙苏果实

糙苏属 *Phlomoides* Moench

块根糙苏 *Phlomoides tuberosa*（L.）Moench.

别　　名	块茎糙苏
俗　　名	野山药
药用部位	唇形科块根糙苏的全草和根。

▼ 块根糙苏群落

原植物 多年生草本，高 40 ～ 150 cm。根块根状增粗。基生叶或下部的茎生叶三角形，长 5.5 ～ 19.0 cm，中部的茎生叶三角状披针形，长 5.0 ～ 9.5 cm。轮伞花序多数，3 ～ 10 生于主茎及分枝上，彼此分离，多数花密集；苞片线状钻形，长约 10 mm；花萼管状钟形，长 8 ～ 10 mm，齿半圆形，长 0.5 ～ 0.7 mm，先端微凹，具长 1.8 ～ 2.5 mm 的刺尖；花冠紫红色，长 1.8 ～ 2.0 cm，冠檐二唇形，上唇边缘为不整齐的牙齿状，自内面密被髯毛，下唇卵形，长约 6 mm，宽约

▲ 块根糙苏幼株

▲块根糙苏群落（花浅粉色）

▼块根糙苏花序

▲块根糙苏花（侧）

5 mm，3 圆裂，中裂片倒心形，较大，侧裂片卵形，较小；花柱先端有不等的 2 裂。小坚果顶端被星状短毛。花期 7—8 月，果期 8—9 月。

生　境　生于草原、山坡、路旁及灌丛中。

分　布　黑龙江肇东、肇州、肇源、泰来、安达、杜尔伯特等地。吉林前郭。内蒙古额尔古纳、根河、陈巴尔虎旗、新巴尔虎左旗、新巴尔虎右旗、科尔沁右翼中旗、扎赉特旗、克什克腾旗等地。新疆。俄罗斯、蒙古、伊朗。欧洲中部。

采　制　夏、秋季在花未开或刚开时采收全草，切段，洗净，晒干。春、秋季采挖根，洗净，切片，阴干。

性味功效　味微苦，性温。有小毒。有活血通经、解毒疗疮的功效。

主治用法　用于月经不调、腹痛、痈疮肿毒、创伤化脓、梅毒等。水煎服，或熬膏服用。外用研末调敷患处。

用　量　5 ~ 10 g。外用适量。

附　方

（1）治月经不调：块根糙苏根适量，水煎，过滤去渣，取煎液浓缩成膏。每次服 3 ~ 5 g，每日 3 次。

（2）治创伤化脓：块根糙苏根适量，研末撒创口。

▲ 块根糙苏花序（淡粉色）

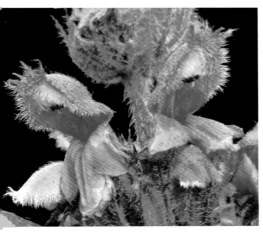

▲ 块根糙苏花

◎参考文献◎

[1]朱有昌.东北药用植物[M].哈尔滨：黑龙江科学技术出版社，1989:985-986.

[2]中国药材公司.中国中药资源志要[M].北京：科学出版社，1994:1097.

[3]江纪武.药用植物辞典[M].天津：天津科学技术出版社，2005:593.

▲ 块根糙苏植株（花淡粉色）

▲大叶糙苏群落

大叶糙苏 *Phlomoides maximowiczii*（Regel）Kamelin & Makhm.

俗　名　山苏子　山苏子秧　野苏子　疗黄草　大疗黄　苏木帐子　大胖

药用部位　唇形科大叶糙苏的根。

原植物　多年生草本，高 80 ～ 100 cm。茎直立。基生叶阔卵形，先端渐尖，下部的茎生叶同形，变小，长 9 ～ 15 cm，下部的苞叶卵状披针形。轮伞花序多花，具长 1 ～ 2 mm 的总梗；苞片披针形或狭披针形，长 9 ～ 10 mm；花萼管状，上部略扩展，长 8 ～ 10 mm，齿截状，先端具极短的小刺尖；花冠粉红色，长约 2 cm，冠檐二唇形，上唇长约 9 mm，

▲大叶糙苏根

▲大叶糙苏幼苗

▲大叶糙苏幼株

▼大叶糙苏花

边缘为不整齐的小齿状，内面密被髯毛，下唇外面被疏柔毛，长约5 mm，宽约7 mm，3圆裂，中裂片较大，阔卵形，侧裂片较小，卵形；雄蕊内藏，花丝上部具长毛，后对基部在毛环上具斜展的短距状附属器；花柱先端具不等的2裂。花期7—8月，果期8—9月。

生　　境　生于林缘、路旁、河岸及荒地上，常聚集成片生长。

分　　布　吉林长白山各地。辽宁本溪、桓仁、丹东市区、凤城、抚顺、新宾、清原、岫岩、庄河、盖州、大连市区、营口市区、朝阳、凌源、建昌、绥中等地。内蒙古敖汉旗、喀喇沁旗等地。河北。朝鲜、俄罗斯（西伯利亚中东部）。

采　　制　春、秋季采挖根，洗净阴干药用。

性味功效　有清热解毒的功效。

主治用法　用于无名肿毒、疮疖等。外用鲜品捣烂敷患处。

用　　量　15 ~ 20 g。外用适量。

◎参考文献◎

［1］朱有昌．东北药用植物 [M].哈尔滨：黑龙江科学技术出版社，1989:986-988.
［2］钱信忠．中国本草彩色图鉴（第一卷）[M].北京：人民卫生出版社，2003:119-120.
［3］中国药材公司．中国中药资源志要 [M].北京：科学出版社，1994:1097.

▲大叶糙苏植株

▲大叶糙苏花（白色）

▲大叶糙苏果实

▲ 糙苏幼苗

▲ 糙苏花序（白色）

糙苏 *Phlomoides umbrosa*（Turcz.）Kamelin & Makhm.

俗　　名　山芝麻　山苏子

药用部位　唇形科糙苏的全草和根。

原植物　多年生草本。根粗厚，须根肉质，长至 30 cm，粗至 1 cm。茎高 50 ~ 100 cm。叶近圆形、卵圆形至卵状长圆形，长 5.2 ~ 12.0 cm；苞叶通常为卵形，长 1.0 ~ 3.5 cm，边缘为粗锯齿状牙齿。轮伞花序通常 4 ~ 8，多数，生于主茎及分枝上；苞片线状钻形，较坚硬，长 8 ~ 14 mm，宽 1 ~ 2 mm，常呈紫红色。花萼管状，长约 10 mm，宽约 3.5 mm，齿先端具长约 1.5 mm 的小刺尖；花冠通常粉红色，下唇色较深，常具红色斑点，长约 1.7 cm，冠筒长约 1 cm，冠檐二唇形，上唇长约 7 mm，下唇长约 5 mm，宽约 6 mm，3 圆裂，裂片卵形或近圆形，中裂片较大；雄蕊内藏。小坚果无毛。花期 7—8 月，果期 8—9 月。

生　境　　生于疏林下或草坡上。

分　布　　吉林前郭。辽宁本溪、桓仁、丹东市区、凤城、清原、岫岩、庄河、大连市区、北镇、义县、朝阳、喀左、建平、凌源、建昌等地。内蒙古科尔沁右翼前旗、克什克腾旗、巴林右旗、东乌珠穆沁旗、西乌珠穆沁旗等地。河北、山东、山西、陕西、甘肃、四川、湖北、贵州、广东等。朝鲜。

采　制　　夏、秋季在花未开或刚开时采收全草，除去杂质，切段，洗净，晒干。春、秋季采挖根，洗净，阴干。

性味功效　　味辛、涩，性平。有祛风活络、强筋壮骨、清热消肿的功效。

主治用法　　用于感冒、气管炎、风湿关节痛、腰痛、跌打损伤、疮疖肿毒。水煎服。

用　量　　10 ～ 20 g。

附　方

（1）治感冒：糙苏、红旱莲各 15 g。水煎服。

（2）治无名肿毒：糙苏 15 g。水煎服。

▲糙苏幼株

▼糙苏花序（背）

▲ 糙苏植株

◎参考文献◎

［1］江苏新医学院.中药大辞典（下册）[M].上海：上海科学技术出版社，1977:2665.

［2］朱有昌.东北药用植物 [M].哈尔滨：黑龙江科学技术出版社，1989:986-988.

［3］中国药材公司.中国中药资源志要 [M].北京：科学出版社，1994:1097-1098.

▼ 糙苏果实

▼ 糙苏花序

▼长白糙苏花　　　　　　▲长白糙苏群落

长白糙苏 *Phlomoides koraiensis*（Nakai）Kamelin & Makhm.

别　　名	高山糙苏
药用部位	唇形科长白糙苏的全草。
原 植 物	多年生草本。茎高约 44 cm。基生叶阔心形，

长约 14 cm，宽约 12 cm；茎生叶心形，长 5.5 ～ 8.0 cm；
苞叶卵形至披针形，长 2.5 ～ 4.5 cm；基生叶叶柄长
8.0 ～ 11.5 cm，茎生叶叶柄长约 2.5 cm。轮伞花序约 8 花；

▼长白糙苏果实

▼长白糙苏坚果

▲ 长白糙苏植株

▲ 长白糙苏花序

苞片刺毛状，长 9 ~ 11 mm；花萼钟形，长 11 ~ 12 mm，齿基部宽，先端近截形或微缺；花冠红紫色，长约 2.2 cm，上唇长约 9 mm，边缘缺刻极细而深，自内面具髯毛，下唇长约 8 mm，宽约 7 mm，3 圆裂，中裂片倒心形，长约 5 mm，宽约 6 mm，先端微缺，侧裂片卵形，长约 2.5 mm；雄蕊内藏，花丝被柔毛，后对花丝基部在毛环以上具细长向下的附属器。小坚果无毛。花期 7—8 月，果期 8—9 月。

生　境　生于高山冻原及亚高山岳桦林带的草地上。

分　布　吉林长白、抚松和安图。朝鲜。

附　注　本品被收录为长白山药用植物。

◎参考文献◎

[1] 江纪武. 药用植物辞典 [M]. 天津：天津科学技术出版社，2005:593.

▲ 长白糙苏幼株

▲ 串铃草植株

▼ 串铃草幼株

串铃草 *Phlomoides mongolica*（Turcz.）Kamelin & A. L. Budantzev

别 名	蒙古糙苏
俗 名	毛尖茶 野洋芋
药用部位	唇形科串铃草的全草及块根。
原植物	多年生草本。根木质，粗厚，须根常有圆形、长圆形或纺锤的块根状增粗。茎高 40 ~ 70 cm。

▼ 串铃草花序（侧）

基生叶卵状三角形至三角状披针形，长4.0 ~ 13.5 cm；茎生叶同形，通常较小。轮伞花序多花密集，多数；苞片线状钻形，长约 12 mm，与萼等长，坚硬，上弯，先端刺状；花萼管状，长约 1.4 cm，宽约 6 mm，齿圆形，长约 1.2 mm，先端微凹，先端具长2.5 ~ 3.0 mm 的刺尖，齿间具 2 小齿；花冠

▲ 串铃草群落

▲ 串铃草花（白色）

▲ 串铃草花序

紫色，长约 2.2 cm，冠檐二唇形，上唇长约 1 cm，下唇长约 1 cm，宽约 1 cm，3 圆裂，中裂片圆倒卵形，先端微凹，长约 6 mm，侧裂片卵形，较小；花柱先端具不等的 2 裂。小坚果顶端被毛。花期 7—8 月，果期 8—9 月。

生　境　生于山坡草地上。

分　布　内蒙古扎赉特旗、阿鲁科尔沁旗、克什克腾旗、东乌珠穆沁旗、西乌珠穆沁旗、正蓝旗、镶黄旗、正镶白旗等地。河北、山西、陕西、甘肃。

采　制　夏、秋季在花未开或刚开时采收全草，除去杂质，切段，洗净，晒干。春、秋季采挖根，洗净，阴干。

性味功效　味甘、苦，性温。有祛风祛湿、活血止痛的功效。

主治用法　用于感冒、跌打损伤、体虚发热、无名肿毒、烫伤。水煎服，外用捣烂敷患处。

用　量　3 ~ 10 g。外用适量。

◎参考文献◎

［1］中国药材公司.中国中药资源志要[M].北京：科学出版社，1994:1097.

［2］江纪武.药用植物辞典[M].天津：天津科学技术出版社，2005:560.

尖齿糙苏 *Phlomoides dentosa* （Franch.）Kamelin & Makhm

药用部位 唇形科尖齿糙苏全草及块根。

原 植 物 多年生草本，高 20 ~ 40 cm。根粗壮。茎多分枝，四棱形。基生叶三角形或三角状卵形，长 5.5 ~ 10.0 cm，宽 3 ~ 6 cm；茎生叶同形，较小；苞叶卵三角形至披针形。轮伞花序多花，多数，苞片针刺状，长 7 ~ 10 mm；花萼管状钟形，长约 9 mm，齿长约 1 mm，先端为长 4 ~ 5 mm 的平展的钻状刺尖，齿间形成 2 小齿；花冠粉红色，长约 1.6 cm，冠檐二唇形，上唇长约 8 mm，外面密被星状短柔毛及具节长柔毛，边缘为不整齐的小齿状，下唇长约 6 mm，宽约 7 mm，外面密被星状短柔毛，3 圆裂，中裂片阔倒卵形，较大，侧裂片卵形，较小；雄蕊常因上唇外反而露出，花丝被毛，后对基部在毛环上具反折的长距状附属器；花柱先端具不等的 2 裂。小坚果无毛。花期 7—8 月，果期 8—9 月。

生 境 生于山地草甸、沟谷草甸及草甸化草原上。

分 布 内蒙古额尔古纳、克什克腾旗、翁牛特旗、东乌珠穆沁旗、西乌珠穆沁旗等地。甘肃、青海。俄罗斯、蒙古。

采 制 夏、秋季采挖全草，除去杂质，切段，洗净，晒干。春、秋季采挖根，除去杂质，洗净，晒干。

性味功效 全草：有清热解毒的功效。块根：有清热、消炎、止咳的功效。

主治用法 用于感冒、气管炎、疖痈等。水煎服。

用 量 适量。

◎参考文献◎

[1] 中国药材公司.中国中药资源志要 [M].北京：科学出版社，1994：1097.

[2] 江纪武.药用植物辞典 [M].天津：天津科学技术出版社，2005：560.

▲尖齿糙苏花

▲尖齿糙苏花（侧）

夏枯草属 *Prunella* L.

山菠菜 *Prunella asiatica* Nakai

别 名	东北夏枯草 夏枯草
俗 名	夏枯头 棒槌草 大头花 山苏子
药用部位	唇形科山菠菜的全草、花及果穗（入药称"夏枯草"）。
原 植 物	多年生草本。茎多数，从基部发出，高

▲ 山菠菜植株

▼ 山菠菜群落

▼ 山菠菜坚果

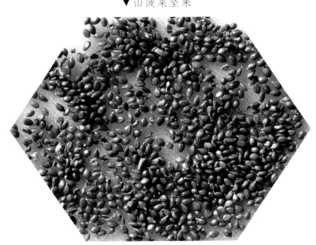

▲ 山菠菜花序

▼ 山菠菜花

20 ~ 60 cm。茎生叶卵圆形或卵圆状长圆形，长3.0 ~ 4.5 cm；花序下方的 1 ~ 2 对叶较狭长，近于宽披针形。轮伞花序 6，聚集于枝顶组成长3 ~ 5 cm 的穗状花序，每一轮伞花序下方均承以苞片；苞片向上渐变小，扁圆形；花梗短，长约2 mm；花萼连齿在内长约 10 mm，萼檐二唇形，上唇扁平，宽大，近圆形，下唇较狭，宽 3.5 mm，2 深裂；花冠淡紫或深紫色，长 18 ~ 21 mm，冠筒长约 10 mm，冠檐二唇形，上唇长圆形，长9 mm，下唇宽大，长约 8 mm；雄蕊 4，花丝先端 2 裂，1 裂片超出于花药之上，花药 2 室。小坚果卵珠状。花期 6—7 月，果期 8—9 月。

生　境　生于林下、林缘灌丛间、山坡、路旁湿草地上，常聚集成片生长。

分　布　黑龙江伊春市区、铁力、勃利、牡丹江市区、尚志、五常、海林、宁安、东宁、穆棱、密山、虎林、饶河、佳木斯市区、汤原等地。吉林长白山各地及公主岭、伊通、梨树、大安等地。辽宁丹东市区、宽甸、凤城、本溪、桓仁、铁岭、沈阳、鞍山市区、岫岩等地。山东、山西、江苏、浙江、安徽、江西。朝鲜、俄罗斯（西伯利亚中东部）、日本。

▲ 山菠菜果穗

▲ 山菠菜花（侧）

采　制　夏、秋季采收全草。夏季采摘花
序。秋季采摘果穗，洗净阴干药用。

性味功效　味苦、辛，性寒。有清肝明目、
清热、散郁结、强心利尿、降低血压的功效。

主治用法　用于肺痈、瘰疬、瘿瘤、甲状腺
肿、传染性肝炎、头痛、头晕目眩、目赤流
泪、耳鸣、眼球疼痛、乳腺癌、腮腺炎、肺
结核、高血压、口眼㖞斜、筋骨疼痛、淋病、

▼ 市场上的山菠菜花序

▼ 山菠菜幼株

崩漏、血崩及赤白带下等。水煎服或入丸、散。外用鲜品
煎水洗或捣烂敷患处。

用　量　10 ～ 15 g。外用适量。

附　方

（1）治甲状腺肿：夏枯草、海藻各 25 g，昆布 50 g，共
研细粉，炼蜜为丸，每服 15 g，每日 2 次。

▲山菠菜幼苗

（2）治高血压：夏枯草、草决明、生石膏各50 g，槐角、钩藤、桑叶、茺蔚子、黄芩各25 g。水煎3次，过滤，取滤液加蜂蜜50 g，浓缩成膏约200 g，分3次服，每日1剂。10 d 为一个疗程。

（3）治创伤出血：夏枯草150 g，酢浆草100 g，雪见草50 g，研细粉。以药粉敷撒伤口，用消毒敷料加压（1 ～ 2 min），包扎。

（4）治肺结核咯血：夏枯草50 g，以黄酒100 ml加水适量浸泡，再蒸至无酒味时过滤。成人每次服20 ～ 40 ml，每日服3 ～ 4次，有止血效果。

（5）治渗出性胸膜炎：夏枯草500 g，加水2000 ml，煎至1000 ～ 1200 ml。每次服30 ～ 50 ml，日服3次。

（6）治菌痢：夏枯草100 g，水浸10 h，文火煎2 h左右，每日4次分服，7 d 为一个疗程。

（7）治急性黄疸型传染性肝炎：夏枯草100 g，大枣50 g，加水1500 ml，文火煨煎，捣枣成泥，煎成300 ml，去渣，分3次服用。重症患者可酌增剂量。又方：夏枯草100 g，瘦猪肉（剔出脂肪）100 g，各加水1200 ml，分别煎煮1 h余，再将两者合并，用文火煨至300 ml，去渣，3次分服。以上两方均以30 d 为一个疗程。

（8）治急性扁桃体炎、咽喉肿痛：鲜夏枯草全草100 ～ 150 g。水煎服。

（9）治乳腺炎初起：夏枯草、蒲公英各等量。酒煎服或做丸亦可。

（10）治口眼㖞斜：夏枯草5 g，胆南星2.5 g，防风、钩藤各5 g。水煎，点水酒临卧时用。

（11）治头目眩晕：鲜夏枯草100 g，冰糖25 g。开水冲炖，饭后服。

（12）治扑伤金疮：鲜夏枯草捣烂外敷。

附　注
（1）全草经蒸馏而得的芳香水入药，可治疗瘰疬、鼠瘘、目痛、畏光等。
（2）本品为《中华人民共和国药典》（2020 年版）收录的药材。

◎参考文献◎

［1］江苏新医学院.中药大辞典（下册）[M].上海：上海科学技术出版社，1977:1827-1829.
［2］朱有昌.东北药用植物 [M].哈尔滨：黑龙江科学技术出版社，1989:990-992.
［3］《全国中草药汇编》编写组.全国中草药汇编（上册）[M].北京：人民卫生出版社，1975:675-676.

▲山菠菜植株（侧）

香茶菜属 *Isodon*（Schrad. ex Benth.）Spach

溪黄草 *Isodon serra*（Maxim.）Kudo

别　　名	毛果香茶菜
俗　　名	山苏子
药用部位	唇形科溪黄草的全草。

原 植 物　多年生草本。根状茎肥大。茎直立，高达 1.0 ~ 1.5 m。茎叶对生，卵圆形或卵圆状披针形或披针形，长 3.5 ~ 10.0 cm。圆锥花序生于茎及分枝顶上，长 10 ~ 20 cm，下部常分枝，因而植株上部全体组成庞大疏松的圆锥花序，圆锥毛序由具 5 至多花的聚伞花序组成，聚伞花序具梗；苞叶在下部者叶状；花萼钟形，长约 1.5 mm，萼齿 5，长三角形；花冠紫色，长达 6 mm，冠筒长约 3 mm，基部上方浅囊状，至喉部宽约 1.2 mm，冠檐二唇形，上唇外反，长约 2 mm，先端具相等 4 圆裂，下唇阔卵圆形，长约 3 mm；雄蕊 4，内藏；花柱丝状；花盘环状。成熟小坚果阔卵圆形。花期 7—8 月，果期 8—9 月。

▲ 溪黄草花

生　　境　生于林下、林缘、山坡及路旁等处。

分　　布　黑龙江萝北。吉林长白山各地。辽宁桓仁、沈阳、鞍山、庄河、彰武等地。山西、河南、江西、安徽、浙江、江苏、台湾、陕西、湖南、四川、贵州、广西、广东、甘肃。日本、朝鲜、俄罗斯（西

▲溪黄草幼株

▲溪黄草花序

▼溪黄草坚果

伯利亚中东部）。

采　　制　夏、秋季采收全草，除去杂质，切段，洗净，阴干。

性味功效　味辛、苦，性凉。有清热解毒、利湿消炎、凉血、消肿散瘀的功效。

主治用法　用于急性肝炎、胆囊炎、痈肿疔疮、跌打损伤等。水煎服。

用　　量　10 ~ 20 g。

◎参考文献◎

[1] 中国药材公司. 中国中药资源志要 [M]. 北京：科学出版社，1994:1080.

[2] 江纪武. 药用植物辞典 [M]. 天津：天津科学技术出版社，2005:670.

▲尾叶香茶菜群落

尾叶香茶菜 *Isodon excisus*（Maxim.）Kudo

别　　名	龟叶草
俗　　名	山苏子　野苏子
药用部位	唇形科尾叶香茶菜的全草（入药称"龟叶草"）。
原 植 物	多年生草本。茎直立，高 0.6 ~ 1.0 m。茎叶对生，圆

形或圆状卵圆形，长 4 ~ 13 cm，宽 3 ~ 10 cm，先端具深凹，
凹缺中有一尾状长尖的顶齿。圆锥花序顶生或于上部叶腋内腋

▼尾叶香茶菜花序

▼尾叶香茶菜花

▲尾叶香茶菜幼株（前期）

▲尾叶香茶菜幼苗

▲尾叶香茶菜花（侧）

生，长 6 ～ 15 cm，顶生者长大，由 1 ～ 5 花的聚伞花序组成，聚伞花序具短梗，总梗长约 3 mm，花梗长 1 ～ 2 mm；苞叶与茎叶同形；花萼钟形，长 3 mm，萼齿 5，上唇较短，具 3 齿，下唇稍长，长达 1.8 mm，具 2 齿。花冠淡紫、紫或蓝色，长达 9 mm，冠檐二唇形，上唇外反，长达 4 mm，下唇宽卵形，长达 5 mm；雄蕊 4，内藏，花丝丝状；花柱丝状。成熟小坚果倒卵形，长 1.5 mm。花期 7—8 月，果期 8—9 月。

生　境　生于林缘、路旁、杂木林下及草地等处，常聚集成片生长。

分　布　黑龙江萝北、宁安、海林、哈尔滨市区、尚志、五常、伊春、勃利、虎林、密山等地。吉林长白山各地及伊通、公主岭、梨树、四平、前郭等地。

▼尾叶香茶菜坚果

▼尾叶香茶菜根状茎

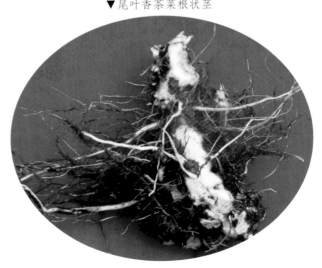

▲尾叶香茶菜植株

▲尾叶香茶菜花序（淡粉色）

辽宁宽甸、桓仁、抚顺、新宾、鞍山市区、岫岩、庄河等地。朝鲜、俄罗斯（西伯利亚中东部）、日本。

采　　制　夏、秋季采收全草，除去杂质，切段，洗净，阴干。

性味功效　味苦，性凉。有清热解毒、健胃、活血的功效。

主治用法　用于跌打损伤、瘀血肿痛、骨折、创伤出血、疮疡肿毒、蛇虫咬伤、感冒发热、肝炎、胃炎、乳腺炎、关节炎、癌症等。水煎服。外用研末调敷或捣烂敷患处。

用　　量　适量。

◎参考文献◎

［1］钱信忠.中国本草彩色图鉴（第三卷）[M].北京：人民卫生出版社，2003:169-170.

［2］朱有昌.东北药用植物[M].哈尔滨：黑龙江科学技术出版社，1989:988-989.

［3］中国药材公司.中国中药资源志要[M].北京：科学出版社，1994:1077.

▲尾叶香茶菜果实

▲尾叶香茶菜幼株（后期）

▼尾叶香茶菜花（白色）

蓝萼香茶菜 *Isodon japonicus* var. *glaucocalyx*（Maxim.）H. W. Li

别　　名	香茶菜　回菜花

俗　　名　山苏子　野苏子　苏木帐子

药用部位　唇形科蓝萼香茶菜的全草。

原植物　多年生草本。茎直立，高 0.4 ~ 1.5 m。茎叶对生，卵形或阔卵形，长 4 ~ 13 cm。圆锥花序在茎及枝上顶生，疏松而开展，由具 3 ~ 7 花的聚伞花序组成，聚伞花序具梗，总梗长 3 ~ 15 mm，向上渐短，花梗长约 3 mm；下部一对苞叶卵形，叶状，向上变小，小苞片微小，线形，长约 1 mm；花萼开花时钟形，常带蓝色，长 1.5 ~ 2.0 mm，萼齿 5，三角形，锐尖，下唇 2 齿稍长而宽，上唇 3 齿，中齿略小；花冠淡紫、紫蓝至蓝色，上唇具深色斑点，长约 5 mm，冠筒长约 2.5 mm，冠檐二唇形，上唇反折，先端具 4 圆裂，下唇阔卵圆形，内凹；雄蕊 4，伸出。成熟小坚果卵状三棱形。花期 7—8 月，果期 8—9 月。

生　　境　生于山坡、路旁、林缘及灌丛等处。

分　　布　黑龙江伊春、萝北、哈尔滨、密山、虎林、饶河等地。吉林长白山各地及松原。辽宁本溪、桓仁、抚顺、西丰、法库、沈阳市区、鞍山市区、岫岩、庄河、大连市区、北镇、建平、建昌、喀左、凌源、彰武等地。内蒙古额尔古纳、牙克石、科尔沁右翼前旗、扎鲁特旗、克什克腾旗、东乌珠穆沁旗、西乌珠穆沁旗等地。河北、山东、山西。朝鲜、俄罗斯（西伯利亚中东部）、日本。

采　　制　夏、秋季采收全草，洗净，切段，晒干。

▲ 蓝萼香茶菜幼株

▲ 蓝萼香茶菜坚果

▲ 蓝萼香茶菜花

性味功效 味苦、甘，性凉。有清热解毒、活血化瘀、健脾整肠的功效。

主治用法 用于感冒发热、食欲不振、消化不良、咽喉肿痛、扁桃体炎、肝炎、胃炎、胃脘痛、乳痈、乳腺炎、癌症（食道癌、贲门癌、肝癌、乳腺癌）初起、经闭、跌打损伤、关节痛、蛇虫咬伤等。水煎服。外用捣烂敷患处。

用 量 10 ～ 25 g。外用适量。

◎参考文献◎

［1］朱有昌.东北药用植物 [M].哈尔滨：黑龙江科学技术出版社，1989:988-989.

［2］钱信忠.中国本草彩色图鉴（第五卷）[M].北京：人民卫生出版社，2003:259-260.

［3］中国药材公司.中国中药资源志要 [M].北京：科学出版社，1994:1077-1078.

▲ 蓝萼香茶菜幼苗

▼ 蓝萼香茶菜果实

▼ 蓝萼香茶菜花序

▲ 蓝萼香茶菜植株

▲ 丹参幼株

▼ 丹参花（背）

鼠尾草属 Salvia L.

丹参 Salvia miltiorrhiza Bge.

别　　名　红丹参

俗　　名　血参根　野苏子根　烧酒壶根　红山苏根　红根　山苏子

药用部位　唇形科丹参的根。

原植物　多年生直立草本。根肥厚，肉质，外面朱红色，内面白色，长 5 ～ 15 cm，直径 4 ～ 14 mm，疏生支根。茎直立，高 40 ～ 80 cm，具 4 棱。叶常为奇数羽状复叶，叶柄长 1.3 ～ 7.5 cm，小叶 3 ～ 7，长 1.5 ～ 8.0 cm，卵圆形或椭圆状卵圆形或宽披针形。轮伞花序 6 花或多花，组成长 4.5 ～ 17.0 cm、具长梗的顶生或腋生总状花序；苞片披针形；花梗长 3 ～ 4 mm；花萼钟形，带紫色，长约 1.1 cm，二唇形，

上唇全缘，三角形，长约 4 mm，先端具 3 个小尖头，下唇与上唇近等长；花冠紫蓝色，长 2.0 ～ 2.7 cm，冠筒外伸，冠檐二唇形，上唇长 12 ～ 15 mm，下唇短于上唇，3 裂。小坚果椭圆形。花期 6—7 月，果

▲丹参植株

期7—8月。

生　　境　生于山坡、林下草丛及溪谷旁等处。

分　　布　辽宁凌源、绥中、建昌、大连市区、瓦房店、
庄河、海城、西丰、凌海、义县、朝阳、凌源、喀左、
兴城等地。河北、山西、陕西、山东、河南、江苏、浙江、
安徽、江西、湖南。日本。

采　　制　春、秋季采挖根，除去须根和泥沙，晒后刮
去粗皮，晒干。

性味功效　味苦，性微温。有活血祛瘀、通经止痛、清
心除烦、凉血消痈的功效。

主治用法　用于心烦不眠、冠心病、惊悸、月经不调、
经闭腹痛、宫外孕、子宫出血、血崩带下、疮疡肿痛、
乳腺炎、淋巴结肿大、肝脾肿大、关节疼痛等。水煎服，
外用捣烂敷患处。不宜与藜芦同用。

▲市场上的丹参根

用　　量　7.5 ~ 15.0 g。活血化瘀宜酒炙用。

附　　方

（1）治冠心病：丹参30 g，赤芍、川芎、红花各15 g，降香10 g。水煎服或制成冲剂或浸膏分2次服用。
对阴虚阳亢患者，可加用玄参20 g、苦丁茶15 g。对气阴两虚者，加党参15 g、玉竹25 g。又方：丹参
600 g，当归50 g，菖蒲25 g，降香75 g，细辛1.5 g。水煎服。每日1剂，分3次服。

（2）治月经不调：丹参25 g，当归15 g。水煎服。

▲丹参花序

（3）治痛经：丹参 25 g，郁金 10 g。水煎服，每日 1 剂，分 2 次服。

（4）治肝炎、两肋作痛：茵陈 25 g，郁金、丹参、板蓝根各 15 g。水煎服。

（5）治神经衰弱：丹参 25 g，五味子 50 g。水煎服。又方：丹参 800 g，五味子 600 g，用白酒适量浸泡 2 周。每服 5 ml，每日 3 次。

（6）治血栓闭塞性脉管炎：丹参、金银花、赤芍、土茯苓各 50 g，当归、川芎各 25 g。水煎服。

（7）治产后恶露不净、下腹部疼痛：丹参、焦山楂、益母草各 15 g。水煎服。

附　注　本品为《中华人民共和国药典》（2020 年版）收录的药材。

◎参考文献◎

［1］江苏新医学院．中药大辞典（上册）[M]．上海：上海科学技术出版社，1977:478-482.

［2］朱有昌．东北药用植物 [M]．哈尔滨：黑龙江科学技术出版社，1989:992-994.

［3］《全国中草药汇编》编写组．全国中草药汇编（上册）[M]．北京：人民卫生出版社，1975:216-218.

▲丹参花（侧）

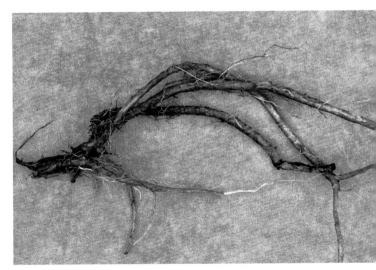

▲丹参根

▲ 荔枝草幼株

荔枝草 *Salvia plebeia* R. Br.

别　　名	小花鼠尾草
俗　　名	癞子草　癞头草　癞蛤蟆皮　蛤蟆草
药用部位	唇形科荔枝草的全草。

原 植 物　一年生或二年生草本。主根肥厚，有多数须根。茎直立，高 15 ~ 60 cm。叶椭圆状卵圆形或椭圆状披针形，长 2 ~ 6 cm。轮伞花序 6，多数，在茎、枝顶端密集组成总状或总状圆锥花序，花序长 10 ~ 25 cm；苞片披针形；花梗长约 1 mm；花萼钟形，长约 2.7 mm，二唇形，唇裂约至花萼长 1/3，上唇全缘，先端具 3 个小尖头，下唇深裂成 2 齿，齿三角形，锐尖；花冠淡红、淡紫、紫、蓝紫至蓝色，冠檐二唇形，上唇长圆形，长约 1.8 mm，下唇长约 1.7 mm，3 裂，中裂片最大；能育雄蕊 2，着生于下唇基部，花丝长 1.5 mm；花盘前方微隆起。小坚果倒卵圆形。花期 6—7 月，果期 7—8 月。

▼ 荔枝草果实

▲ 荔枝草花（侧）

用　　量　20 ~ 50 g（鲜品 50 ~ 100 g）。
附　　方
（1）治肺结核咯血：荔枝草 50 g，猪瘦肉 100 g。水炖半小时，吃肉喝汤。
（2）治咯血、吐血、尿血：鲜荔枝草根 25 ~ 50 g，瘦猪肉 100 g。炖汤服。
（3）治急性乳腺炎：鲜荔枝草适量，洗净捣烂，塞入患侧鼻孔。每次 20 ~ 30 min，每日 2 次。
（4）治慢性气管炎：荔枝草、迎山红、射干、车前草、小蓟各 15 g。水煎分 3 次服，每日 1 剂。10 d 为一个疗程。或用鲜荔枝草 1 kg，加水 750 ml，煎成 500 ml，沉淀后取其液，加糖适量，每服 50 ml，每日 2 次。10 d 为一个疗程。
（5）治血小板减少性紫癜：荔枝草 25 ~ 50 g。水煎服。
（6）治阴道炎、宫颈糜烂：荔枝草 500 g，洗净切碎，加水 3.0 ~ 3.5 L，煮沸 10 min，过滤，

▼ 荔枝草植株

生　　境　生于山坡、路旁、沟边及田野潮湿的土壤上。

分　　布　吉林集安。辽宁丹东、本溪、庄河、盖州、瓦房店、长海、大连市区、绥中、兴城等地。全国各地（除新疆、甘肃、青海、黑龙江及西藏外）。朝鲜、日本、阿富汗、印度、缅甸、泰国、越南、马来西亚。

采　　制　夏、秋季采收全草，除去杂质，切段，洗净，阴干。

性味功效　味苦、辛，性凉。有清热解毒、化痰止咳、利水消肿、凉血止血的功效。

主治用法　用于扁桃体炎、支气管炎、肺结核咯血、咽喉疼痛、咳嗽、腹腔积液肿胀、肾炎水肿、吐血、尿血、崩漏、白浊、血小板减少性紫癜、痔疮、痢疾、牙痛、痒疹、湿热风疹、乳腺炎、阴道炎及宫颈糜烂等。水煎服。外用捣烂敷患处。

▲荔枝草花

冲洗阴道；或将药液浓缩至 500 ml，冲洗阴道，然后用干棉球浸吸浓缩液纳入宫颈处（棉球须系上一根线，以便牵出）。每日冲洗和换棉球 1 次，7 d 为一个疗程。间隔 2 ~ 3 d 再进行下一个疗程。

（7）治痔疮、脱肛：荔枝草 50 ~ 100 g（或加乌梅 7 个）。水煎，先熏后洗。

（8）治痈肿疼痛、无名肿毒：荔枝草、紫花地丁鲜品各适量，捣敷患处。或用荔枝草鲜根捣烂，酌加鸡蛋清捣和，外敷患处。

（9）治痈肿疮毒：荔枝草、忍冬藤、野菊花各 50 g。水煎服。

（10）治痔疮肿痛及出血：鲜荔枝草捣烂取汁，同槐花拌炒，研末，再加适量柿饼，捣匀制丸，每次服 10 ~ 15 g，仍用本品煎汁送下，每日 3 次。

◎参考文献◎

［1］朱有昌.东北药用植物 [M].哈尔滨：黑龙江科学技术出版社，1989:994-996.

［2］《全国中草药汇编》编写组.全国中草药汇编（上册）[M].北京：人民卫生出版社，1975:604.

［3］中国药材公司.中国中药资源志要 [M].北京：科学出版社，1994:1103-1104.

荫生鼠尾草 *Salvia umbratica* Hance

俗　　名	山苏子
药用部位	唇形科荫生鼠尾草的全草。

原植物 一年生或二年生草本。茎直立，高可达 1.2 m，钝四棱形，分枝，枝锐四棱形。叶片三角形或卵圆状三角形，长 3 ～ 16 cm，宽 2.3 ～ 16.0 cm，先端渐尖或尾状渐尖，边缘具重圆齿或牙齿；叶柄长 1 ～ 9 cm。轮伞花序 2 花，疏离，组成顶生及腋生总状花序；花梗长约 2 mm。花萼钟形，长 7 ～ 10 mm，花后稍增大，二唇形，唇裂至萼长 1/3，上唇宽卵状三角形，长约 3 mm，宽 6 mm，先端有 3 个聚合的短尖头，下唇比上唇略长，半裂成 2 齿；花冠蓝紫或紫色，长 2.3 ～ 2.8 cm，冠筒基部狭长，圆筒形，伸出萼外，向上突然膨大，并向上弯曲，冠檐二唇形，上唇长圆状倒心形，长 8 mm，宽 6 ～ 7 mm，下唇较上唇短而宽，长 7 mm；能育雄蕊 2，伸至上唇片，药隔长 7.5 mm。小坚果椭圆形。花期 8—9 月，果期 9—10 月。

▲荫生鼠尾草花

生　　境	生于山坡、谷地及灌丛等处。
分　　布	内蒙古克什克腾旗、喀喇沁旗等地。河北、山西、陕西、甘肃。
采　　制	夏、秋季采收全草，洗净，晒干。
性味功效	有凉血止血、活血消炎的功效。
主治用法	用于咽炎。水煎服。
用　　量	适量。

◎参考文献◎

［1］江纪武.药用植物辞典 [M].天津：天津科学技术出版社，2005:715.

▲荫生鼠尾草花（侧）

▲荫生鼠尾草花（粉色）

▲荫生鼠尾草植株

▲裂叶荆芥果实

▼裂叶荆芥花

裂叶荆芥属 *Schizonepeta* Briq.

裂叶荆芥 *Schizonepeta tenuifolia*（Benth.）Briq.

别　　名　荆芥

俗　　名　四棱秆蒿　假苏　旱荆芥　土荆芥　香荆芥

药用部位　唇形科裂叶荆芥的全草。

原 植 物　一年生草本。茎高 0.3 ~ 1.0 m。叶通常为指状三裂，大小不等，长 1.0 ~ 3.5 cm，先端锐尖，裂片披针形，宽 1.5 ~ 4.0 mm，中间的较大，两侧的较小；叶柄长 2 ~ 10 mm。花序为多数轮伞花序组成的顶生穗状花序，长 2 ~ 13 cm，通常生于主茎上的较长、大而多花，生于侧枝上的较小而疏花；苞片叶状，下部的较大，小苞片线形，极小；花萼管状钟形，长约 3 mm，径 1.2 mm，具 15 脉，齿 5，三角状披针形或披针形，先端渐尖，长约 0.7 mm；花冠青紫色，长约 4.5 mm，冠筒向上扩展，冠檐二唇形，上唇先端 2 浅裂，下唇 3 裂，中裂片最大；雄蕊 4，花药蓝色。小坚果长圆状三棱形。花期 7—8 月，果期 8—9 月。

生　　境　生于山坡、路边、山谷、林缘及草甸等处。

分　　布　黑龙江大庆市区、安达、泰来、肇源等地。吉林镇赉、通榆、洮南、前郭、长岭等地。辽宁大连市区、凌源、庄河、凤城、盖州、海城、辽阳、义县、绥中、凌源等地。内蒙古通辽。河北、河南、山西、陕西、甘肃、青海、四川。朝鲜、日本。

采　　制　夏、秋季采收全草，除去杂质，切段，洗净，阴干。

性味功效　味辛，性微温。有疏风解表、透疹、止痉、止血的功效。

主治用法　用于感冒、头痛、咽痛、风火牙痛、小儿发热抽搐、麻疹不透、荨麻疹、皮肤瘙痒、破伤风、痈疮初起、吐血、衄血、便血、崩漏、产后出血过多、疥癣、淋巴结核等。水煎服，或入丸、散。外用煎水熏洗患处。

用　　量　5 ~ 15 g。外用适量。

附　　方

（1）治感冒、流感：裂叶荆芥穗、防风、柴胡、桔梗各 10 g，羌活 7.5 g，甘草 5 g，水煎服。或用荆芥、防风、紫苏叶各 15 g，水煎服。

（2）治麻疹不透：裂叶荆芥、防风、浮萍各 10 g，芦根、紫草各 15 g，水煎服。

（3）治皮肤瘙痒：裂叶荆芥、苦参各 25 ~ 50 g，水煎洗患处。

（4）治风热头痛：裂叶荆芥穗、石膏各等量。研细末，每服 10 g，茶调下。

（5）治大便下血：裂叶荆芥炒后研末，米汤饮服 10 g，妇人用酒下。亦可拌面做馄饨食之。又方：裂叶荆芥 100 g，槐花 50 g。炒成紫色研成细末。每服 15 g，清茶送下。

（6）治小便尿血：裂叶荆芥、缩砂各等量，研成末，以糯米粥饮下 15 g，每日 3 次。

（7）治偏头痛：裂叶荆芥穗15g，研末，鸡蛋3个。先将鸡蛋打一个小孔，装入药末5g，封好蒸熟，一次吃下。

附　注　本品为《中华人民共和国药典》（2020年版）收录的药材。

◎参考文献◎

［1］朱有昌．东北药用植物[M].哈尔滨：黑龙江科学技术出版社，1989:997-999.

［2］中国药材公司.中国中药资源志要[M].北京：科学出版社，1994:1105-1106.

［3］江纪武.药用植物辞典[M].天津：天津科学技术出版社，2005:731.

▲裂叶荆芥植株

▲裂叶荆芥花序

▲ 多裂叶荆芥群落（林缘型）

▼ 多裂叶荆芥花序（白色）

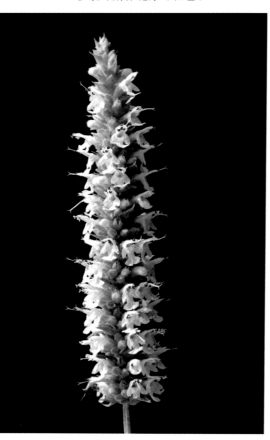

多裂叶荆芥 *Schizonepeta multifida* （L.）Briq.

别　　名　荆芥　东北裂叶荆芥　大叶荆芥　大穗荆芥

药用部位　唇形科多裂叶荆芥的全草。

原植物　多年生草本。茎高可达 40 cm。叶卵形，羽状深裂或分裂，有时浅裂至近全缘，长 2.1 ~ 3.4 cm，先端锐尖，基部截形至心形，裂片线状披针形至卵形。花序为由多数轮伞花序组成的顶生穗状花序，长 6 ~ 12 cm；苞片叶状，上部的渐变小，卵形，先端骤尖，变紫色，较花长，长约 5 mm，小苞片卵状披针形或披针形；花萼紫色，基部带黄色，长约 5 mm，直径 2 mm，具 15 脉，齿 5，三角形，长约 1 mm，先端急尖；花冠蓝紫色，干后变淡黄色，长约 8 mm，冠筒向喉部渐宽，冠檐二唇形，上唇 2 裂，下唇 3 裂，中裂片最大；雄蕊 4；花药浅紫色。小坚果扁长圆形，长约 1.6 mm。花期 7—8 月，果期 8—9 月。

生　　境　生于松林林缘、山坡草丛中及湿润的草原上。

分　　布　黑龙江塔河、嫩江、萝北、虎林、黑河等地。吉林洮南、扶余、长岭等地。辽宁凌源。内蒙古额尔古纳、根河、牙克石、鄂伦春旗、鄂温克旗、科尔沁右翼前旗、阿鲁科尔沁旗、扎鲁特旗、克什克腾旗、巴林左旗、巴林右旗、东乌珠穆沁旗、西乌珠穆沁旗、阿巴嘎旗、苏尼特左旗、苏尼特右旗等地。河北、山西、陕西、甘肃。俄罗斯（西伯利亚）、蒙古。

采　　制　夏、秋季采收全草，除去杂质，切段，洗净，阴干。

性味功效　有发表、祛风、理血、止血的功效。

主治用法　用于感冒发热、头痛、咽喉肿痛、中风口噤、吐血、衄血、便血、崩漏、产后血晕、痈肿、疮疥、瘰疬等。水煎服。

用　　量　5～15 g。外用适量。

◎参考文献◎

［1］朱有昌.东北药用植物[M].哈尔滨:黑龙江科学技术出版社，1989: 996-997.

［2］中国药材公司.中国中药资源志要[M].北京:科学出版社，1994:1106.

［3］江纪武.药用植物辞典[M].天津:天津科学技术出版社，2005:731.

▲ 多裂叶荆芥花序

▼ 多裂叶荆芥群落（草甸型）

▲ 多裂叶荆芥幼株

▲ 多裂叶荆芥花

▲ 多裂叶荆芥果实

裂叶荆芥植株

▲ 纤弱黄芩花

▼ 纤弱黄芩果实

黄芩属 *Scutellaria* L.

纤弱黄芩 *Scutellaria dependens* Maxim.

别　　名　小花黄芩

药用部位　唇形科纤弱黄芩的全草。

原 植 物　一年生草本。茎大多直立，高 15 ~ 35 cm。叶片膜质，卵圆状三角形或三角形，长 0.5 ~ 2.4 cm。花单生于茎中部或下部的叶腋内，初向上斜展，其后下垂；花梗长度超过叶柄，长 2 ~ 3 mm；花萼开花时长 1.8 ~ 2.0 mm，脉纹稍凸出，盾片高约 1 mm；花冠白色或下唇带淡紫色，长 5.0 ~ 6.5 mm；冠檐二唇形，上唇短，直伸，2 裂，下唇中裂片向上伸展，梯形，长约 1.5 mm，两侧裂片三角状卵圆形；雄蕊 4，前对较长，微露出；花丝扁平；花柱细长，先端明显 2 裂；花盘厚，扁圆形，前方微微平伸；子房 4 裂，等大。小坚果黄褐色，卵球形，长约 0.7 mm。花期 7—8 月，果期 8—9 月。

生　　境　生于溪畔或落叶松林中的湿地上。

分　　布　黑龙江嫩江、依兰、萝北、饶河、虎林、密山、勃利等地。吉林辉南、长白、抚松、安图、和龙、

▲ 纤弱黄芩植株

珲春、前郭等地。辽宁西丰。内蒙古鄂伦春旗、扎兰屯、多伦等地。山东。朝鲜、俄罗斯（西伯利亚中东部）、日本。

采　　制　夏、秋季采收全草，除去杂质，切段，洗净，阴干。

性味功效　有清热解毒的功效。

主治用法　用于黄疸、喉痛、气喘、疟疾、肺热、风湿病等。水煎服。

用　　量　适量。

◎参考文献◎

［1］江纪武 . 药用植物辞典 [M]. 天津：天津科学技术出版社，2005:737.

▲ 黏毛黄芩植株

▼ 黏毛黄芩花序（侧）

黏毛黄芩 *Scutellaria viscidula* Bge.

别　　名　黄花黄芩　腺毛黄芩
药用部位　唇形科黏毛黄芩的全草。
原 植 物　多年生草本。根状茎直生或斜行。茎直立或渐上升，高 8 ~ 24 cm，具 4 棱；叶片披针形、披针状线形或线状长圆形至线形，长 1.5 ~ 3.2 cm。花序顶生，总状，长 4 ~ 7 cm；花梗长约 3 mm；苞片下部者似叶，上部者远较小，椭圆形或椭圆状卵形，长 4 ~ 5 mm；花萼开花时长约 3 mm；花冠黄白或白色，长 2.2 ~ 2.5 cm；冠筒近基部明显膝屈；冠檐 2 唇形，上唇盔状，下唇中裂片宽大，近圆形，直径 13 mm，两侧裂片卵圆形，宽 3 mm；雄蕊 4，伸出，具半药；花丝扁平；花柱细长。花盘肥厚，前方隆起；子房褐色，无毛。小坚果黑色，卵球形，具瘤，腹面近基部具果脐。花期 6—7 月，果期 7—8 月。

生　境　生于沙砾地、荒地及草地等处。

分　布　吉林通榆、洮南、镇赉、长岭、前郭等地。内蒙古扎赉特旗、科尔沁右翼中旗、科尔沁左翼中旗、科尔沁左翼后旗、奈曼旗、巴林左旗、巴林右旗、翁牛特旗、东乌珠穆沁旗、西乌珠穆沁旗等地。河北、山东、山西。

采　制　夏、秋季采收全草，除去杂质，切段，洗净，阴干。

性味功效　味苦，性寒。有清热燥湿、泻火解毒、止血、安胎的功效。

主治用法　用于湿热、暑瘟、胸闷呃逆、湿热痞满、泻痢、黄疸、肺热咳嗽、高热烦渴、血热吐衄、痈肿疮毒、胎动不安等。水煎服或入丸、散。外用煎水洗或研末敷。

用　量　5～15 g。外用适量。

▼黏毛黄芩植株（花白色）　　　　黏毛黄芩花序▶

▲黏毛黄芩花序（淡粉色）

◎参考文献◎

［1］江苏新医学院.中药大辞典（下册）[M].上海：上海科学技术出版社，1977:2017-2021.

［2］朱有昌.东北药用植物[M].哈尔滨：黑龙江科学技术出版社，1989:999-1001.

［3］中国药材公司.中国中药资源志要[M].北京：科学出版社，1994:1106-1107.

▲ 黄芩植株（侧）

▼ 黄芩花

黄芩 *Scutellaria baicalensis* Georgi

别　　名　元芩

俗　　名　黄金茶　黄金茶根　山茶根子　山茶根　小黄芩　山茶叶　熏黄芩　黄芩茶

药用部位　唇形科黄芩的干燥根。

原 植 物　多年生草本。根状茎肥厚，肉质，直径达 2 cm，伸长而分枝。叶坚纸质，披针形至线状披针形，长 1.5 ~ 4.5 cm。花序在茎及枝上顶生，总状，长 7 ~ 15 cm，常再于茎顶聚成圆锥花序；花梗长 3 mm；苞片下部者似叶，上部者远较小，卵圆状披针形至披针形；花萼开花时长 4 mm，结果时长 5 mm；花冠紫、紫红至蓝色，长 2.3 ~ 3.0 cm；冠檐二唇形，上唇盔状，先端微缺，下唇中裂片三角状卵圆形，宽 7.5 mm，两侧裂片向上唇靠合；雄蕊 4，稍露出，前对较长；花丝扁平；花柱细长，先端锐尖，微裂；花盘环状，高 0.75 mm；子房褐色。小坚果卵球形，黑褐色。花期 7—8 月，果期 8—9 月。

生　　境　生于草原、山坡、草地及路边等处。

分　　布　黑龙江塔河、讷河、黑河市区、逊克、安达、肇东、肇州、明水、青冈、富裕、杜尔伯特、林甸、甘南、萝北、汤原、东宁等地。吉林通榆、镇赉、洮南、长岭、大安、前郭、双辽、乾安、通化、和龙等地。辽宁法库、本溪、凤城、营口市区、盖州、长海、大连市区、

市场上的黄芩植株

市场上的黄芩饮片

▲ 黄芩植株

▼黄芩花序（侧）

北镇、葫芦岛市区、兴城、绥中、建昌、建平、凌源、喀左、北票、义县、黑山等地。内蒙古额尔古纳、根河、牙克石、鄂伦春旗、鄂温克旗、科尔沁右翼前旗、扎鲁特旗、扎赉特旗、奈曼旗、科尔沁右翼中旗、科尔沁左翼中旗、科尔沁左翼后旗、克什克腾旗、翁牛特旗、巴林右旗、巴林左旗、喀喇沁旗、敖汉旗、东乌珠穆沁旗、西乌珠穆沁旗、阿巴嘎旗、苏尼特左旗、苏尼特右旗、正蓝旗、镶黄旗、正镶白旗等地。河北、河南、山东、山西、陕西、四川、甘肃。朝鲜、俄罗斯（西伯利亚中东部）、蒙古、日本。

采　　制　春、秋季采挖根，除去须根和泥沙，晒后刮去粗皮，晒干。切片生用、酒炒或炒炭用。

性味功效　味苦，性寒。有清热燥湿、凉血止血、泻火解毒、清热安胎的功效。

主治用法　用于壮热烦渴、肺热咳嗽、慢性气管炎、上呼吸道感染、湿热泄痢、黄疸、吐血、衄血、血崩、热淋、肠炎、痢疾、猩红热、目赤肿痛、高血压、胎动不安、烧烫伤及痈肿疔疮等。水煎服或入丸、散。外用煎水洗或研末敷。苦寒、脾胃虚弱、食少便溏者忌用。

用　　量　5～15g。外用适量。

附　　方

（1）治布鲁氏菌病：黄芩50g，黄檗、威灵仙、丹参各25g。水煎浓

缩至 300 ml，每服 100 ml。每日 3 次，15 d
为一个疗程，一般治疗用 1 ~ 2 个疗程。

（2）预防猩红热：黄芩 15 g。水煎服，每日
2 ~ 3 次，连服 3 d。

（3）治急性肠炎、急性细菌性痢疾：黄芩
20 g，芍药 15 g，甘草 10 g，大枣 5 个。水煎服。
如有高热、口渴，可另加葛根 10 g。

（4）治孕妇有热、胎动不安：黄芩、当归、
芍药、白术各 15 g，川芎 10 g。水煎服。或
用黄芩 10 g、白术 15 g。水煎服。

（5）治小儿急性呼吸道感染：用 50% 黄芩煎液，
1 岁以下每天 6 ml，1 岁以上 8 ~ 10 ml，5 岁
以上酌加，皆分 3 次服用。

（6）治高血压：将黄芩制成 20% 的酊剂，每
次 5 ~ 10 ml，日服 3 次。

（7）治上呼吸道感染、肺热咳嗽、鼻出血：黄
芩 30 g。水煎服。

附 注

（1）果实入药，可治疗肠痹脓血。

（2）本品为《中华人民共和国药典》（2020
年版）收录的药材。

◎参考文献◎

［1］江苏新医学院.中药大辞典（下册）[M].
上海：上海科学技术出版社，1977:2017-
2021，2054.

［2］朱有昌.东北药用植物 [M].哈尔滨：黑龙
江科学技术出版社，1989:999-1001.

［3］《全国中草药汇编》编写组.全国中草药
汇编（上册）[M].北京：人民卫生出版社，
1975:759-760.

▲ 黄芩幼株

▲ 黄芩根

▲ 黄芩果实

▲ 乌苏里黄芩花

▲ 乌苏里黄芩花序

京黄芩 *Scutellaria pekinensis* Maxim.

别　　名	筋骨草　丹参
药用部位	唇形科京黄芩的全草。
原 植 物	一年生草本。根状茎细长。茎高 24 ~ 40 cm，直立。叶草质，卵圆形或三角状卵圆形，长

▼ 乌苏里黄芩坚果

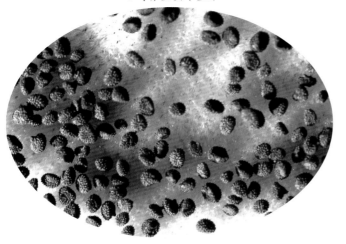

1.4 ~ 4.7 cm；叶柄长 0.3 ~ 2.0 cm。花对生，排列成顶生长 4.5 ~ 11.5 cm 的总状花序；花长约 2.5 mm。花萼开花时长约 3 mm，果时增大，长 4 mm；花冠蓝紫色，长 1.7 ~ 1.8 cm；冠筒前方基部略膝屈状，中部宽 1.5 mm，向上渐宽，至喉部宽达 5 mm；冠檐二唇形，上唇盔状，内凹，顶端微缺，下唇中裂片宽卵圆形，两侧中部微内缢，顶端微缺，两侧裂片卵圆形；雄蕊 4，二强；花丝扁平，中部以下被纤毛；花盘肥厚，前方隆起；子房柄短；花柱细长。成熟小坚果栗色或黑栗色，卵形。花期 6—7 月，果期 8—9 月。

生　　境　生于山坡、潮湿谷地、草地、林缘及林

▲京黄芩花（白色）

下等处。

分　布　黑龙江宝清、富锦、尚志等地。辽宁本溪、桓仁、宽甸、铁岭、西丰、沈阳、庄河、长海、大连市区、兴城等地。河北、山东、河南、陕西、浙江等。朝鲜。

采　制　夏、秋季采收全草，除去杂质，切段，洗净，阴干。

性味功效　味苦，性凉。有清热解毒的功效。

主治用法　用于跌打损伤等。水煎服。外用鲜草捣烂敷患处。

用　量　适量。

附　注　在东北生长的主要是京黄芩的变种：乌苏里黄芩 var. *ussuriensis*（Regel）Hand.-Mazz.，茎近无毛或被极疏的上曲柔毛；叶膜质，多为三角状广卵形，基部多为微心形至近截形，两面

▼乌苏里黄芩果实

▼乌苏里黄芩花（侧）

▲乌苏里黄芩植株

无毛或微有毛；花长 13 ～ 17 mm。分布于黑龙江宁安、尚志、饶河、伊春、虎林、密山等地，吉林长白山各地，辽宁凤城、宽甸、本溪、桓仁等地，内蒙古牙克石地等。其他与原种同。

◎参考文献◎

［1］钱信忠. 中国本草彩色图鉴（第四卷）[M]. 北京：人民卫生出版社，2003:554-555.
［2］中国药材公司. 中国中药资源志要 [M]. 北京：科学出版社，1994:1109-1110.
［3］江纪武. 药用植物辞典 [M]. 天津：天津科学技术出版社，2005:736.

▲ 狭叶黄芩花

狭叶黄芩 *Scutellaria regeliana* Nakai

别　　名　薄叶黄芩　塔头黄芩
俗　　名　香水水草
药用部位　唇形科狭叶黄芩的全草。
原 植 物　多年生草本。根状茎直伸或斜行。茎直立，高 26 ～ 30 cm。叶片披针形或三角状披针形，长 1.7 ～ 3.3 cm，宽 3 ～ 6 mm。花单生于茎中部以上的叶腋内，偏向一侧；花梗长约 4 mm，基部有一对长 1.5 mm、被疏柔毛的针状小苞片；花冠紫色，长 2.0 ～ 2.5 cm；冠筒基部宽 1.5 mm，至喉部宽达 8 mm；冠檐二唇形，上唇盔状，先端微缺，下唇中裂片大，近扁圆形，宽 9 mm，全缘，2 侧裂片长圆形，宽 3.5 mm；雄蕊 4，均内藏，前对较长；花丝扁平；花柱细长，扁平；花盘环状，前方微膨大；子房 4 裂，裂片等大。小坚果黄褐色，卵球形，长 1.25 mm，

▲ 狭叶黄芩花（侧）

▲ 狭叶黄芩植株

具瘤状突起，腹面基部具果脐。花期6—7月，果期7—9月。

生　境　生于河岸、湿地及沼泽地等处。

分　布　黑龙江塔河、呼玛、伊春、虎林、肇东、安达、杜尔伯特等地。吉林长白山各地及洮南。内蒙古额尔古纳、根河、牙克石、科尔沁右翼前旗、扎鲁特旗等地。河北。朝鲜、俄罗斯（西伯利亚中东部）。

采　制　夏、秋季采收全草，除去杂质，切段，洗净，阴干。

性味功效　味苦，性寒。有清热燥湿、泻火解毒、止血、安胎的功效。

主治用法　用于肺热咳嗽、慢性气管炎、黄疸、吐血、衄血、血崩、热淋、目赤肿痛、痈肿疔疮等。水煎服。脾胃虚弱、食少便溏者忌用。

用　量　3～10 g。

◎参考文献◎

［1］中国药材公司. 中国中药资源志要 [M]. 北京：科学出版社，1994：1106.

［2］江纪武. 药用植物辞典 [M]. 天津：天津科学技术出版社，2005：738.

▲ 狭叶黄芩花（白色）

▲ 狭叶黄芩果实

▲ 沙滩黄芩花

沙滩黄芩 *Scutellaria strigillosa* Hemsl.

▼ 沙滩黄芩果实

别　　名　海滨黄芩

药用部位　唇形科沙滩黄芩的全草。

原 植 物　多年生草本。根状茎极长。茎直立或稍弯，高 8 ~ 35 cm。叶片多为椭圆形，长 1.0 ~ 2.5 cm。花单生于茎或分枝上部的叶腋中；花梗长 2.5 ~ 5.0 mm，向基部 1/4 处有一对长约 1 mm 的针状小苞片；花萼开花时长 3.0 ~ 3.5 mm，后片小；花冠紫色，长 1.6 ~ 2.4 cm；冠筒基部微囊状膨大，宽 1.5 ~ 2.5 mm，向上渐宽，至喉部宽达 5 ~ 6 mm；冠檐二唇形，上唇盔状，先端微缺，下唇中裂片长过上唇，宽卵圆形，先端微缺，最宽处 8 mm；雄蕊 4，前对较长，具能育半药；花丝扁平；花柱丝状，先端锐尖，微裂；花盘环状，前方隆起；子房 4 裂，裂片等大。小坚果黄褐色，近圆球形。花期 5—6 月，果期 8—9 月。

▲沙滩黄芩植株

生　　境　生于海边沙地上。

分　　布　辽宁大连市区、长海、东港、绥中等地。山东、河北、江苏。朝鲜、俄罗斯（西伯利亚中东部）、日本。

▲沙滩黄芩花（侧）

采　　制　夏、秋季采收全草，除去杂质，切段，洗净，阴干。

性味功效　有清热利尿、消肿的功效。

用　　量　适量。

◎参考文献◎

［1］中国药材公司.中国中药资源志要[M].北京：科学出版社，1994:1110.

［2］江纪武.药用植物辞典[M].天津：天津科学技术出版社，2005:738.

并头黄芩 *Scutellaria scordifolia* Fisch. ex Schrank

俗　名　山麻子　头巾草

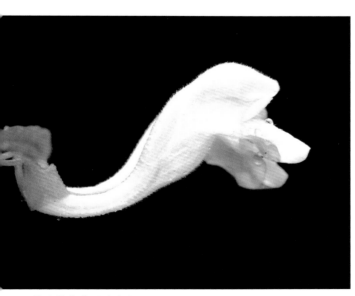

▲并头黄芩花（白色）

药用部位　唇形科并头黄芩的全草。

原植物　多年生草本。根状茎斜行或近直伸，节上生须根。茎直立，高 12 ~ 36 cm。叶片三角状狭卵形、三角状卵形，或披针形，长 1.5 ~ 3.8 cm。花单生于茎上部的叶腋内，偏向一侧；花梗长 2 ~ 4 mm，近基部有一对长约 1 mm 的针状小苞片；花萼开花时长 3 ~ 4 mm，结果时长 4.5 mm；花冠蓝紫色，长 2.0 ~ 2.2 cm；冠筒基部浅囊状膝屈；冠檐二唇形，上唇盔状，内凹，下唇中裂片圆状卵圆形，先端微缺，最宽处 7 mm，2 侧裂片卵圆形，先端微缺，宽 2.5 mm；雄蕊 4，均内藏，前对较长；花丝扁平；花柱细长，先端锐尖，微裂；花盘前方隆起；子房 4 裂。小坚果椭圆形，长 1.5 mm。花期 6—8 月，果期 8—9 月。

生　　境　　生于山坡、草地及草甸等处。

分　　布　　黑龙江塔河、呼玛、黑河市区、五大连池、伊春、佳木斯、安达、尚志、虎林、密山、饶河等地。吉林长白山各地及长春、扶余、洮南等地。辽宁昌图、新宾、凌源、建平、彰武等地。内蒙古额尔古纳、根河、陈巴尔虎旗、牙克石、鄂伦春旗、鄂温克旗、阿尔山、科尔沁右翼前旗、扎鲁特旗、克什克腾旗、巴林右旗等地。河北、山西、青海。朝鲜、俄罗斯（西伯利亚中东部）、蒙古、日本。

采　　制　　夏、秋季采收全草，除去杂质，切段，洗净，阴干。

性味功效　　味微苦，性凉。有清热解毒、利尿的功效。

主治用法　　用于肝炎、阑尾炎、痈肿疔疮、毒蛇咬伤、目赤肿痛等。水煎服。外用鲜草捣烂敷患处。

用　　量　　10 ~ 20 g。外用适量。

◎参考文献◎

[1] 中国药材公司.中国中药资源志要[M].北京：科学出版社，1994:1110.

[2] 江纪武.药用植物辞典[M].天津：天津科学技术出版社，2005:738.

▲并头黄芩植株

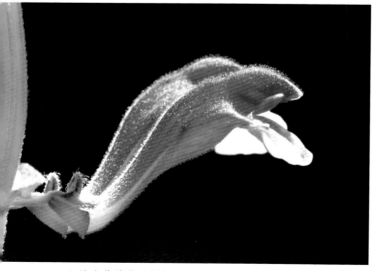

▲并头黄芩花（侧）

▲并头黄芩花

念珠根茎黄芩 *Scutellaria moniliorrhiza* Komarov

| 别 名 | 串珠黄芩 念珠根黄芩 |

别　名　串珠黄芩　念珠根黄芩

药用部位　唇形科念珠根状茎黄芩的根状茎。

原植物　多年生草本。根状茎直伸或横走，白色，念珠状，直径6 mm，在节上生纤维状须根。茎直立，高12～36 cm，具四棱。叶具短柄，柄长1.5～4.0 mm；叶片卵圆形或卵圆状长圆形，长0.8～2.3 cm，宽0.3～1.3 cm，先端锐尖至钝头，基部圆形至浅心形，边缘每

▲念珠根茎黄芩花

▲念珠根茎黄芩花（侧）

▲念珠根茎黄芩根状茎

侧具3～7圆齿；侧脉3～4对。花少数，单生于茎上部叶腋中；花梗长约4 mm，在下部1/3处具成对的线形小苞片；花萼开花时长3～4 mm，果时花萼略增大，长5 mm；花冠蓝色，长3.2 cm；冠筒基部浅囊状增大，宽2 mm；冠檐二唇形，上唇盔状，内凹，先端微缺，下唇中裂片近圆形，先端微缺，最宽处达1 cm，2侧裂片卵圆形；雄蕊4，前对较长，微露出，具能育半药，花丝扁平；花柱丝状，先端锐尖；子房4裂，裂片等大。小坚果淡褐色。花期7—8月，果期8—9月。

生　境　生于山坡、山谷、林缘及灌丛等处。

分　布　黑龙江五常、尚志、海林等地。吉林敦化、安图、抚松、长白等地。朝鲜、俄罗斯（西伯利亚中东部）。

采　制　春、秋季采挖根状茎，除去须根和泥沙，晒后刮去粗皮，晒干。

性味功效　有清热燥湿、泻火解毒、止血、安胎的功效。

主治用法　用于湿热、暑瘟、胸闷呕逆、湿热痞满、泻痢、黄疸、肺热咳嗽、高热烦渴、血热吐衄、痈肿疮毒、胎动不安等。水煎服。

用　量　适量。

◎参考文献◎

［1］中国药材公司.中国中药资源志要［M］.北京：科学出版社，1994：1106.

［2］江纪武.药用植物辞典［M］.天津：天津科学技术出版社，2005：737.

念珠根茎黄芩花序

▲念珠根茎黄芩植株

▲ 盔状黄芩花（侧）

▼ 盔状黄芩植株

盔状黄芩 *Scutellaria galericulata* L.

药用部位　唇形科盔状黄芩的全草。

原 植 物　多年生草本。根状茎匍匐。茎直立，高 35 ~ 40 cm，具锐 4 棱。叶具短柄；叶片长圆状披针形，长 1.5 ~ 6.0 cm，宽 0.8 ~ 3.0 cm，茎下部较大，向茎顶渐变小，先端锐尖。花单生于茎中部以上叶腋内，一侧向；花梗长 2mm；花萼开花时长约 3.5 mm；花冠紫色、紫蓝色至蓝色，长约 1.8 cm；冠筒基部微囊大，宽约 1.5 mm；冠檐二唇形，上唇半圆形，宽 2.5 mm，盔状，内凹，先端微缺，下唇中裂片三角状卵圆形；雄蕊 4，均内藏，前对较长；花丝扁平。花柱细长，先端锐尖，微裂；花盘前方隆起，后方延伸成长 0.5 mm 的子房柄；子房 4 裂，裂片等大。小坚果黄色，三棱状卵圆形，直径 1 mm，具小瘤突，腹面中央具果脐。花期 6—7 月，果期 7—8 月。

生　　境　生于河滩草甸、山地草甸及草原湿地等处。

▲盔状黄芩花

分　　布　　内蒙古额尔古纳、鄂温克旗、新巴尔虎右旗、西乌珠穆沁旗等地。陕西、甘肃、新疆。俄罗斯（西伯利亚中东部）、蒙古、日本。欧洲。

采　　制　　夏、秋季采收全草，除去杂质，洗净，鲜用或晒干。

性味功效　　有清热解毒、活血止痛、利尿消肿的功效。

主治用法　　用于淋病、肝炎、疟疾、跌打损伤、疮痈肿毒等。水煎服。

用　　量　　适量。

◎参考文献◎

［1］江纪武. 药用植物辞典 [M]. 天津：天津科学技术出版社，2005: 737.

水苏属 *Stachys* L.

甘露子 *Stachys sieboldii* Miq.

别　　名	草石蚕　地蚕
俗　　名	螺蛳钻　螺蛳菜　地蕊　宝塔菜　小地梨
药用部位	唇形科甘露子的块茎及全草（入药称"草石蚕"）。
原 植 物	多年生草本，高 30 ～ 120 cm，节上有鳞状叶及须根，

▲甘露子花

顶端有念珠状或螺蛳形的肥大块茎。茎直立或基部倾斜。茎生叶卵圆形或长椭圆状卵圆形，长 3 ~ 12 cm。轮伞花序通常 6 花，多数远离组成长 5 ~ 15 cm 的顶生穗状花序；小苞片线形，长约 1 mm；花梗短，长约 1 mm。花萼狭钟形，连齿长 9 mm，10 脉，齿 5；花冠粉红至紫红色，下唇有紫斑，长约 1.3 cm，冠筒筒状，长约 9 mm，冠檐二唇形，上唇长圆形，长 4 mm，下唇长宽约 7 mm，3 裂，中裂片较大，近圆形，直径约 3.5 mm，侧裂片卵圆形；雄蕊 4，前对较长，花丝丝状，花药卵圆形，2 室。小坚果卵珠形，黑褐色，具小瘤。花期 7—8 月，果期 9 月。

生　境　生于山坡、草地、

▲甘露子花（侧）

路边及住宅附近。

采　制　秋季采挖块茎，除去泥土，洗净，鲜用或晒干。夏、秋季采收全草，除去杂质，切段，洗净，鲜用或晒干。

分　布　黑龙江尚志、五常等地。吉林通化、集安、临江等地。辽宁本溪、桓仁、宽甸、丹东等地。内蒙古扎赉特旗、奈曼旗、阿鲁科尔沁旗、喀喇沁旗、敖汉旗、正蓝旗、镶黄旗、正镶白旗、多伦等地。湖南、四川、广西、广东、云南。华北、西北。日本。欧洲、北美洲。

性味功效　味甘，性平。无毒。有清热解毒、活血散瘀、祛风利湿、滋养强壮、清肺解表的功效。

主治用法　用于风热感冒、肺炎、肺结核、虚劳咳嗽、小儿疳积、小便淋痛、疮疡肿毒、毒蛇咬伤。水煎服。外用煎水洗或捣烂敷患处。

用　量　块茎：50～100 g。外用适量。全草：25～50 g。

附　方

（1）治风热感冒：草石蚕全草100 g。煎水服。

（2）治肺痨：草石蚕根200 g。炖猪肺常吃。

◎参考文献◎

［1］江苏新医学院．中药大辞典（下册）[M]．上海：上海科学技术出版社，1977:1580-1581.

［2］中国药材公司．中国中药资源志要[M]．北京：科学出版社，1994:1112-1113.

［3］江纪武．药用植物辞典[M]．天津：天津科学技术出版社，2005:771.

▲甘露子幼株

▲市场上的腌制甘露子块茎（水煮）

▲市场上拌好的甘露子块茎（腌制）

▲市场上的甘露子块茎（鲜）

▲甘露子植株

▲毛水苏群落

上生须根的根状茎。茎直立。茎叶长圆状线形，长 4～11 cm。轮伞花序通常具6花，多数组成穗状花序，在其基部者远离，在上部者密集；小苞片线形，刺尖；花梗极短，长1 mm；花萼钟形，连齿长9 mm，10脉，明显，齿5，披针状三角形；花冠淡紫至紫色，长达1.5 cm，冠筒直伸，近等

▼毛水苏坚果

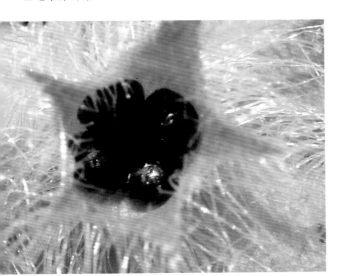

▲毛水苏果实

毛水苏 *Stachys baicalensis* Fisch. ex Benth.

别　　名	水苏草
俗　　名	水苏子
药用部位	唇形科毛水苏的全草及根。
原 植 物	多年生草本，高40～80 cm，有在节

▲毛水苏植株

大，长 9 mm，冠檐二唇形，上唇直伸，卵圆形，长 7 mm，下唇轮廓为卵圆形，长 8 mm，3 裂，中裂片近圆形；雄蕊 4，均延伸至上唇片之下，前对较长，花丝扁平，花药卵圆形，2 室。花柱丝状；花盘平顶；子房黑褐色。小坚果棕褐色。花期 7—8 月，果期 8—9 月。

生　境　生于湿草地、路旁、河岸、林缘及林下等处。

分　布　黑龙江塔河、呼玛、嫩江、黑河市区、伊春市区、铁力、勃利、密山、虎林、饶河、宝清、抚远、同江、齐齐哈尔市区、大庆、泰来等地。吉林安图、抚松、长白、柳河、和龙、临江、靖宇、敦化、汪清、辉南等地。内蒙古额尔古纳、根河、牙克石、鄂伦春旗、鄂温克旗、阿尔山、科尔沁右翼前旗、克什克腾旗、东乌珠穆沁旗、西乌珠穆沁旗等地。山东、山西、陕西。朝鲜、俄罗斯（西伯利亚）。

采　制　夏、秋季采收全草，除去杂质，切段，洗净，鲜用或晒干。春、秋季采挖根，除去泥土，洗净，鲜用或晒干。

性味功效　全草：味辛，性平。有舒风理气、解表化瘀、止血消炎的功效。根：味辛，性微温。有消炎、平肝、补阴的功效。

主治用法　全草：用于感冒、痧疹、肺痿、肺痈、头晕目眩、口臭、咽痛、痢疾、胃酸过多、产后中风、吐血、衄血、血崩、血淋、跌打损伤、疖疮肿毒。水煎服。根：用于打伤、扑伤、烂痛疮癣、吐血、失音咳嗽等。水煎服。

用　量　全草：10 ~ 20 g。根：10 ~ 20 g。

▲毛水苏幼株

▲毛水苏花序

◎参考文献◎

[1] 朱有昌. 东北药用植物 [M]. 哈尔滨：黑龙江科学技术出版社，1989:1001-1004.

[2] 中国药材公司. 中国中药资源志要 [M]. 北京：科学出版社，1994:1111.

[3] 江纪武. 药用植物辞典 [M]. 天津：天津科学技术出版社，2005:770.

▲毛水苏花

▲ 华水苏植株

华水苏 *Stachys chinensis* Bge. ex Benth.

| 别　　名 | 水苏 |

| 俗　　名 | 水苏子 |

药用部位　唇形科华水苏的全草。

原 植 物　多年生草本，直立，高约 60 cm。茎叶长圆状披针形，长 5.5 ~ 8.5 cm。轮伞花序通常 6 花，远离而组成长穗状花序；小苞片刺状，微小，长约 1 mm；花梗极短或近于无；花萼钟形，连齿长约 1 cm，10 脉，齿 5，披针形，等大，长 4 mm；花冠紫色，长 1.5 cm，冠筒长 8 mm，冠檐二唇形，上唇直立，长圆形，长 4 mm，下唇平展，轮廓近圆形，长宽约 7 mm，3 裂，中裂片最大；雄蕊 4，前对较长，花丝丝状，中部以下明显被柔毛，花药卵圆形，2 室，室极叉开。花柱丝状，伸出于雄蕊之上，先端相等 2 浅裂，裂片钻形；花盘平顶；子房黑褐色。小坚果卵圆状三棱形，褐色。花期 6—8 月，果期 7—9 月。

生　　境　生于水沟旁及沙地上。

分　　布　黑龙江塔河、呼玛、黑河市区、嫩江、伊春市区、铁力、勃利、密山、虎林、饶河、宝清、抚远、同江、齐齐哈尔市区、甘南、大庆市区、泰来、青冈、明水、汤原、桦南、林甸等地。吉林长白山各地及通榆、镇赉、洮南、长岭、前

▲ 华水苏坚果

▼ 华水苏果实

▲ 华水苏花

郭等地。辽宁各地。内蒙古额尔古纳、根河、牙克石、
鄂伦春旗、鄂温克旗、阿尔山、科尔沁右翼前旗、阿
鲁科尔沁旗、克什克腾旗、东乌珠穆沁旗、西乌珠穆
沁旗等地。河北、山西、陕西、甘肃。朝鲜、俄罗斯（西
伯利亚中东部）。

采　制　夏、秋季采收全草，除去杂质切段，洗净，
晒干。

附　注　其性味功效、性味功效及用量同毛水苏。

◎参考文献◎

［1］朱有昌.东北药用植物 [M].哈尔滨：黑龙江科学
　　技术出版社，1989:1001-1004.

［2］中国药材公司.中国中药资源志要 [M].北京：科
　　学出版社，1994:1111.

［3］江纪武.药用植物辞典 [M].天津：天津科学技术
　　出版社，2005:770.

▼ 华水苏花序

▲ 水苏幼株

水苏 *Stachys japonica* Miq.

| 别　　名 | 宽叶水苏 |

俗　　名　水苏子

药用部位　唇形科水苏的全草及根。

原 植 物　多年生草本，高 20 ～ 80 cm，有在节上生须根的根状茎。茎直立。茎叶长圆状宽披针形，长 5 ～ 10 cm。轮伞花序 6 ～ 8，下部者远离，上部者密集组成长 5 ～ 13 cm 的穗状花序；小苞片刺状，长约 1 mm；花梗短，长约 1 mm；花萼钟形，连齿长达 7.5 mm，10 脉，不明显，齿 5，等大，三角状披针形；花冠粉红或淡红紫色，长约 1.2 cm，冠筒长约 6 mm，冠檐二唇形，上唇直立，倒卵圆形，长 4 mm，下唇开张，3 裂，中裂片最大，近圆形；雄蕊 4，花丝丝状，花药卵圆形，2 室；花柱丝状，稍超出雄蕊，先端相等 2 浅裂；花盘平顶；子房黑褐色。小坚果卵球形，棕褐色。花期 6—8 月，果期 7—9 月。

▼ 水苏花序

▲ 水苏幼苗

▲ 水苏花

▼ 水苏果实

生　　境　　生于湿草地、路旁、河岸、沟谷等处，常聚集成片生长。

分　　布　　吉林各地（除四平外）。辽宁凤城、瓦房店、庄河、沈阳等地。河北、河南、山东、江苏、浙江、安徽、江西、福建。朝鲜、俄罗斯（西伯利亚）、日本。

采　　制　　夏、秋季采收全草，除去杂质切段，洗净，晒干。春、秋季采挖根，除去泥土，洗净，阴干。

性味功效　　全草：味甘、辛，性微温。有舒风理气、解表化瘀、止血消炎的功效。根：味甘、辛，性微温。有清肝、平火、补阴的功效。

主治用法　　全草：用于感冒、百日咳、肺痈、头风目眩、口臭、咽痛、扁桃体炎、痢疾、产后中风、衄血、血崩、血淋、血痢、吐血、跌打损伤、蜂螫及毒蛇咬伤等。水煎服，捣汁，或入丸、散。外用研末或捣烂敷患处，或煎水洗。根：清肝，平火，补阴。用于吐血、久痢、失音咳嗽、带状疱疹、疥癣、跌打损伤等。水煎服。外用研末或捣烂敷患处。

▲水苏植株

用　量　全草：15～25 g（鲜品25～50 g）。
外用适量。根：25～50 g。外用适量。

附　方
（1）治感冒：水苏20 g，野薄荷、生姜各10 g，
水煎服。
（2）治吐血、便血、妇女漏下：水苏全草15 g，
水煎服。
（3）治鼻衄：水苏10 g，防风5 g，共研
细末，分2次服用。
（4）治胃酸过多：鲜水苏叶10 g，生食。
（5）治肿毒：鲜水苏全草，捣烂敷患处。

◎参考文献◎

［1］江苏新医学院.中药大辞典（上册）[M].
　　上海：上海科学技术出版社，1977:513-
　　514，532.
［2］朱有昌.东北药用植物[M].哈尔滨：黑龙
　　江科学技术出版社，1989:1001-1004.
［3］中国药材公司.中国中药资源志要[M].北
　　京：科学出版社，1994:1112.

▲水苏花序（背）

▲水苏花（侧）

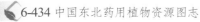

▲ 地椒花

百里香属 *Thymus* L.

地椒 *Thymus quinquecostatus* Celak.

别　　名　五脉百里香　亚洲百里香
俗　　名　山胡椒　山花椒　花椒堆　蚊子草　药蚊子草　拦金牛　长藤草
药用部位　唇形科地椒的新鲜或干燥全草。
原 植 物　落叶半灌木。茎斜上升或近水平伸展；花枝多数，高 3 ~ 15 cm，从茎上或茎的基部长出，直立或上升。叶长圆状椭圆形或长圆状披针形，长 7 ~ 13 mm，先端钝或锐尖，基部渐狭成短柄，全缘，边外卷，沿边缘下 1/2 处或仅在基部具长缘毛，近革质，侧脉 2 ~ 3 对，粗，腺点小且多而密，明显；苞叶同形，边缘在下部 1/2 处被长缘毛。花序头状或稍伸长成长圆状的头状花序；花梗长达 4 mm；花萼管状钟形，长 5 ~ 6 mm，上面无毛，上唇稍长或近相等于下唇，上唇的齿披针形，近等于全唇 1/2 长或稍短；花冠长 6.5 ~ 7.0 mm，冠筒比花萼短。花期 7—8 月，果期 8—9 月。
生　　境　生于多石山地及向阳的干山坡上。
分　　布　吉林珲春。辽宁北镇、营口市区、大连市区、海城、盖州、庄河、瓦房店、彰武、义县、兴城、葫芦岛市区、朝阳、建平、绥中、凌源等地。内蒙古奈曼旗、敖汉旗、喀喇沁旗、正蓝旗、镶黄旗、正镶白旗、太仆寺旗等地。河北、河南、山东、山西。朝鲜、日本。
采　　制　夏、秋季采收全草，洗净，阴干或鲜用。
性味功效　味辛，性温。有小毒。有温中散寒、祛风止痛、止咳降压的功效。
主治用法　用于胃寒痛、腹胀、吐逆、风寒咳嗽、咽喉肿痛、感冒、牙痛、消化不良、急性胃肠炎、高血压、关节疼痛及皮肤瘙痒等。水煎服或浸酒。

▲ 地椒植株

外用研末撒或煎水洗。

用　　量　15～20 g。外用适量。

附　　方

（1）治慢性胃痛：地椒 15 g，泡茶饮，每日 2 次。
7 d 为一个疗程，常需坚持 2～3 个疗程始见效。

（2）治急性胃肠炎：地椒 15～20 g（鲜品
25～35 g），用开水浸泡 10 min 后煎服。如呕吐甚，
加灶心土 15 g。亦可配合针刺足三里、内关、中脘、
大椎等穴。

（3）治大骨节病：用地椒全草制成质量分数为
100% 的注射液，肌肉注射，每日 1 次，每次 1～2 ml。
10～15 次为一个疗程，用药 10～45 d 疗效最好。

（4）治牙痛：地椒、川芎各等量，研末，涂于
痛处。

（5）治百日咳、喉头肿痛：地椒、三颗针、车前
草各 15 g，水煎服。

（6）治慢性湿疹、皮肤瘙痒：地椒 25 g，蒲公英
50 g，水煎外洗。

（7）治消化不良、腹泻：地椒 25 g，滑石 50 g，
甘草 10 g，麦芽 20 g，水煎服。或单用地椒
50 g，水煎服。

（8）治外伤周身痛：地椒 50～100 g，白酒
500 ml，浸泡 24 h，每次服 2～3 酒盅，每日 2 次。

（9）治高血压：地椒鲜全草 100 g，红糖
50 g，水煎服。

◎参考文献◎

[1] 江苏新医学院 . 中药大辞典（上册）[M]. 上
　　海：上海科学技术出版社，1977:804-805.

[2] 朱有昌 . 东北药用植物 [M]. 哈尔滨：黑龙江
　　科学技术出版社，1989:1004-1006.

[3]《全国中草药汇编》编写组 . 全国中草药汇
　　编（上册）[M]. 北京：人民卫生出版社，
　　1975:325-326.

▲百里香居群

▼百里香植株

百里香 *Thymus mongolicus* Ronn.

俗　　名　山胡椒

药用部位　唇形科百里香的新鲜或干燥全草。

原 植 物　半灌木。茎多数，匍匐或上升；花枝高
1.5 ~ 10.0 cm。叶为卵圆形，长 4 ~ 10 mm，宽
2.0 ~ 4.5 mm，先端钝或稍锐尖，基部楔形或渐
狭，全缘或稀有 1 ~ 2 对小锯齿，两面无毛，侧
脉 2 ~ 3 对，在下面微突起，叶柄明显，靠下部
的叶柄长约为叶片的 1/2，在上部则较短；苞叶与

▼市场上的百里香植株

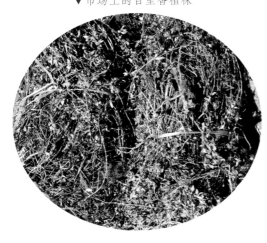

叶同形，边缘在下部 1/3 具缘毛。花序头状，多花或少花，
花具短梗；花萼管状钟形或狭钟形，长 4.0 ~ 4.5 mm，
下唇较上唇长或与上唇近相等，上唇齿短，齿不超过上
唇全长的 1/3，三角形；花冠紫红、紫或淡紫、粉红色，
长 6.5 ~ 8.0 mm，冠筒伸长，长 4 ~ 5 mm，向上稍增大。
小坚果近圆形或卵圆形，压扁状。花期 7—8 月，果期 8—
9 月。

生　　境　生于多石山地、斜坡、山谷、山沟、路旁及

▲百里香群落

▲百里香幼株

杂草丛中，常聚集成片生长。

分　　布　吉林长白、临江、珲春等地。内蒙古东乌珠穆沁旗、西乌珠穆沁旗、阿巴嘎旗、苏尼特左旗、苏尼特右旗等地。河北、山西、陕西、甘肃、青海。朝鲜、俄罗斯、蒙古。

采　　制　夏、秋季采收全草，洗净，阴干或鲜用。

性味功效　味辛，性温。有温中散寒、祛风止痛的功效。

主治用法　用于感冒、中暑、胃寒痛、小腹胀满、吐逆、腹痛、泄泻、食少痞胀、风寒咳嗽、百日咳、咽肿、牙痛、身痛、肌肤瘙痒、湿疹及月经不调等。水煎服。

用　　量　9 ～ 12 g。外用适量。

附　　方

（1）治牙痛：百里香、川芎各等量，研末，抹于痛处。

（2）治消化不良、急性胃肠炎：百里香 50 g，水煎服。

（3）治高血压病：鲜百里香 100 g，红糖 50 g，水煎服。

▼百里香花序

▼百里香花序（白色）

◎参考文献◎

［1］江苏新医学院.中药大辞典（上册）[M].上海：上海科学技术出版社，1977:804－805.

［2］《全国中草药汇编》编写组.全国中草药汇编（上册）[M].北京：人民卫生出版社，1975:325－326.

［3］中国药材公司.中国中药资源志要[M].北京：科学出版社，1994:1115.

▲兴安百里香植株

兴安百里香 *Thymus dahuricus* Serg.

别　　名　达乌里地椒

药用部位　唇形科兴安百里香的新鲜或干燥全草。

▲兴安百里香花（淡粉色）

原 植 物　落叶小灌木。茎多数，密生，匍匐；不育枝长，匍匐；花枝直立或斜升。叶片狭倒披针形或长圆状倒披针形，长 10 ～ 15 mm。轮伞花序密集成头状，花期稍伸长，花梗长 1.5 ～ 2.0 mm，密被毛；苞片披针形，长 1 ～ 2 mm，具长缘毛；花萼长 5 ～ 6 mm，外密被白色长刚毛及腺点，具明显突起脉 10，萼筒边缘具髯毛，檐部二唇形，上唇 3 裂，三角形，边缘有睫毛，下唇 2 裂，披针形，边缘有羽毛状睫毛；花冠粉紫色，内外均被毛，明显超出花萼，二唇形，上唇微凹，下唇 3 裂，中裂片稍长；雄蕊伸出花冠，前雄蕊较长，柱头 2 裂，裂片披针形，比雄蕊短。花期 6—7 月，果期 8—9 月。

生　　境　生于沙质草地或沙质坡地上，常聚集成片生长。

分　　布　黑龙江呼玛、漠河、塔河等地。吉林通榆、长岭等地。辽宁彰武、建平、阜新等地。内蒙古额尔古纳、鄂温克旗、陈巴尔虎旗、新巴尔虎左旗、新巴尔虎右旗、科尔沁右翼前旗、扎鲁特旗、扎赉特旗、奈曼旗、科尔沁右翼中旗、科尔沁左翼中旗、科尔沁左翼后旗等地。俄罗斯、蒙古。

附　　注　其他同百里香。

▼兴安百里香花（白色）

◎参考文献◎

［1］江纪武. 药用植物辞典 [M]. 天津：天津科学技术出版社，2005:810.

▲内蒙古自治区额尔古纳市乌兰山湿地秋季景观

▲ 曼陀罗群落

茄科 Solanaceae

本科共收录 8 属、15 种。

曼陀罗属 *Datura* L.

▲ 曼陀罗种子

曼陀罗 *Datura stramonium* L.

俗　　名	醉心花　耗子阎王

药用部位 茄科曼陀罗的花、叶、果实及种子。

原植物 草本或半灌木状，高 0.5 ～ 1.5 m。茎粗壮。叶广卵形，顶端渐尖，基部不对称楔形，边缘有不规则波状浅裂，裂片顶端急尖。花单生于枝杈间或叶腋，直立；花萼筒状，长 4 ～ 5 cm，筒部有 5 棱角，两棱间稍向内陷，基部稍膨大，顶端紧围花冠筒，5 浅裂，裂片三角形；花冠漏斗状，下半部带绿色，上部白色或淡紫色，檐部 5 浅裂，裂片有短尖头，长 6 ～ 10 cm，檐部直径 3 ～ 5 cm；雄蕊不伸出花冠，花丝长约 3 cm，花药长约 4 mm；子房密生柔针毛，花柱长约 6 cm。蒴果直立，卵状，长 3.0 ～ 4.5 cm，成熟后淡黄色，规则 4 瓣裂。种子卵圆形，稍扁，长约 4 mm，黑色。花期 7—8 月，果期 9—10 月。

生　　境 生于田野、荒地、路旁及居住区附近。

分　布　黑龙江哈尔滨、牡丹江、鸡西、伊春、绥化、七台河、鹤岗、双鸭山、齐齐哈尔、大庆等地。吉林长白山各地及洮南、通榆、扶余、长岭等地。辽宁沈阳、本溪、海城、大连、营口、葫芦岛、朝阳、北镇、凌源等地。内蒙古扎赉特旗、科尔沁右翼中旗、科尔沁左翼后旗、科尔沁左翼中旗、扎鲁特旗、奈曼旗、阿鲁科尔沁旗、克什克腾旗、翁牛特旗、宁城等地。全国绝大部分地区。原产于里海地区，温带地区普遍栽培。在中国东北逸为野生。

采　制　夏季采摘花，除去杂质，阴干。夏、秋季采摘叶，洗净，阴干。秋季采摘果实，去掉果皮，除去杂质，获取种子，晒干。

性味功效　花：味辛，性温。有大毒。有平喘止咳、镇痛、解痉、麻醉的功效。叶：味苦、辛。果实、种子：味辛、苦，性温。有毒。有平喘、祛风、止痛的功效。

主治用法　花：用于哮喘咳嗽、脘腹冷痛、风湿痹痛、小儿慢惊、脚气、胃痛、疮疡疼痛、外科麻醉等。水煎服。做散剂吞服。如做卷烟吸，分次用，每日不超过 1.5 g。叶：用于喘咳、风湿性关节痛、脚气、脱肛、顽固性皮肤溃疡、慢性瘘管等。水煎服。外用鲜品捣烂敷患处。果实、种子：用于支气管哮喘、惊痫、精神分裂症、风寒湿痹、泄痢、脱肛及跌打损伤等。水煎服或浸酒。外用煎水洗或浸酒涂搽。

用　量　花：0.3 ~ 0.5 g，入丸剂 0.03 ~ 0.05 g。外用适量。叶：0.3 ~ 0.6 g。外用适量。果实、种子：0.15 ~ 0.30 g。

附　方
（1）治慢性气管炎：曼陀罗 0.15 g，金银花、远志、甘草各 0.8 g（每丸含量）。共研细末，加适量蜂

▼ 曼陀罗植株

▲ 曼陀罗花

▼ 曼陀罗幼株

▼ 曼陀罗幼苗

蜜制成蜜丸。每次服 1 丸，每日 2 次，连服 30 d。

（2）治哮喘：曼陀罗花、烟叶各等量，搓碎，做烟吸，喘止即停。此法限于成年人、老年人哮喘，作为临时平喘用，用量最多 0.1 ～ 0.4 g，不可过量，以防中毒。儿童忌用。

（3）治风湿性关节痛：曼陀罗花 5 朵，白酒 0.5 L，泡半个月，一次饮半小酒盅，每日 2 次。

（4）治小儿慢惊风：曼陀罗花 7 朵（重 0.15 g），天麻 7.5 g，全蝎（炒）10 个，天南星（炮），丹砂、乳香各 7.5 g。研为末，每服 1.5g，薄荷汤调下。

（5）治脱肛：曼陀罗子（连壳）一对，橡碗 16 个。一同捣碎，水煎三五沸，入朴硝热洗。

（6）治牛皮癣：剥取曼陀罗根皮，晒干研末，加上醋及枯矾，外搽患处。

附　注

（1）全草有毒，具有一定的麻醉作用，人误食后会引起口干、吞咽困难、声音嘶哑、皮肤干燥潮红、发热、心跳加快、呼吸加深、血压升高、头痛头晕、烦躁不安、谵语、幻听幻视、神志模糊、苦笑无常、肌肉抽搐，严重者甚至死亡。

（2）本品为《中华人民共和国药典》（2020 年版）收录的药材。

◎参考文献◎

［1］江苏新医学院.中药大辞典（下册）[M].上海：上海科学技术出版社，1977:1719-1722.

［2］朱有昌.东北药用植物[M].哈尔滨：黑龙江科学技术出版社，1989:1010-1011.

［3］《全国中草药汇编》编写组.全国中草药汇编（上册）[M].北京：人民卫生出版社，1975:777-779.

▲曼陀罗花（侧）

▼曼陀罗果实

毛曼陀罗 *Datura innoxia* Mill.

别　　名　凤茄花

药用部位　茄科毛曼陀罗的花、叶、果实及种子。

原植物　一年生直立草本或半灌木状，高 1 ~ 2 m，全体密被细腺毛和短柔毛。茎粗壮。叶片广卵形，长 10 ~ 18 cm，宽 4 ~ 15 cm，顶端急尖，基部不对称近圆形；花梗长 1 ~ 2 cm；花萼圆筒状而不具棱角，长 8 ~ 10 cm，直径 2 ~ 3 cm，向下渐稍膨大，5 裂，裂片狭三角形；花冠长漏斗状，长 15 ~ 20 cm，檐部直径 7 ~ 10 cm，花开放后呈喇叭状，边缘有 10 尖头；花丝长约 5.5 cm，花药长 1.0 ~ 1.5 cm，花柱长 13 ~ 17 cm。蒴果俯垂，近球状或卵球状，直径 3 ~ 4 cm，密生细针刺，针刺有韧曲性，成熟后淡褐色，由近顶端不规则开裂。种子扁肾形，褐色，长约 5 mm，宽 3 mm。花期 7—

▼毛曼陀罗果实

▲毛曼陀罗花

8月，果期9—10月。

生　境　生于田野、荒地、路旁及居住区附近。

分　布　黑龙江哈尔滨、牡丹江、大庆、佳木斯等地。吉林长白、通化等地。辽宁桓仁、西丰、沈阳、海城、大连、葫芦岛等地。

附　注　其采制、性味功效、主治用法、用量及附方同曼陀罗。

◎参考文献◎

[1]朱有昌.东北药用植物[M].哈尔滨：黑龙江科学技术出版社，1989:1006-1007.

[2]《全国中草药汇编》编写组.全国中草药汇编(上册)[M].北京：人民卫生出版社，1975:777-779.

[3]中国药材公司.中国中药资源志要[M].北京：科学出版社，1994:119.

▼毛曼陀罗植株

▲ 天仙子群落

天仙子属 *Hyoscyamus* L.

天仙子 *Hyoscyamus niger* L.

▲ 天仙子种子

别　　名	莨菪
俗　　名	山烟　山烟子　薰牙子
药用部位	茄科天仙子的根（入药叫"莨菪根"）、叶（入药叫"莨菪叶"）及种子（入药叫"莨菪子"）。
原 植 物	二年生草本，高达1 m，全体被黏性腺毛。根较粗壮。一年生的茎极短，自根状茎发出莲座状叶丛，卵状披针形或长矩圆形；第二年春茎伸长而分枝，茎生叶卵形或三角状卵形，顶端钝或渐尖。花在茎中部以下单生于叶腋，在茎上端则单生于苞状叶腋内而聚集成蝎尾式总状花序，通常偏向一侧；花萼筒状钟形，长1.0 ~ 1.5 cm，5浅裂，基部圆形，长2.0 ~ 2.5 cm，有10条纵肋，裂片开张，顶端针刺状；花冠钟状，长约为花萼的1倍，黄色而脉纹堇色；雄蕊稍伸出花冠；子房直径约3 mm。蒴果包藏于宿存萼内，长卵圆状，长约1.5 cm。种子近圆盘形，直径约1 mm。花期7—8月，果期8—9月。
生　　境	生于村舍、路边及田野等处。
分　　布	黑龙江伊春、牡丹江、哈尔滨等地。吉林通榆、镇赉、洮南、长岭、前郭、长白、通化、安图等地。内蒙古扎鲁特旗、扎赉特旗、科尔沁右翼中旗、科尔沁左翼中旗、科尔沁左翼后旗、奈曼旗、克什克腾旗、翁牛特旗、敖汉旗、喀喇沁旗、宁城、东乌珠穆沁旗、西乌珠穆沁旗、阿巴嘎旗、苏尼特左旗、苏尼特右旗、正蓝旗、正镶白旗、镶黄旗、太仆寺旗、多伦等地。朝鲜、俄罗斯、蒙古、印度。欧洲。
采　　制	春、秋季采挖根，洗净，晒干。夏、秋季采摘叶，洗净，晒干。秋季果皮变黄时采摘果实，暴晒，

打下种子，除去杂质，晒干。

性味功效　根：味苦，性寒。有大毒。有杀虫的功效。叶：味苦，性寒，有大毒。有镇痛、解痉的功效。
种子：味苦、辛，性温。有大毒。有解痉、止痛、安神的功效。

主治用法　根：用于疟疾、疥癣等。水煎服。外用捣烂敷患处。叶：用于胃痛、齿痛、气管炎、咳喘等。水煎服。制成酊剂、浸膏或混入烟叶内烧烟吸。种子：用于胃痉挛疼痛、哮喘、泄泻、癫狂、震颤性麻痹、眩晕、痈肿疮疖、龋齿痛、脱肛。入丸、散。外用煎水洗或研末调敷或烧烟熏。

用　量　根：烧存性研末 0.5 ~ 1.0 g。外用适量。叶：研末 0.15 ~ 0.25 g。外用适量。种子：0.1 ~ 1.0 g。外用适量。心脏病患者及孕妇忌服。

附　方

（1）治胃痛：莨菪子粉末 1 g，温开水送服，每天 2 次。
（2）治龋齿痛（蛀牙）：莨菪子粉末 0.5 g，装烟袋中吸烟熏牙，但不要咽下唾液。

▲ 天仙子幼株

▼ 天仙子居群

▲ 天仙子花

▼ 天仙子花（侧）

▼ 天仙子果实

（3）治痈疖肿毒：莨菪子适量，捣烂敷患处。

附　注

（1）本品为《中华人民共和国药典》（2020年版）收录的药材。

（2）全草有毒，人误食后半小时至一小时发作，会引起口渴、躁动、谵妄、颜面潮红、黏膜和皮肤干燥、瞳孔散大、脉搏增快、严重者甚至会惊厥、昏迷。种子有毒，临床应用时须谨慎小心。

◎参考文献◎

［1］江苏新医学院.中药大辞典（上册）[M].上海：上海科学技术出版社，1977:322-323.

［2］江苏新医学院.中药大辞典（下册）[M].上海：上海科学技术出版社，1977:1815.

［3］《全国中草药汇编》编写组.全国中草药汇编（上册）[M].北京：人民卫生出版社，1975:687-689.

［4］朱有昌.东北药用植物[M].哈尔滨：黑龙江科学技术出版社，1989:1011-1013.

▲ 天仙子植株

▲ 小天仙子花

▲ 小天仙子果实

小天仙子 *Hyoscyamus bohemicus* F. W. Schmidt

别　　名	北莨菪　天仙子
俗　　名	山烟　山大烟　野大烟
药用部位	茄科小天仙子的种子、根及叶。

　一年生草本，高 15 ~ 70 cm，全体生腺毛。根细瘦，木质。茎常不分枝。叶全部茎生，卵形或椭圆形，顶端急尖或钝，边缘每边有 1 ~ 3 不对称排列的波状牙齿，上面近无毛或沿叶脉有疏柔毛，下面生腺毛，长 3 ~ 8 cm，宽 1.5 ~ 5.0 cm，开花部分的叶无柄，基部半抱茎或宽楔形，茎下部的叶有柄。花单生于叶腋，在茎上端则单生于苞状叶腋内而聚集成顶生蝎尾式总状花序；花萼被腺毛和长柔毛，长约 1.2 cm，结果时呈坛状，长约

▲ 小天仙子种子

2 cm，顶端直径约 1.2 cm；花冠钟状，长 2.0 ～ 2.5 cm，直径 1.5 ～ 2.0 cm，黄色而脉纹堇色。蒴果卵圆状，直径约 1 cm。种子长 1.5 mm 左右。花期 7—8 月，果期 8—9 月。

生　境　生于村舍、路边及田野等处。

分　布　黑龙江尚志、五常、宁安、东宁、林口、穆棱、宝清、富锦、佳木斯市区、绥棱、巴彦、望奎、海伦、拜泉、明水、青冈、兰西、肇东、肇源、肇州、安达、杜尔伯特、林甸、富裕、依兰、龙江、甘南等地。吉林通榆、镇赉、洮南、长岭、前郭、大安、通化、永吉、德惠、梨树、榆树、公主岭、双辽等地。辽宁沈阳市区、本溪、鞍山市区、盖州、庄河、阜新、彰武、建平、凌源、喀左、朝阳、建昌、绥中、台安、营口市区、盘山、铁岭、法库、康平、昌图等地。内蒙古牙克石、阿尔山、科尔沁右翼前旗、扎鲁特旗、扎赉特旗、科尔沁左翼后旗等地。朝鲜、俄罗斯、蒙古、印度。欧洲。

采　制　秋季果皮变黄时采摘果实，暴晒，打下种子，除去杂质，晒干。夏、秋季采挖根，除去泥土，阴干。夏、秋季采摘叶，洗净，阴干。

▲小天仙子植株

▼小天仙子幼苗

性味功效　种子：味苦、辛，性温。有大毒。有解痉、止痛、安神的功效。根：味苦，性寒。有大毒。有杀虫的功效。叶：味苦，性寒。有大毒。有镇痛、解痉的功效。

主治用法　种子：用于胃肠痉挛、腹泻、脱肛、神经痛、咳嗽、哮喘、癔症、癫狂、风痹、痈肿疮疖、龋齿痛等。水煎服或入丸、散。外用煎水洗或研末调敷或烧烟熏。心脏病、青光眼患者及孕妇忌服。根：用于邪疟、疥癣等。烧存性研末，

▲小天仙子幼株

内服。叶：用于胃痛、齿痛、气管炎哮喘等。研末内服，制成酊剂、浸膏、流浸膏或混入烟叶内烧烟吸。外用煎水洗或研末调敷或烧烟熏。

用　　量　种子：0.06 ～ 0.60 g。外用适量。根：0.3 ～ 0.6 g。外用适量。叶：0.09 ～ 0.15 g。外用适量。

附　　方

（1）治胃痛：小天仙子粉末 1 g，温开水送服，每天 2 次。

（2）治龋齿痛（蛀牙）：小天仙子粉末 0.5 g，装烟袋中吸烟熏牙，但不要咽下唾液。亦可用小天仙子粉末约 0.15 g 塞病牙的蛀孔，每日 2 次。以上两方均不要咽下，以防中毒。

（3）治痈疖肿毒：小天仙子适量，捣烂敷患处。

（4）治恶疮似癞者：小天仙子烧灰外敷。

（5）治癣：小天仙子根鲜品捣碎，调蜜外敷。

◎参考文献◎

［1］朱有昌 . 东北药用植物 [M]. 哈尔滨：黑龙江科学技术出版社，1989:1011-1013.

［2］《全国中草药汇编》编写组 . 全国中草药汇编（上册）[M]. 北京：人民卫生出版社，1975:687-689.

［3］钱信忠 . 中国本草彩色图鉴（第二卷）[M]. 北京：人民卫生出版社，2003:176-177.

▲ 枸杞枝条

枸杞属 *Lycium* L.

枸杞 *Lycium chincnse* Mill.

别　　名	杞　地骨
俗　　名	野枸杞　枸杞菜　狗奶子　狗奶条子
药用部位	茄科枸杞的果实(称"枸杞子")、根皮(称

▼ 枸杞果实

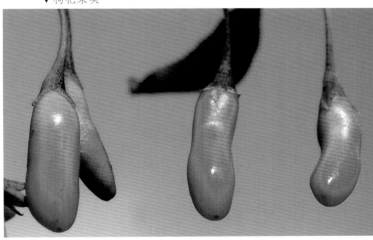

▼ 枸杞种子

"地骨皮")及叶(称"枸杞叶")。

原植物　落叶多分枝灌木,高 0.5～1.0 m;枝条细弱,弓状弯曲或俯垂,棘刺长 0.5～2.0 cm。叶纸质,单叶互生或 2～4 枚簇生,卵形、卵状菱形、长椭圆形、卵状披针形。花在长枝上单生或双生于叶腋,在短枝上则同叶簇生;花梗长

市场上的枸杞果实（干）

▲ 枸杞花

▲ 市场上的枸杞嫩茎叶

1～2 cm；花萼长3～4 mm，通常3中裂或4～5齿裂；花冠漏斗状，长9～12 mm，淡紫色，5深裂，裂片卵形，顶端圆钝，平展或稍向外反曲，基部耳显著；雄蕊较花冠稍短，花丝在近基部处密生一圈茸毛并交织成椭圆状的毛丛；花柱稍伸出雄蕊，上端弓弯，柱头绿色。浆果红色，卵状，顶端尖或钝，长7～15 mm。种子扁肾脏形，长

2.5～3.0 mm，黄色。花期7—8月，果期8—9月。

生　境　生于林缘、灌丛、山坡及路旁等处。

分　布　吉林延吉、龙井、珲春、敦化等地。辽宁沈阳、鞍山、辽阳、大连、彰武、北镇、义县、兴城、绥中、建平、凌源等地。内蒙古克什克腾旗、翁牛特旗等地。河北、山西、陕西、甘肃。西南、华南、华中。朝鲜、日本。

采　制　秋季采摘成熟果实，除去杂质，凉至皮皱后，再暴晒至外皮坚硬、果肉柔软，生用。春、

▼ 市场上的枸杞果实（鲜）

秋季采挖根，剥取根皮。春、夏季采摘叶，除去杂质，晒干。

性味功效 果实：味甘，性平。有滋肾、润肺、补肝、明目的功效。根皮：味甘、淡，性寒。有褪蒸凉血、清泄肺热的功效。叶：味苦、甘，性凉。有补虚、益精、清热、止咳、明目的功效。

主治用法 果实：用于肝虚阴亏、腰膝酸软、神经衰弱、头晕目眩、目昏多泪、视力减退、虚劳咳嗽、消渴及遗精等。水煎服或入丸、散，熬膏，浸酒等。外邪实热、脾胃虚弱、性欲亢进忌用。根皮：用于阴虚发热、骨蒸潮热、吐血、尿血、衄血、高血压、糖尿病、肺热咳嗽、痈肿及恶疮等。水煎服或入丸、散。外感风寒发热及脾胃虚寒便溏者忌用。叶：用于虚劳发热、烦渴、目赤昏痛、障翳夜盲、崩漏带下及热毒疮肿等。水煎服、煮食或捣汁饮。

用　　量 果实：10 ～ 20 g。根皮：15 ～ 25 g。叶：10 ～ 15 g（鲜品 100 ～ 400 g）。

附　　方
（1）治肾虚腰痛：枸杞子、金毛狗脊各 20 g，水煎服。

（2）治肝肾不足、头晕盗汗、迎风流泪：枸杞子、菊花、熟地黄、怀山药各 20 g，山萸肉、丹皮、泽泻各 15 g。水煎服。

（3）治肺热咳嗽：地骨皮 20 g，桑白皮、知母各 15 g，黄芩、甘草各 10 g。水煎服。

（4）治疟疾：鲜地骨皮 50 g，茶叶 5 g。水煎，于发作前 2 ～ 3 h 服下。

（5）治中耳炎脓水不止：地骨皮 25 g，五倍子 0.5 g。上二味捣为细末，每用少许，掺入耳中。

（6）治急性结膜炎：枸杞叶 100 g，鸡蛋 1 只。稍加调味，煮汤吃，每日 1 次。

（7）治老年体衰、视力减退、腰背酸痛：枸杞子、黄精各 15 g。水煎服。亦可单用枸杞子 15 g，分 2 次嚼服。

（8）治夜盲、体虚视力减退：枸杞子 20 g，菊花 10 g，熟地黄 15 g。水煎服。

附　　注 本品为《中华人民共和国药典》（2020 年版）收录的药材。

▲枸杞植株

▲枸杞花（背）

◎参考文献◎

［1］江苏新医学院.中药大辞典（上册）[M].上海：上海科学技术出版社，1977:819–821.

［2］江苏新医学院.中药大辞典（下册）[M].上海：上海科学技术出版社，1977:1518–1521.

［3］朱有昌.东北药用植物[M].哈尔滨：黑龙江科学技术出版社，1989:1013–1015.

［4］《全国中草药汇编》编写组.全国中草药汇编(上册)[M].北京：人民卫生出版社，1975:338–339，587–588.

▲宁夏枸杞枝条

▼宁夏枸杞果实

宁夏枸杞 *Lycium barbarum* L.

别　　名　中宁枸杞　津枸杞

俗　　名　野枸杞　狗奶子　山枸杞　白疙针

药用部位　茄科宁夏枸杞的果实（称"枸杞子"）、根皮（称"地骨皮"）及叶（称"枸杞叶"）。

原植物　落叶灌木，高 0.8 ~ 2.0 m。叶互生或簇生，披针形或长椭圆状披针形，顶端短渐尖或急尖。花萼钟状，长 4 ~ 5 mm，通常 2 中裂，裂片有小尖头或顶端有 2 ~ 3 齿裂；花冠漏斗状，堇色，筒部长 8 ~ 10 mm，自下部向上渐扩大，明显长于檐部裂片，裂片长 5 ~ 6 mm，卵形，顶端圆钝，基部有耳，边缘无缘毛，花开放时平展；花柱像雄蕊一样由于花冠裂片平展而稍伸出花冠。浆果红色，果皮肉质，多汁液，广椭圆状、矩圆状、卵状或近球状，顶端有短尖头或平截，有时稍凹陷，长 8 ~ 20 mm，直径 5 ~ 10 mm。种子常 20 余粒，略呈肾脏形，扁压，棕黄色，长约 2 mm。花期 6—8 月，果期 8—10 月。

生　　境　生于山坡、河岸、农田及路旁等处。

▲宁夏枸杞植株

分　布　辽宁沈阳、瓦房店、喀左等地。内蒙古赤峰。
河北、山西、陕西、甘肃、宁夏、青海。俄罗斯、蒙古。

附　注　其他同枸杞。

▲宁夏枸杞花

▲宁夏枸杞花（侧）

◎参考文献◎

[1]中国药材公司.中国中药资源志要[M].北京：
科学出版社，1994:1120.

[2]江纪武.药用植物辞典[M].天津：天津科学
技术出版社，2005:482.

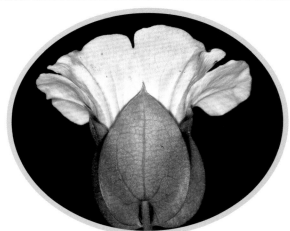

▲ 假酸浆花（侧）　　　▼ 假酸浆种子

假酸浆属 *Nicandra* Adans

假酸浆 *Nicandra physaloides*（L.）Gaertn.

别　　名　鞭打绣球

药用部位　茄科假酸浆的全草、果实、种子及花。

原 植 物　一年生草本。茎直立，有棱条，无毛，高 0.4 ~ 1.5 m，上部具交互不等的二歧分枝。叶卵形或椭圆形，草质，长 4 ~ 12 cm，宽 2 ~ 8 cm，顶端急尖或短渐尖，基部楔形，边缘具圆缺的粗齿或浅裂，两面有稀疏毛；叶柄长为叶片长的 1/4 ~ 1/3。花单生于枝腋而与叶对生，通常具较叶柄长的花梗，俯垂；花萼 5 深裂，裂片顶端尖锐，基部心脏状箭形，有尖锐的 2 耳片，结果时包围果实，直径 2.5 ~ 4.0 cm；花冠钟状，浅蓝色，直径达 4 cm，檐部有折襞，5 浅裂。浆果球状，直径 1.5 ~ 2.0 cm，黄色。种子淡褐色，直径约 1 mm。花期 7—8 月，果期 8—9 月。

假酸浆果实

▲ 假酸浆植株

生　境　生于山坡、林缘、荒地、路旁及住宅附近。

分　布　黑龙江哈尔滨、佳木斯、牡丹江、伊春、双鸭山、鹤岗、鸡西、大庆、齐齐哈尔、绥化等地。吉林长白山各地。辽宁丹东、沈阳、庄河、朝阳等地。我国绝大部分地区。该品种原产南美洲，在我国已从公园、花圃、学校逸为野生，成为归化植物。

采　制　夏、秋季采收全草。夏季采摘花。秋季采摘果实，获取种子，晒干药用。

性味功效　全草：味甘、淡、微苦，性平。有镇静、祛痰、清热解毒的功效。果实：味酸、涩，性平。有小毒。有祛风消炎的功效。种子：味微甘，性平。有清热退火、利尿的功效。花：有祛风、消炎的功效。

主治用法　全草：用于狂犬病、精神病、咳嗽、癫痫、风湿痛、痧气、疔癣疮疖、感冒等。水煎服。果实：用于风湿性关节炎、疮痈肿痛等。水煎服。种子：用于发热、热淋。水煎服。花：用于衄血。水煎服。外用研末调敷。

用　量　鲜草：25 ~ 50 g。外用适量。果实：5 ~ 15 g。外用适量。种子：5 ~ 15 g。外用适量。花：5 ~ 15 g。外用适量。

▼ 假酸浆植株（侧）

◎参考文献◎

［1］江苏新医学院.中药大辞典（下册）[M].上海：
　　　上海科学技术出版社，1977:2184-2186.

［2］钱信忠.中国本草彩色图鉴（第四卷）[M].北京：
　　　人民卫生出版社，2003:249-250.

［3］中国药材公司.中国中药资源志要[M].北京：
　　　科学出版社，1994:1121.

散血丹属 *Physaliastrum* Makino

日本散血丹 *Physaliastrum japonica*（Franch. et Sav.）
Honda

别　　名	白姑娘　山茄子
药用部位	茄科日本散血丹的根。
原 植 物	多年生草本，高 50 ~ 70 cm。叶草质，

卵形或阔卵形，顶端急尖，基部偏斜楔形并下延
到叶柄，全缘稍波状，有缘毛，两面亦有疏短柔毛，

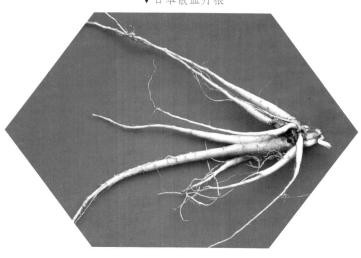

长 4 ~ 8 cm，宽 3 ~ 5 cm；叶柄呈狭翼状。
花常 2 ~ 3 朵生于叶腋或枝腋，俯垂；花梗
长 2 ~ 4 cm；花萼短钟状，疏生长柔毛和不
规则分散三角形小鳞片，直径 3.0 ~ 3.5 mm，
萼齿极短，扁三角形，大小相等；花冠钟状，
直径约 1 cm，5 浅裂，裂片有缘毛，筒部内
面中部有 5 对同雄蕊互生的蜜腺，下面有 5
簇髯毛；雄蕊稍短于花冠筒而不伸到花冠裂片
的弯缺处。浆果球状，直径约 1 cm，被果萼
包围，果萼近球状。种子近圆盘形。花期 6—
7 月，果期 8—9 月。

▲ 日本散血丹花

生　　境　生于山坡草丛中及杂木林下、林缘等处。

分　　布　黑龙江尚志、五常、东宁、虎林等地。吉林长白、辉南、磐石等地。辽宁丹东市区、宽甸、凤城、本溪、桓仁、西丰、北镇、义县、葫芦岛、凌源等地。河北、山东。朝鲜、俄罗斯（西伯利亚中东部）、日本。

采　　制　春、秋季采挖根，除去泥土，洗净，晒干。

性味功效　有活血散瘀、祛风散寒、收敛止痛的功效。

用　　量　适量。

▼ 日本散血丹花（侧）

▲ 日本散血丹幼株

◎参考文献◎

［1］中国药材公司.中国中药资源志要[M].北京：科学出版社，1994:1122.

［2］江纪武.药用植物辞典[M].天津：天津科学技术出版社，2005:601.

▼挂金灯果实（后期）

酸浆属 *Physalis* L.

挂金灯 *Physalis alkekengi* L. var. *francheti*（Mast.）Makino

别　　名　挂金灯　酸浆　锦灯笼
俗　　名　红姑娘　灯笼果　姑娘花　苦姑娘　姑娘　泡泡草
药用部位　茄科挂金灯的全草（入药称"酸浆"）、带果的宿萼（入药称"挂金灯"）及根。

▼挂金灯花（背）

原植物 一年生或多年生草本，高40～80 cm。根状茎长，横走。茎直立。单叶互生；叶片长卵形至广卵形或菱状卵形，长4～15 cm。花单生于叶腋；花梗长6～16 mm，直立，花后向下弯曲；花萼钟状，绿色，长约6 mm，萼齿三角形；花冠辐状，白色，5浅裂，直径1.5～2.0 cm，裂片广三角形；雄蕊与花柱短于花冠，花药黄色。果梗长2～3 cm，无毛；果萼卵状，膨胀成灯笼状，长2.5～4.0 cm，直径2.0～3.5 cm，橙红色至火红色，近革质，网脉显著，具10纵肋，顶端萼齿闭合，具缘毛。浆果球形，包于膨胀的宿存萼内，直径10～15 mm，熟时橙红色。种子多数，肾形，淡黄色。花期6—7月，果期8—10月。

生境 生于林缘、山坡草地、路旁、田间及住宅附近。

分布 黑龙江尚志、五常、海林、东宁、密山、虎林、饶河、勃利、铁力、伊春市区等地。吉林省各地。辽宁丹东市区、宽甸、凤城、沈阳、抚顺、清原、铁岭、西丰、昌图、本溪、桓仁、鞍山市区、岫岩、大连、营口市区、海城、盖州、北镇等地。全国各地（除西藏外）。朝鲜、日本、俄罗斯（西伯利亚中东部）。

▼挂金灯果实（前期）

▲挂金灯植株（果期）

采制 夏、秋季采收全草，切段，洗净，晒干。秋季待宿萼呈红色或橙红色时，采摘成熟果实，鲜用或晒干。春、秋季采挖根，洗净，晒干。

性味功效 全草：味酸、苦，性寒。有清热解毒、利尿消肿的功效。带果的宿萼：味苦，性寒。有清热解毒、利咽化痰、利尿的功效。根：味苦，性寒。有清热、利水的功效。

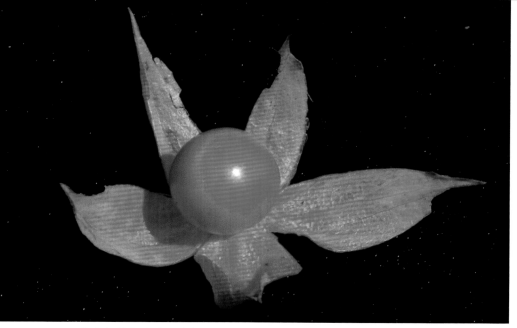

▲挂金灯果实（剥开萼片）

▲挂金灯花

主治用法 全草：用于感冒咳嗽、咽痛、黄疸、痢疾、水肿、疔疮、中耳炎、丹毒、痛风、湿疹等。水煎服，捣汁或研末。外用研末调敷或捣敷。带果的宿萼：用于咽喉肿痛、喑哑、肺热咳嗽、小便不利、疮疡肿毒、黄疸、湿疹、天疱疮。水煎服或研末。外用煎水洗、捣敷或研末吹喉。根：用于疟疾、黄疸、疝气等。水煎服。

用　量 全草：15～25g。外用适量。带果的宿萼：7.5～15.0g。外用适量。根：5～10g（鲜品40～50g）。

附　方

（1）治急性扁桃体炎、咽喉肿痛或溃疡：挂金灯全草25g，甘草10g。水煎

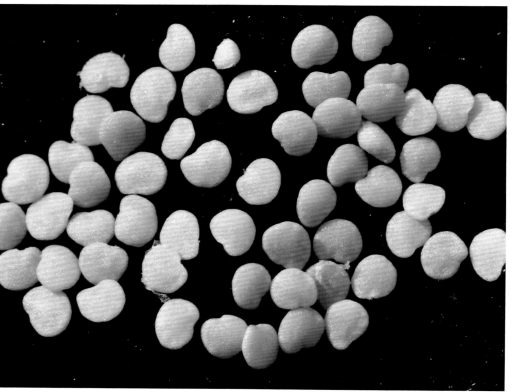

▲挂金灯种子

服。或用挂金灯全草、连翘各5g，生甘草10g。水煎服。又方：挂金灯果实2～3个或挂金灯全草15～25g。一次煎服或冲茶服。

（2）治口腔炎、舌炎、小便黄色：挂金灯全草、茵陈各15g，生甘草10g。水煎服。

（3）治急性气管炎、咳嗽气喘：挂金灯全草15g，陈皮10g，白糖适量。水煎服。

（4）治小儿小便不通：挂金灯全草25g。水煎服。

（5）治疟疾：挂金灯根状茎7株，去梗叶，洗净，连根切碎，酒2碗，煮鸭蛋2个，连酒一同服下。

（6）治百日咳：挂金灯果实适量，瓦上烧存性。每服0.5g，白糖水送下。

（7）治天疱湿疮、黄水疮：挂金灯果实捣烂外敷，或干品研末，油调外敷。亦可用挂金灯全草适量，研末或炒炭，芝麻油调敷，每日2次。

▲市场上的挂金灯果实

附　注　本品为《中华人民共和国药典》（2020年版）收录的药材。

◎参考文献◎

[1] 江苏新医学院.中药大辞典（下册）[M].上海：上海科学技术出版社，1977:1636，2531-2533，2536-2537.

[2] 朱有昌.东北药用植物[M].哈尔滨：黑龙江科学技术出版社，1989:1015-1017.

[3] 《全国中草药汇编》编写组.全国中草药汇编（上册）[M].北京：人民卫生出版社，1975:886-887.

▲市场上的挂金灯果实（除去花萼片）

▲ 毛酸浆植株

▲ 市场上的毛酸浆果实

毛酸浆 *Physalis pubescens* L.

别　　名	洋姑娘　黄姑娘　灯笼草　天泡草　小酸浆

药用部位　茄科毛酸浆的全草。

原 植 物　一年生草本。茎生柔毛，常多分枝，分枝毛较密。叶阔卵形，长 3 ～ 8 cm，宽 2 ～ 6 cm，顶端急尖，基部歪斜心形，边缘通常有不等大的尖牙齿，两面疏生毛但脉上毛较密；叶柄长 3 ～ 8 cm，密生短柔毛。花单独腋生，花梗长 5 ～ 10 mm，密生短柔毛；花萼钟状，密生柔毛，5 中裂，裂片披针形，急尖，边缘有缘毛；花冠淡黄色，喉部具紫色斑纹，直径 6 ～ 10 mm；雄蕊短于花冠，花药淡紫色，长 1 ～ 2 mm；果萼卵状，长 2 ～ 3 cm，直径 2.0 ～ 2.5 cm，具 5 棱角和 10 纵肋，顶端萼齿闭合，基部稍凹陷。浆果球状，直径约 1.2 cm，黄色或有时带紫色。种子近圆盘状，直径约 2 mm。花期 6—7 月，果期 9—10 月。

生　　境　生于田野、荒地、路旁及住宅附近。

分　　布　原产美洲。在东北已从人工栽培逸为野生，成为新的归化植物。黑龙江哈尔滨、牡丹江、鸡西、七台河等地。吉林省各地。辽宁沈阳市区、鞍山、法库、铁岭、清原等地。

采　　制　夏、秋季采收全草，洗净，晒干。

性味功效　味苦，性寒。有清热解毒、利尿消肿的功效。

主治用法　用于咽喉肿痛、感冒、肺热咳嗽、肺脓肿、腮腺炎、湿热黄疸、小便不利、痢疾、睾丸炎、疱疹等。水煎服。外用鲜草适量捣烂敷患处。

用　　量　15 ～ 30 g。外用适量。

附 方

（1）治急性咽喉炎：毛酸浆50 g，地锦草25 g，共捣烂冲蜜服。

（2）治细菌性痢疾：毛酸浆50 g。水煎服。

（3）治睾丸炎：毛酸浆100 g，黄皮根50 g。水煎服。每日1次，连服2 d。

◎参考文献◎

［1］《全国中草药汇编》编写组．全国中草药汇编（上册）[M]．北京：人民卫生出版社，1975:519.

［2］中国药材公司．中国中药资源志要 [M]．北京：科学出版社，1994:1123.

［3］江纪武．药用植物辞典[M]．天津：天津科学技术出版社，2005: 602.

▲毛酸浆花

▲毛酸浆果实（剥开萼片）

▲毛酸浆果实

▲ 毛酸浆幼株

▲ 毛酸浆花（侧）

▲泡囊草植株

泡囊草属 *Physochlaina* G. Don

泡囊草 *Physochlaina physaloides*（L.）G. Don

别　　名	大头狼毒
俗　　名	血筋草
药用部位	茄科泡囊草的全草及块根。

▼泡囊草块根

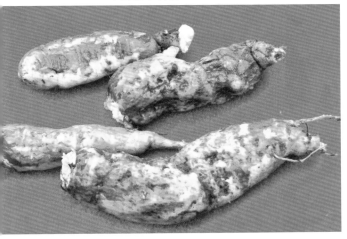

▲泡囊草花序（侧）

原 植 物　多年生草本，高 30 ～ 50 cm。根状茎可发出一至数茎，茎幼时有腺质短柔毛。叶卵形，长 3 ～ 5 cm，宽 2.5 ～ 3.0 cm，顶端急尖，基部宽楔形，并下延到长 1 ～ 4 cm 的叶柄，全缘微波状。花序为伞形式聚伞花序，有鳞片状苞片。花萼筒状狭钟形，长 6 ～ 8 mm，直径约 4 mm，5 浅裂，裂片长 2 mm，密生缘毛，结果时增大成卵状或近球状，长 1.5 ～ 2.5 cm，直径 1.0 ～ 1.5 cm，萼齿向内倾但顶口不闭合；花冠漏斗状，长超过花萼的 1 倍，紫色，筒部色淡，5 浅裂，裂片顶端圆钝；

▲泡囊草植株（侧）

▼泡囊草幼株

雄蕊稍伸出花冠；花柱显著伸出花冠。
蒴果直径约8mm。种子扁肾状，长约
3mm，宽2.5mm，黄色。花期4—5月，
果期6—7月。

生　　境　生于山坡草地、林边及石质
山坡上。

分　　布　黑龙江平原地区。内蒙古额
尔古纳、根河、牙克石、阿尔山、科尔
沁右翼前旗、东乌珠穆沁旗、西乌珠穆
沁旗等地。河北、新疆。俄罗斯、蒙古等。

采　　制　春、秋季采挖块根，除去泥
土，洗净，晒干。夏、秋季采收全草，
切段，洗净，晒干。

性味功效　块根：味甘、微苦，性热。
有毒。有补虚温中、安神定喘的功效。
全草：味苦，性平。有毒。有清热解毒、
祛湿杀虫的功效。

主治用法　块根：用于虚寒泄泻、劳伤、咳嗽痰喘、心慌不安等。水煎服或研末。全草：用于中耳炎、鼻窦炎、
咽喉肿痛、疮痈肿毒、头痛。水煎服或研末。

用　　量　块根：0.3～0.6g。全草：0.5～1.0g。

▲ 泡囊草花序

附 方 治急性胃肠炎：泡囊草5g，青木香10g，石榴、诃子、荜拨各5g，共研细末，每次5g，白开水送服，日服2次。

附 注 该物种为中国植物图谱数据库收录的有毒植物，其毒性为全草有毒。

▲ 泡囊草果实

◎参考文献◎

［1］江苏新医学院.中药大辞典（上册）[M].上海：上海科学技术出版社，1977:1457.

［2］朱有昌.东北药用植物[M].哈尔滨：黑龙江科学技术出版社，1989:1017-1018.

［3］中国药材公司.中国中药资源志要[M].北京：科学出版社，1994:1124.

茄属 *Solanum* L.

野海茄 *Solanum japonense* Nakai

别　　名　山茄

药用部位　茄科野海茄的全草。

原 植 物　草质藤本，长 0.5 ~ 1.2 m。叶
三角状宽披针形或卵状披针形，通常长
3.0 ~ 8.5 cm，宽 2 ~ 5 cm，先端长渐尖。
聚伞花序顶生或腋外生，疏毛；总花梗长
1.0 ~ 1.5 cm，花梗长 6 ~ 8 mm，顶膨大；
萼浅杯状，直径约 2.5 mm，5 裂，萼齿三
角形，长约 0.5 mm；花冠紫色，直径约
1 cm，花冠筒隐于萼内，长不及 1 mm，冠
檐长约 5 mm，基部具 5 个绿色的斑点，先

▲ 野海茄花（背）

端 5 深裂，裂片披针形，长 4 mm；花丝长约 0.5 mm，花药长圆形，长 2.5 ~ 3.0 mm，顶孔略向前；
子房卵形，直径不及 1 mm，花柱纤细，长约 5 mm，柱头头状。浆果圆形，直径约 1 cm，成熟后红色。
种子肾形，直径约 2 mm。花期 7—8 月，果期 9—10 月。

生　　境　生于荒坡、山谷、水边、路旁及疏林下。

分　　布　黑龙江平原地区。吉林珲春、长白、集安等地。辽宁长海、大连市区。河北、河南、江苏、浙江、

▲ 野海茄花（侧）

▼ 野海茄果实（后期）

安徽、湖南、四川、陕西、云南、广西、广东、青海、新疆。朝鲜。

采　制　夏、秋季采收全草，切段，洗净，晒干。

性味功效　味甘，性寒。有清热解毒、利尿消肿、祛风湿的功效。

主治用法　用于风湿性关节炎、头昏、经闭等。水煎服。

用　量　适量。

◎参考文献◎

［1］中国药材公司．中国中药资源志要 [M]．北京：科学出版社，1994:1126-1127.

［2］江纪武．药用植物辞典 [M]．天津：天津科学技术出版社，2005:759.

野海茄果实（前期）

▲ 野海茄植株

▲ 白英幼株

白英 *Solanum lyratum* Thunb

别　　名　白毛藤

药用部位　茄科白英的全草及根。

原 植 物　草质藤本，长 0.5 ~ 1.0 m。叶互生，多数为琴形，长 3.5 ~ 5.5 cm，基部常 3 ~ 5 深裂，裂片全缘，中裂片较大，通常卵形，先端渐尖。聚伞花序顶生或腋外生，疏花；总花梗长 2.0 ~ 2.5 cm，花梗长 0.8 ~ 1.5 cm，顶端稍膨大，基部具关节；萼环状，直径约 3 mm，萼齿 5，圆形，顶端具短尖头；花冠蓝紫色或白色，直径约 1.1 cm，花冠筒隐于萼内，长约 1 mm，冠檐长约 6.5 mm，5 深裂，裂片椭圆状披针形，长约 4.5 mm；花丝长约 1 mm，花药长圆形，长约 3 mm，顶孔略向上；子房卵形，直径不及 1 mm，花柱丝状，头状。浆果球状，成熟时红黑色，直径约 8 mm；种子近盘状。花期 7—8 月，果期 9—10 月。

生　　境　生于山谷草地、路旁及田边等处。

分　　布　辽宁长海。河南、山东、江苏、浙江、安徽、江西、福建、台湾、广东、广西、湖南、湖北、山西、陕西、四川、甘肃等。朝鲜、日本。中南半岛。

采　　制　夏、秋季采收全草，切段，洗净，晒干。春、秋季采挖根，洗净，切段，晒干。

性味功效　全草：味甘、苦，性寒。有清热解毒、祛风利湿、化瘀的功效。根：味苦、辛，性平。有清热解毒、止痛的功效。

主治用法　全草：用于感冒发热、黄疸型肝炎、胆囊炎、子宫颈糜烂、白带异常、肾炎水肿、癌症、痈疖肿毒、子宫颈糜烂。水煎服。外用捣烂敷患处。根：用于风火牙痛、头痛、淋巴结结核、痈肿、痔漏等。水煎服。外用煎水含漱或捣敷。

▲ 白英果实

用　量　全草：25 ~ 40 g（鲜品 50 ~ 100 g）。外用适量。根：25 ~ 40 g（鲜品 50 ~ 100 g）。外用适量。

附　方

（1）治黄疸型肝炎：白英、天胡荽各 50 g，虎刺根 25 g。水煎服，每日 1 剂。

（2）治声带癌：白英、龙葵各 50 g，蛇莓、石见穿、野荞麦根各 25 g，麦门冬、石韦各 20 g。水煎，2 次分服。

（3）治肺癌：白英、狗牙半支（垂盆草）各 50 g。水煎服，每日 1 剂。

（4）治小儿肝热：鲜白英 25 g，水煎服。

（5）治疗疮肿毒：鲜白英全草 200 g，炖服。另以鲜叶捣烂敷患处。

（6）治疗疮：白英全草 50 ~ 75 g（干品 40 ~ 60 g），肥猪肉 300 g。酌加水煎，分 2 次吃下。

（7）治结膜炎：白英果 30 g，白英根 10 g，野菊花 15 g。水煎服。

（8）治阴道炎、子宫颈糜烂：鲜白英 30 ~ 60 g，大枣 6 个。水煎服。

（9）治乳腺炎、腮腺炎：白英 30 g。水煎服。

（10）治风疹：白英、油豆腐各 30 g。水煎服。

（11）治颈淋巴结核：白英 30 g，夏枯草 15 g。水煎浓汁，代茶饮。

◎参考文献◎

［1］江苏新医学院.中药大辞典（上册）[M].上海：上海科学技术出版社，1977:700，743.

［2］《全国中草药汇编》编写组.全国中草药汇编（上册）[M].北京：人民卫生出版社，1975:291-292.

［3］中国药材公司.中国中药资源志要 [M].北京：科学出版社，1994:1126.

▲ 龙葵植株（山坡型）

▲ 市场上的龙葵果实

龙葵 *Solanum nigrum* L.

别　　名	苦葵
俗　　名	黑天天　黑星星　黑姑娘　甜甜　野茄子　甜星星　黑黝黝　龙眼草　老鸦眼睛
药用部位	茄科龙葵的全草、根及种子。

原植物　一年生直立草本，高 0.25 ~ 1.00 m。茎无棱或棱不明显。叶卵形，长 2.5 ~ 10.0 cm，宽 1.5 ~ 5.5 cm，先端短尖；叶脉每边 5 ~ 6 条；叶柄长 1 ~ 2 cm。蝎尾状花序腋外生，由 3 ~ 10 花组成；总花梗长 1.0 ~ 2.5 cm，花梗长约 5 mm；萼小，浅杯状，直径 1.5 ~ 2.0 mm，齿卵圆形，先端圆，基部两齿间连接处成角度；花冠白色，筒部隐于萼内，长不及 1 mm，冠檐长约 2.5 mm，5 深裂，裂片卵圆形，长约 2 mm；花丝短，花药黄色，长约 1.2 mm，顶孔向内；子房卵形，直径约 0.5 mm，花柱长约 1.5 mm，柱头小。浆果球形，直径约 8 mm，熟时黑色。种子多数，近卵形，两侧压扁。花期 7—8 月，果期 9—10 月。

生　　境　生于田野、荒地、路旁及居住区附近。

分　　布　黑龙江哈尔滨、伊春、绥化、大庆、齐齐哈尔、鹤岗、双鸭山、鸡西、牡丹江、七台河等地。吉林省各地。辽宁各地。内蒙古莫力达瓦旗、阿荣旗、科尔沁右翼中旗、扎赉特旗、科尔沁左翼中旗、科尔沁左翼后旗、奈曼旗、克什克腾旗、敖汉旗等地。全国绝大部分地区。朝鲜、日本、俄罗斯（西伯利亚）。

采　　制　夏、秋季采收全草，切段，洗净，晒干。秋季采挖根，除去泥土，洗净，晒干。秋季采摘果实，获取种子，除去杂质，晒干。

▲ 龙葵植株（河岸型）

▼ 龙葵果实（黄色）

▼ 龙葵种子

性味功效 全草：味苦、微甘，性寒。有小毒。有清热解毒、消肿散结的功效。根：味苦、微甘，性寒。种子：味甘，性温。有明目、镇咳、祛痰的功效。

主治用法 全草：用于尿路感染、小便不利、乳腺炎、前列腺炎、急性肾炎、感冒发热、白带异常、痢疾、疔疮肿毒、丹毒、跌打扭伤、慢性气管炎、水肿、咳嗽咯血、血虚眩晕、高血压、牙痛、跌打损伤、癌肿、瘙痒性皮炎、天疱疮及毒蛇咬伤等。水煎服。外用鲜草捣烂敷患处。根：用于痢疾、淋浊、带下病、跌打损伤、痈疽肿毒。水煎服。外用捣烂或研末敷患处。种子：用于急性扁桃体炎、疔疮等。水煎服。外用煎水含漱或捣敷。

用　　量 全草：10 ~ 30 g。外用适量。根：干品15 ~ 25 g（鲜品40 ~ 50 g）。外用适量。种子：7.5 ~ 15.0 g。外用适量。

附　　方

（1）治慢性气管炎：龙葵全草50 g，桔梗15 g，甘草5 g。上药为一日量，10 d 为一个疗程。

（2）治急性乳腺炎：龙葵100 g。水煎，分2次服，每日1剂。一般3 ~ 7 d 内症状消失。

（3）治胸腹腔积液：鲜龙葵0.5 kg（干品200 g）。水煎服，每日1剂。

（4）治毒蛇咬伤：龙葵、六月雪鲜叶各50 g。捣烂取汁内服，将药渣外敷。连用2 d。

（5）治发背痈疽、痈肿无头：鲜龙葵全草。捣烂外敷。

（6）治瘰疬：龙葵、桃树皮各等量。研末调芝麻油敷患处。

（7）治痢疾、白带异常、淋浊：鲜龙葵根40～50 g（干品15～25 g）。和水煎成半小碗，饭前服，日服2次。

（8）治月经淋漓不断：龙葵25 g，芥穗炭25 g。水煎，日服2次。

（9）治小便不利：龙葵15 g。水煎，日服1次。

（10）治急性肾炎、水肿、小便少：鲜龙葵（干品减半）、鲜芫荽各25 g，木通10 g。水煎服。

附　注　全草有毒，特别是未成熟的浆果毒性最强。人误食后会引起喉干、口渴、恶心、呕吐、视力模糊、瞳孔放大、心悸、头晕、全身无力、腹泻、腹胀、谵语等。

▲龙葵幼苗

▼龙葵幼株

市场上的龙葵果实（黄色）

▲龙葵花

◎参考文献◎

［1］江苏新医学院.中药大辞典（上册）[M].上海：上海科学技术出版社，1977:630-631，638.

［2］朱有昌.东北药用植物 [M].哈尔滨：黑龙江科学技术出版社，1989:1020-1021.

［3］《全国中草药汇编》编写组.全国中草药汇编（上册）[M].北京：人民卫生出版社，1975:259-260.

▲龙葵花（背）

▲龙葵果实

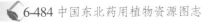

▲青杞幼株

▲青杞花（背）

青杞 *Solanum septemlobum* Bge.

俗　　名	野狗杞　草狗杞　野茄子　药鸡豆
药用部位	茄科青杞的全草及果实。

原植物　直立草本或灌木状。茎具棱角。叶互生，卵形，长 3 ~ 7 cm，宽 2 ~ 5 cm，先端钝，基部楔形，通常 7 裂。二歧聚伞花序，顶生或腋外生；总花梗长 1.0 ~ 2.5 cm，花梗纤细，长 5 ~ 8 mm，基部具关节；萼小，杯状，直径约 2 mm，外面被疏柔毛，5 裂，萼齿三角形，长不到 1 mm；花冠青紫色，直径约 1 cm，花冠筒隐于萼内，长约 1 mm，冠檐长约 7 mm，先端深 5 裂，裂片长圆形，长约 5 mm，开放时常向外反折；花丝长不及 1 mm，花药黄色，长圆形，长约 4 mm，顶孔向内；子房卵形，直径约 1.5 mm，花柱丝状。浆果近球状，熟时红色，直径约 8 mm。种子扁圆形，直径 2 ~ 3 mm。花期 8 月，果期 9—10 月。

生　　境　生于山坡向阳处。

分　　布　黑龙江大庆、肇源、杜尔伯特等地。吉林镇赉、扶余、长岭等地。辽宁凌源、建平、彰武等地。内蒙古科尔沁左翼后旗、克什克腾旗、翁牛特旗、喀喇沁旗、敖汉旗等地。河北、山西、陕西、山东、河南、安徽、江苏、四川、甘肃、新疆。俄罗斯。

采　　制　夏、秋季采收全草，切段，洗净，晒干。秋季采摘果实，除去杂质，晒干。

性味功效　味苦，性寒。有毒。有清热解毒的功效。

主治用法　用于咽喉肿痛、目昏眼赤、皮肤瘙痒等。水煎服。外用煎水洗患处。

用　　量　适量。

▲青杞花序

◎参考文献◎

［1］中国药材公司.中国中药资源志要 [M]. 北京：科学出版社，1994:1127-1128.

［2］江纪武.药用植物辞典 [M]. 天津：天津科学技术出版社，2005:760.

▲青杞果实（前期）

▲青杞花

青杞果实（后期）

▲青杞植株

▲黑龙江南翁河国家级自然保护区湿地秋季景观

▲达乌里芯芭植株

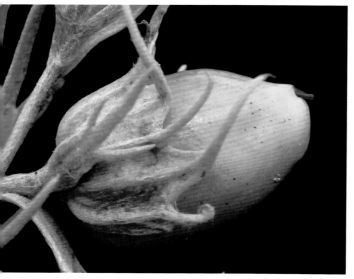

▲达乌里芯芭果实

玄参科 Scrophulariaceae

本科共收录 17 属、45 种、2 变种、1 变型。

芯芭属 Cymbaria L.

达乌里芯芭 *Cymbaria dahurica* L.

别　　名	芯芭
俗　　名	大黄花　白蒿茶
药用部位	玄参科达乌里芯芭的全草。
原植物	多年生草本，高 6～23 cm，密被白色绢毛。

茎多条自根状茎分枝顶部发出，成丛，基部为紧密的鳞片所覆盖，老时基部木质化。叶对生，线形至线状披针形。总状花序顶生，花少数，每茎 1～4，单生于苞腋，直立或斜伸；小苞片长 11～20 mm，线形或披针形；萼下部筒状；花冠黄色，长 30～45 mm，二唇形，下唇三裂，通常长 10～16 mm，上唇先端 2 裂；雄蕊 4，2 强，微露于花冠喉部，前方一对较长，花药背着，药室 2，纵裂，长倒卵形；子房长圆形，花柱细长，柱头头状。蒴果革质，长卵圆形，长 10～13 mm，宽 8～9 mm，先端有嘴。种子卵形，长 3～4 mm。花期 6—8 月，果期 7—9 月。

生　境　生于山坡、荒地、路旁、林缘及草甸等处。

▲达乌里芯芭花（侧）

分　　布　黑龙江龙江、安达、大庆市区、肇东、肇源、肇州、泰来、杜尔伯特等地。吉林通榆、镇赉、洮南、前郭、长岭、大安等地。内蒙古额尔古纳、根河、陈巴尔虎旗、牙克石、鄂温克旗、科尔沁右翼前旗、扎赉特旗、扎鲁特旗、科尔沁右翼中旗、科尔沁左翼中旗、科尔沁左翼后旗、克什克腾旗、翁牛特旗、阿鲁科尔沁旗、巴林右旗、巴林左旗、喀喇沁旗、敖汉旗、东乌珠穆沁旗、西乌珠穆沁旗、阿巴嘎旗、苏尼特左旗、苏尼特右旗、正蓝旗、镶黄旗、正镶白旗等地。河北。俄罗斯（西伯利亚）、蒙古。

采　　制　夏、秋季采收全草，除去杂质，洗净，晒干。

性味功效　有祛风除湿、利尿消肿、凉血止血的功效。

主治用法　用于风湿关节痛、月经过多、吐血、衄血、便血、外伤出血、肾炎、水肿、黄水疮等。水煎服。

用　　量　适量。

◎参考文献◎

［1］中国药材公司.中国中药资源志要[M].北京：科学出版社，1994:1133.

［2］江纪武.药用植物辞典[M].天津：天津科学技术出版社，2005:234.

▲达乌里芯芭花

蒙古芯芭 *Cymbaria mongolica* Maxim.

别　　名	光药大黄花
药用部位	玄参科蒙古芯芭的全草。
原 植 物	多年生草本。茎数条，大都自根状茎顶部发出。叶无柄，对生，位于茎基者长圆状披针形，通常长 12 mm，宽 3 ~ 4 mm，向上逐渐增长，呈线状披针形，长 23 ~ 25 mm，宽 3 ~ 4 mm。花少数，腋生于叶腋中，每茎 1 ~ 4；小苞片 2，草质，长 8 ~ 15 mm；萼长 15 ~ 30 mm，萼齿 5 ~ 6；花冠黄色，长 25 ~ 35 mm，二唇形，上唇略盔状，裂片向前而外侧反卷，下唇 3 裂，开展，裂片近于相等，倒卵形；雄蕊 4，2 强，花丝着生于管的近基处，花药外露，背着，倒卵形，药室上部联合，下部分离，长 3.0 ~ 3.6 mm，纵裂；子房长圆形；花柱细长，与上唇近于等长。蒴果革质，长卵圆形，长 10 ~ 11 mm，宽 5 mm，室背开裂。种子长卵形。花期 6—8 月，果期 7—9 月。
生　　境	生于沙质或沙砾质荒漠草原及干草原上。
分　　布	内蒙古额尔古纳、陈巴尔虎旗、新巴尔虎左旗、新巴尔虎右旗、鄂温克旗、科尔沁右翼前旗、东乌珠穆沁旗、西乌珠穆沁旗、阿巴嘎旗等地。河北、山西、陕西、甘肃、青海。俄罗斯（西伯利亚）、蒙古。
采　　制	夏、秋季采挖全草，除去杂质，切段，洗净，晒干。
性味功效	有祛风湿、利尿、止血的功效。
主治用法	用于吐血、衄血、咳血、便血、风湿性关节炎、月经过多、外伤出血、肾炎水肿、黄水疮等。水煎服。
用　　量	10 ~ 15 g。

▲ 蒙古芯芭花

▲ 蒙古芯芭花（侧）

◎ 参考文献 ◎

［1］巴根那 . 中国大兴安岭蒙中药植物资源志 [M]. 赤峰：内蒙古科学技术出版社，2011：372.
［2］中国药材公司 . 中国中药资源志要 [M]. 北京：科学出版社，1994：1133.
［3］江纪武 . 药用植物辞典 [M]. 天津：天津科学技术出版社，2005：234.

▼ 蒙古芯芭植株

▲ 小米草花

▼ 小米草花（侧）

小米草属 *Euphrasia* L.

小米草 *Euphrasia pectinata* Ten.

药用部位　玄参科小米草的全草。

原植物　一年生草本，直立，高 10 ~ 45 cm，不分枝或下部分枝，被白色柔毛。叶与苞叶无柄，卵形至卵圆形，长 5 ~ 20 mm，基部楔形，每边有数枚稍钝、急尖的锯齿，两面脉上及叶缘被刚毛，无腺毛。花序长 3 ~ 15 cm，初花期短而花密集，逐渐伸长至果期果疏离；花萼管状，长 5 ~ 7 mm，被刚毛，裂片狭三角形，渐尖；花冠白色或淡紫色，背面长 5 ~ 10 mm，外面被柔毛，背部较密，其余部分较疏，下唇比上唇长约 1 mm，下唇裂片顶端明显凹缺；花药棕色。蒴果长矩圆状，长 4 ~ 8 mm。种子白色，长 1 mm。花期 7—8 月，果期 8—9 月。

生境　生于山坡、荒地、路旁、

▲小米草果实

▼小米草植株

林缘及草甸等处。

分　　布　　黑龙江呼玛、塔河等地。吉林长白、抚松、安图、和龙、柳河、通化等地。内蒙古额尔古纳、根河、牙克石、鄂温克旗、阿尔山、科尔沁右翼前旗、克什克腾旗、翁牛特旗、喀喇沁旗等地。河北、山西、宁夏、甘肃、新疆。朝鲜、俄罗斯（西伯利亚）、蒙古。欧洲。

采　　制　　夏、秋季采收全草，除去杂质，洗净，晒干。

性味功效　　味苦，性凉。有清热解毒的功效。

主治用法　　用于咽喉肿痛、风热咳嗽、支气管炎、哮喘、口疮、痛疾等。水煎服。

用　　量　　5～15 g。

◎参考文献◎

[1] 江苏新医学院.中药大辞典（上册）[M].上海：上海科学技术出版社，1977:251.

[2] 中国药材公司.中国中药资源志要[M].北京：科学出版社，1994:1134.

[3] 江纪武.药用植物辞典[M].天津：天津科学技术出版社，2005:318.

芒小米草 *Euphrasia pectinata* subsp. *simplex*（Freyn）Hong.

别　　　名	高枝小米草

药用部位　玄参科芒小米草的全草。

原植物　一年生草本，高 15 ~ 50 cm。茎直立，通常自中部分枝，被白色柔毛。叶与苞片无柄；叶片卵圆形至三角状圆形，长 5 ~ 10 mm，基部近截形，叶缘锯齿 4 ~ 7 对，锯齿急尖至渐尖，有时呈芒状，两面脉上及叶缘被刚毛，无腺毛。穗状花序长 3 ~ 10 cm，初花期时花短而密集，后渐伸长；苞叶广卵形或近圆形，边缘牙齿先端呈芒状；花萼筒状，长 5 ~ 7 mm，被刚毛，裂片狭三角形，渐尖；花冠白色或淡紫色，背部长 6 ~ 7 mm，外面被柔毛，背部较密，上唇直立，2 浅裂，下唇 3 裂，开展，比上唇长约 1 mm，裂片顶端明显凹缺；雄蕊 4，花药棕色。蒴果长圆形，长 4 ~ 8 mm，顶端微凹，被柔毛。种子狭卵形，白色，长 1 mm。花期 6—8 月，果期 9 月。

▲芒小米草植株

▲芒小米草花

生　　境　生于山坡、灌丛、高山草地、疏林下及岳桦林带边缘等处。

分　　布　黑龙江呼玛、塔河等地。吉林长白、安图、抚松、和龙等地。辽宁本溪、清原、新宾、庄河、瓦房店、大连市区等地。内蒙古额尔古纳、根河、牙克石等地。河北、山东、山西。朝鲜。

采　　制　夏、秋季采收全草，除去杂质，洗净，晒干。

性味功效　味苦，性寒。有清热解毒的功效。

主治用法　用于咽喉肿痛、肺炎咳嗽、口疮痈疾等。水煎服。

用　　量　5～15 g。

◎参考文献◎

［1］江苏新医学院.中药大辞典（上册）[M].上海：上海科学技术出版社，1977:838.

［2］中国药材公司.中国中药资源志要[M].北京：科学出版社，1994:1124.

▲芒小米草果实

▲芒小米草花（侧）

▲ 水茫草植株（湿地型）

▲ 水茫草花

水茫草属 *Limosella* L.

水茫草 *Limosella aquatica* L.

别　　名　伏水茫草

药用部位　玄参科水茫草的全草。

原植物　一年生水生或湿生草本，高 3 ~ 7 cm。具纤细而短的匍匐茎，几乎没有直立茎。根簇生，须状而短。叶基出、簇生成莲座状，具长柄，长 1 ~ 4 cm；叶片宽条形或狭匙形，长 3 ~ 15 mm，钝头，全缘，多少带肉质。花 3 ~ 10 朵自叶丛中生出；花梗细长，长 7 ~ 13 mm；花萼钟状，膜质，长 1.5 ~ 2.5 mm，萼齿卵状三角形，长 0.5 ~ 0.8 mm，顶端渐尖；花冠白色或带红色，长 2.0 ~ 3.5 mm，辐射状钟形，花冠裂片 5，矩圆形或矩圆状卵形，长 1.0 ~ 1.5 mm，顶端钝；雄蕊 4，等长，花丝大部贴生；花柱短，柱头头状，有时稍有凹缺。蒴果卵圆形，长约 3 mm。种子多数而极小。花期 7—8 月，果期 8—9 月。

生　　境　生于河岸、溪旁及林缘湿草地等处，有时浮于水中。

分　　布　黑龙江塔河、呼玛、黑河市区、齐齐哈尔市区、富裕、饶河、虎林、密山、抚远、佳木斯市区、勃利等地。吉林白山、集安等地。辽宁铁岭、北镇等地。内蒙古额尔古纳、牙克石、科尔沁右翼前旗、扎鲁特旗、克什克腾旗、翁牛特旗、东乌珠穆沁旗、西乌珠穆沁旗、正镶白旗、多伦等地。四川、青海、

▲ 水茫草植株（水生型）

云南、西藏。全世界绝大部分温带地区。

采　　制　夏、秋季采收全草，除去杂质，洗净，晒干。

性味功效　味淡，性平。有清热解毒、生津的功效。

用　　量　适量。

▼ 水茫草果实

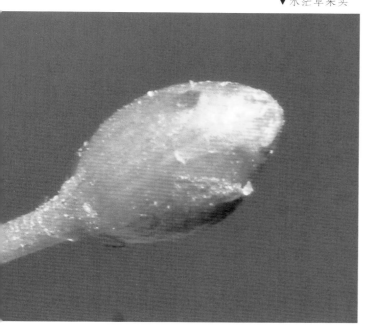

▲ 水茫草花（侧）

◎参考文献◎

[1] 中国药材公司. 中国中药资源志要 [M].
　　北京：科学出版社，1994:1136.

[2] 江纪武. 药用植物辞典 [M]. 天津：天津
　　科学技术出版社，2005:464.

柳穿鱼属 *Linaria* Mill.

多枝柳穿鱼 *Linaria buriatica* Turcz. ex Benth.

别　　名　矮柳穿鱼

药用部位　玄参科多枝柳穿鱼的全草。

原 植 物　多年生草本。自基部极多分枝，分枝常铺散，高仅 8 ~ 20 cm。叶完全互生，多而密，针叶形至狭条形，具单脉，无毛，长 1.5 ~ 5.0 cm。总状花序生于枝顶，长 3 ~ 7 cm，花序轴、花梗相当密地被腺柔毛；苞片条状披针形，下部的长近1 cm；花萼裂片长而狭，条状披针形，长 4 ~ 6 mm，宽 1 mm，两面被腺毛；花冠黄色，除去距长12 ~ 15 mm，上唇长于下唇，裂片长 2 mm，顶端圆钝，下唇侧裂片矩圆形，宽 2 ~ 5 mm，中裂片较窄，距长 8 ~ 15 mm，稍弓曲。蒴果卵球状，长9 mm，直径 7 mm。种子盘状，有宽翅，中央有瘤突。花期 6—8 月，果期 7—9 月。

▲ 多枝柳穿鱼花序

▲ 多枝柳穿鱼植株

生　　境　生于草原、荒地及沙丘等处。

分　　布　内蒙古满洲里。蒙古、俄罗斯（西伯利亚中东部）。

采　　制　夏、秋季采收全草，除去杂质，切段，洗净，晒干。

性味功效　有清热解毒、消肿、利胆退黄的作用。

用　　量　适量。

◎参考文献◎

［1］江纪武.药用植物辞典[M].天津：天津科学技术出版社，2005:464.

海滨柳穿鱼 *Linaria japonica* Miq.

药用部位 玄参科海滨柳穿鱼的全草。

原 植 物 多年生草本，无毛，带灰色。茎上升，常分枝，高 15 ～ 40 cm。叶对生或 3 ～ 4 枚轮生，上部的常不规则轮生或互生，无柄，卵形、倒卵形或矩圆形，长 1.5 ～ 3.0 cm，宽 5 ～ 15 mm，顶端钝至近于急尖，基部圆钝至楔形，有不很清晰的三出弧状脉。总状花序顶生；苞片与叶同形，但小得多；花梗长 3 ～ 5 mm；花萼裂片卵形至披针形，长 2.5 ～ 4.0 mm，宽 1.5 ～ 2.5 mm；花冠亮黄色，长 12 ～ 17 mm，上唇长于下唇，下唇侧裂片宽达 3 ～ 5 mm，中裂片较窄，距长 3 ～ 6 mm，伸直。蒴果球状，直径 6 mm。种子肾形，长 2.5 mm，宽 1.5 mm，边缘增厚。花期 7—8 月，果期 8—9 月。

▼ 海滨柳穿鱼花序

▲ 海滨柳穿鱼植株

海滨柳穿鱼花

生 境 生于沙滩、河岸及海滨沙地等处。

分 布 吉林珲春。辽宁瓦房店、大连市区、长海等地。朝鲜、俄罗斯（西伯利亚中东部）、日本。

采 制 夏、秋季采收全草，除去杂质，切段，洗净，晒干。

性味功效 有利尿、泻下作用。

用 量 适量。

◎参考文献◎

［1］江纪武. 药用植物辞典 [M]. 天津：天津科学技术出版社，2005:464.

▲ 柳穿鱼居群

▼ 柳穿鱼果实

柳穿鱼 *Linaria vulgaris* subsp. *chinensis* （Debeaux）D. Y. Hong

俗　　名　苞米楂子花　黄鸽子花

药用部位　玄参科柳穿鱼的全草。

原 植 物　多年生草本，高 10 ~ 80 cm。茎直立。叶通常互生或下部叶轮生，稀全部叶均为 4 片轮生；叶条形，长2 ~ 6 cm，宽 2 ~ 10 mm，通常具单脉，稀 3 脉。总状花序顶生，长 3 ~ 11 cm，多花密集；苞片条形至狭披针形，比花梗长；花梗长 3 ~ 10 mm；花萼裂片披针形，长 3 ~ 4 mm，宽 1.0 ~ 1.5 mm；花冠黄色，上唇比下唇长，裂片卵形，长约2 mm，下唇侧裂片卵圆形，宽 3 ~ 4 mm，中裂片舌状，距稍弯曲，长 8 ~ 12 mm；雄蕊 4，2 枚较长；雌蕊子房上位，2 室。蒴果椭圆状球形或近球形，长 7 ~ 9 mm，宽 6 ~ 7 mm。种子圆盘形，边缘有宽翅，成熟时中央常有瘤状突起。花期 6—7 月，果期 8—9 月。

生　　境　生于山坡、河岸石砾地、草地、沙地草原、固定沙丘、田边及路边等处，常聚集成片生长。

分　　布　黑龙江塔河、呼玛、黑河、饶河、虎林、密山、尚志、安达、大庆、肇东、泰来等地。吉林通化、柳河、梅河口、敦化、汪清、临江、通榆、镇赉、洮南、长岭、前郭、大安等地。

辽宁沈阳、瓦房店、长海、大连市区、北镇、绥中、彰武等地。内蒙古额尔古纳、陈巴尔虎旗、牙克石、鄂伦春旗、科尔沁右翼前旗、扎鲁特旗、扎赉特旗、科尔沁右翼中旗、科尔沁左翼中旗、科尔沁左翼后旗、克什克腾旗、翁牛特旗、巴林左旗、巴林右旗、阿鲁科尔沁旗、宁城、东乌珠穆沁旗、西乌珠穆沁旗、阿巴嘎旗等地。河北、山东、河南、江苏、陕西、甘肃等。朝鲜。

采　　制　夏、秋季采收全草，除去杂质，切段，洗净，晒干。

性味功效　味甘、微苦，性寒。有清热解毒、散瘀消肿、通便利尿、消炎止咳、祛痰平喘的功效。

主治用法　用于流行性感冒、咳嗽、发热、头痛、头晕、黄疸、痔疮、便秘、膀胱炎、心血管病、出血、皮肤病、烧烫伤等。水煎服或研末为散。外用研末敷患处或煎水洗。

用　　量　5 ~ 15 g。外用适量。

附　　方　治烫火伤：柳穿鱼 15 g，地榆炭 25 g，大黄 20 g，冰片 5 g，共研极细末，油调外敷。

▲ 柳穿鱼花

▼ 柳穿鱼植株

▲ 柳穿鱼花序

◎参考文献◎

［1］江苏新医学院.中药大辞典（下册）[M].上海：上海科学技术
出版社，1977:1526.

［2］朱有昌.东北药用植物[M].哈尔滨：黑龙江科学技术出版社，
1989:1021-1023.

［3］中国药材公司.中国中药资源志要[M].北京：科学出版社，
1994:1137.

▲ 柳穿鱼植株（侧）

▲ 柳穿鱼花（白色）

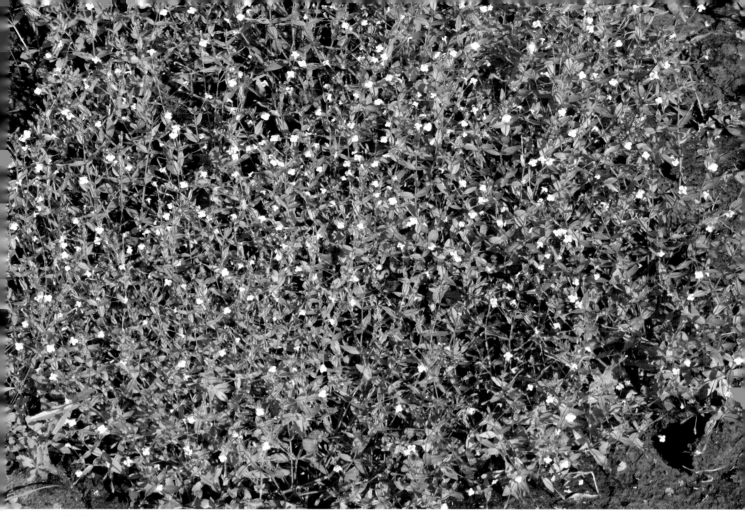

▲ 陌上菜居群

母草属 *Lindernia* All.

陌上菜 *Lindernia procumbens*（Krock.）Philcox

▼ 陌上菜幼苗

别　　　名	母草
药用部位	玄参科陌上菜的全草。

原植物　一年生直立草本。根细密成丛。茎高5～20 cm。叶片椭圆形至矩圆形带菱形，长1.0～2.5 cm，宽6～12 mm，顶端钝至圆头。花单生于叶腋，花梗纤细，长1.2～2.0 cm，比叶长，无毛；萼仅基部联合，齿5，条状披针形，长约4 mm，顶端钝头，外面微被短毛；花冠粉红色或紫色，长5～7 mm，管长约3.5 mm，向上渐扩大，上唇短，长约1 mm，2浅裂，下唇甚大于上唇，长约3 mm，3裂，侧裂椭圆形，较小，中裂圆形，向前突出；雄蕊4，全育，前方2枚雄蕊的附属物腺体状而短小；花药基部微凹；柱头2裂。蒴果球形或卵球形，与萼近等长或略过之，室间2裂。种子多数。花期7—8月，果期8—9月。

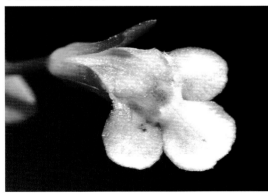

▼ 陌上菜花（半侧）

生　　境　生于稻田、河岸、沼泽附近等湿地等处。

分　　布　黑龙江饶河、虎林、密山、尚志、海林、东宁、宁安、七台河市区、勃利、饶河、林口、抚远、同江等地。吉林辉南、靖宇、和龙、汪清、珲春等地。辽宁各地。内蒙古扎兰屯。河北、河南、江西、浙江、江苏、安徽、湖南、湖北、四川、广西、广东、贵州、云南。日本、马来西亚。欧洲（南部）。

采　　制　夏、秋季采收全草，除去杂质，洗净，鲜用或晒干。

性味功效　味淡、甘。有清热解毒、清肝泻火、凉血利湿、消炎退肿的功效。

主治用法　用于肝火上炎、目赤肿痛、血尿、湿热泻痢、红白痢疾、肛门灼热肿痛、痔疮、红肿热毒、毒蛇咬伤。水煎服。

用　　量　5～15 g（鲜品 50～100 g）。

附　　方

（1）治慢性肾炎：陌上菜 100 g，鲜马齿苋 1.5 kg，酒 1 L。浸 2 d 后启用，每服 15 ml，每日 3 次。

（2）治疖肿：陌上菜和食盐少许（溃疡加白糖少许），捣烂敷患处。

▲ 陌上菜花

▲ 陌上菜花（侧）

▼ 陌上菜植株

◎参考文献◎

[1] 江苏新医学院. 中药大辞典（上册）[M]. 上海：上海科学技术出版社，1977:796-797.

[2] 中国药材公司. 中国中药资源志要 [M]. 北京：科学出版社，1994:1138-1139.

[3] 江纪武. 药用植物辞典 [M]. 天津：天津科学技术出版社，2005:466.

通泉草属 *Mazus* Lour.

通泉草 *Mazus pumilus*（Burm. f.）Steenis

别　　名　小通泉草

俗　　名　绿蓝花　斑鸠窝

药用部位　玄参科通泉草的全草（入药称"绿兰花"）。

原 植 物　一年生草本，高 3 ~ 30 cm。主根伸长，须根纤细。茎 1 ~ 5 枝或有时更多，直立，上升或倾卧状上升。基生叶少到多数，有时呈莲座状或早落，倒卵状匙形至卵状倒披针形，膜质至薄纸质，长 2 ~ 6 cm，顶端全缘或有不明显的疏齿，基部楔形；茎生叶对生或互生。总状花序生于茎、枝顶端，常在近基部即生花，伸长或上部呈束状，通常具花 3 ~ 20，花稀疏；花萼钟状，花期长约 6 mm，果期增大，萼片与萼筒近等长，卵形，端急尖，脉不明显；花冠白色、紫色或蓝色，长约 10 mm，上唇裂片卵状三角形，下唇中裂片较小，稍突出，倒卵圆形。蒴果球形。种子小而多数。花期 7—8 月，果期 8—9 月。

生　　境　生于田野、荒地、路旁及湿草地等处。

分　　布　黑龙江饶河、虎林、尚志、海林、东宁、宁安、七台河市区、勃利、饶河、林口、抚远、同江、汤原、桦川、青冈、密山、庆安等地。吉林长白山各地。辽宁本溪、凤城、宽甸、清原、长海、大连市区。全国各地（内蒙古、宁夏、青海及新疆除外）。朝鲜、俄罗斯、日本、越南、菲律宾。

采　　制　夏、秋季采收全草，除去杂质，洗净，晒干。

性味功效　味微甘，性凉。无毒。有清热解毒、消炎消肿、利尿止痛、健胃消积的功效。

▲通泉草果实

主治用法 用于偏头痛、消化不良、痈肿疔疮、脓疱疮、无名肿毒、烧烫伤、毒蛇咬伤等。水煎服。外用鲜草捣烂敷患处。

用 量 15~25g。外用适量。

附 方

（1）治痈疽疮肿：干通泉草适量，研细末，冷水调敷患处，每日一换。

（2）治疔疮：干通泉草、木槿花叶共捣烂，冲淘米水服。

（3）治汤、火烫伤：鲜通泉草捣绞汁，用棉花蘸渍患处，频频渍抹有疗效。

（4）治痱疮：干通泉草研极细末扑身。

◎参考文献◎

［1］江苏新医学院.中药大辞典（下册）[M].上海：上海科学技术出版社，1977:2275.

［2］朱有昌.东北药用植物[M].哈尔滨：黑龙江科学技术出版社，1989:1023-1024.

［3］钱信忠.中国本草彩色图鉴（第四卷）[M].北京：人民卫生出版社，2003:366-367.

▼通泉草植株

▲ 通泉草花

▼ 通泉草花（侧）

▲ 弹刀子菜植株（林缘型）

▼ 弹刀子菜果实

生叶匙形；茎生叶对生，上部的常互生，长椭圆形至倒卵状披针形，纸质，长2～5 cm。总状花序顶生，长2～20 cm，花稀疏；苞片三角状卵形，长约1 mm；花萼漏斗状，长5～10 mm，萼齿披针状三角形；花冠蓝紫色，长15～20 mm，花冠筒与唇部近等长，上部稍扩大，上唇短，顶端2裂，裂片狭长三角形，端锐尖，下唇宽大，开展，3裂，中裂较侧裂约小一半，近圆形，褶襞两条从喉部直通至上下唇裂口；雄蕊4，2强，

▼ 弹刀子菜花（侧）

弹刀子菜 *Maxus stachydifolius*（Turcz.）Maxim.

别　　名　通泉草

药用部位　玄参科弹刀子菜的全草。

原 植 物　多年生草本，高10～50 cm，粗壮，全体被多细胞白色长柔毛。茎直立，圆柱形。基

▲ 弹刀子菜植株（荒野型）

着生在花冠筒的近基部。蒴果扁卵球形，长 2.0 ~ 3.5 mm。花期 6—7 月，果期 8—9 月。

生　境　　生于较湿润的路旁、草坡及林缘等处。

分　布　　黑龙江黑河、泰来、大庆市区、肇东、肇州、密山、虎林等地。吉林辉南、梅河口、柳河、长白、安图、和龙、延吉、镇赉、大安、乾安等地。辽宁沈阳市区、鞍山、盖州、庄河、大连市区、法库、昌图、北镇、义县、绥中等地。内蒙古额尔古纳、牙克石、鄂伦春旗、扎兰屯、科尔沁右翼前旗、科尔沁右翼中旗、扎鲁特旗、扎赉特旗、突泉等地。河北、河南、山东、安徽、浙江、福建、台湾、江苏、广东、湖南、湖北、山西、陕西、四川。朝鲜、蒙古、俄罗斯（西伯利亚中东部）。

采　制　　夏、秋季采收全草，除去杂质，洗净，晒干。

性味功效　　味微辛，性凉。有清热、解毒、消肿的功效。

主治用法　　用于疮疡肿毒、毒蛇咬伤等。水煎服。外用鲜草捣烂敷患处。

用　量　　9 ~ 15 g。外用适量。

▼ 弹刀子菜花

◎参考文献◎

［1］江苏新医学院. 中药大辞典（下册）[M]. 上海：上海科学
　　　技术出版社，1977:2266-2267.

［2］《全国中草药汇编》编写组. 全国中草药汇编（上册）[M].
　　　北京：人民卫生出版社，1975:743.

［3］钱信忠. 中国本草彩色图鉴（第四卷）[M]. 北京：人民卫
　　　生出版社，2003:282-283.

▲ 山罗花居群　　　　▼ 狭叶山罗花花(浅粉色)

原植物　一年生直立草本，植株全体疏被鳞片状短毛。茎通常多分枝，少不分枝，近于四棱形，高 15 ～ 80 cm。叶柄长约 5 mm，叶片披针形至卵状披针形，顶端渐尖，基部圆钝或楔形，长 2 ～ 8 cm，宽 0.8 ～ 3.0 cm。苞叶绿色，仅基部具尖齿至整个边缘具多条刺毛状长齿，几乎全缘的较少，顶端急尖至长渐尖；花萼长约 4 mm，常被糙毛，脉上常生多细胞柔毛，萼齿长三角形

▼ 山罗花花

山罗花属 *Melampyrum* L.

山罗花 *Melampyrum roseum* Maxim.

别　　名　山萝花
药用部位　玄参科山罗花的全草(入药称"山萝花")。

▲ 山罗花植株

至钻状三角形，生有短睫毛；花冠紫色、紫红色或红色，长
15 ~ 20 mm，筒部长为檐部长的 2 倍左右，上唇内面密被须毛。
蒴果卵状渐尖，长 8 ~ 10 mm，直或顶端稍向前偏，被鳞片状毛。
种子黑色，长 3 mm。花期 7—8 月，果期 8—9 月。

生　境　生于疏林下、山坡灌丛及蒿草丛中，常聚集成片生长。

分　布　黑龙江呼玛、黑河、虎林、密山、穆棱、绥芬河、东
宁、宁安、海林、五常、尚志、桦川、林口等地。吉林长白山各

▼ 山罗花果实

▲ 狭叶山罗花花序（白色）

▲狭叶山罗花花

▼山罗花花序

地。辽宁桓仁、清原、新宾、西丰、沈阳、鞍山、营口市区、盖州、大连市区、喀左、凌源等地。内蒙古鄂伦春旗、莫力达瓦旗、宁城等地。全国各地（除云南、四川外）。朝鲜、日本、俄罗斯（西伯利亚中东部）。

 采　制　夏、秋季采收全草，除去杂质，洗净，鲜用或晒干。

性味功效　味苦，性凉。有清热解毒、消散痈肿的功效。

▼山罗花花（侧）

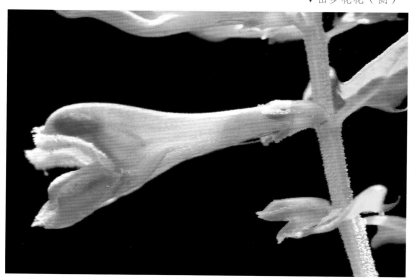

主治用法 用于感冒、月经不调、肺热咳嗽、风湿关节痛、腰痛、跌打损伤、痈疮肿毒、肠痈、肺痈、疮毒、疖肿、疮疡等。水煎服。外用干品熬水洗。

用　量 15～30 g。外用适量。

附　注

（1）根有清凉之效，可代茶。

（2）在东北尚有1变种：

狭叶山罗花 var. *setaceum* Maxim. ex Palib.，叶线状或线状披针形，宽2～8mm；苞片整个边缘具刺毛状齿。生于山坡林缘或灌丛等处。分布于中国东北和朝鲜、俄罗斯（西伯利亚中东部）。其他与原种同。

◎参考文献◎

［1］钱信忠.中国本草彩色图鉴（第一卷）[M].北京：人民卫生出版社，2003:205-206.

［2］中国药材公司.中国中药资源志要[M].北京：科学出版社，1994:1140.

［3］江纪武.药用植物辞典[M].天津：天津科学技术出版社，2005:509.

▼山罗花花（白色）

▲山罗花幼株

山罗花种子▶

▼山罗花植株（侧）

沟酸浆花

▲沟酸浆居群

▼沟酸浆花（侧）

沟酸浆属 Mimulus L.

沟酸浆 *Mimulus tenellus* Bge.

药用部位 玄参科沟酸浆的全草。

原植物 多年生草本，柔弱，常铺散状。茎长可达 40 cm，多分枝，下部匍匐生根，四方形，角处具窄翅。叶卵形、卵状三角形至卵状矩圆形，长 1～3 cm，宽 4～15 mm，顶端急

▼沟酸浆果实

▲ 沟酸浆植株

尖，基部截形，边缘具明显的疏锯齿，羽状脉；叶柄细长，与叶片等长或较短，偶被柔毛。花单生于叶腋；花梗与叶柄近等长，明显较叶短；花萼圆筒形，长约 5 mm，果期肿胀成囊泡状，增大近一倍，沿肋偶被绒毛，或有时稍具窄翅，萼口平截，萼齿 5，细小，刺状；花冠较萼长一倍半，漏斗状，黄色，喉部有红色斑点；唇短，端圆形，竖直；雄蕊同花柱无毛，内藏。蒴果椭圆形。种子卵圆形。花期 7—8 月，果期 8—9 月。

生　　境　生于林下、农田、林缘、路旁及沟谷等处。

分　　布　黑龙江虎林、密山、穆棱、绥芬河、东宁、宁安、海林、五常、尚志、桦川、林口等地。吉林长白山各地。辽宁桓仁、清原、盖州、大连、凌源等地。内蒙古鄂伦春旗、莫力达瓦旗、宁城等地。河北、山西、陕西、宁夏、甘肃。朝鲜、日本、蒙古、俄罗斯（西伯利亚中东部）。

采　　制　夏、秋季采收全草，除去杂质，洗净，晒干。

性味功效　味涩，性平。有清热解毒、止泻、止痛、健脾燥湿的功效。

主治用法　用于湿热痢疾经年不愈、脾虚泄泻、带下病、体倦乏力、形寒肢冷、毒蛇咬伤。水煎服。外用捣烂敷患处。

用　　量　9～15 g。外用适量。

▼ 沟酸浆幼株

◎参考文献◎

[1] 中国药材公司.中国中药资源志要 [M].北京：科学出版社，1994:1141.

[2] 江纪武.药用植物辞典 [M].天津：天津科学技术出版社，2005:522.

▲疗齿草群落

疗齿草属 *Odontites* Ludwig

▲疗齿草果实

疗齿草 *Odontites vulgaris* Moench

别　　名　齿叶草

药用部位　玄参科疗齿草的全草（入药称"齿叶草"）。

原 植 物　一年生草本，高15～35 cm。茎直立，四棱形，常在中上部分枝，叶对生，有时上部的互生，无柄，披针形至条状披针形，长1.0～3.5 cm，边缘疏生锯齿。花腋生或上部聚成穗状花序；花梗极短，长约1 mm；苞片叶状；花萼钟状，长4～7 mm，果期增大，4裂，裂片狭三角形，长2～3 mm，被细硬毛；花冠紫色、紫红色或淡红色，长8～10 mm，上唇直立，略呈盔状，先端微凹或2浅裂，下唇开展，3裂，裂片倒卵形，中裂片先端微凹；雄蕊与上唇略等长，花药箭形，基部突尖。蒴果长椭圆形，长4～7 mm，略扁，顶端微凹。种子椭圆形或卵形，长约1.5 mm。花期7—8月，果期8—9月。

生　　境　生于湿地、路旁及山坡等处。

分　　布　黑龙江漠河、呼玛、黑河等地。吉林镇赉、洮南、扶余、安图、抚松、临江、通化等地。辽宁彰武。内蒙古额尔古纳、根河、陈巴尔虎旗、牙克石、鄂温克旗、科尔沁右翼前旗、科尔沁右翼中旗、科尔沁左翼后旗、克什克腾旗、翁牛特旗、巴林左旗、巴林右旗、阿鲁科尔沁旗、喀喇沁旗、敖汉旗、宁城、东乌珠穆沁旗、西乌珠穆沁旗、阿巴嘎旗、正蓝旗、正镶白旗、镶黄旗等地。河北、山西、陕西、宁夏、甘肃、青海、新疆。俄罗斯、蒙古。欧洲。

采 制	夏、秋季采收全草，除去杂质，洗净，鲜用或晒干。
性味功效	味苦，性凉。有小毒。有清热燥湿、凉血止痛的功效。
主治用法	用于热性传染病、肝胆湿热、瘀血作痛、肝火头痛、肋痛等。水煎服。
用 量	2.5 ～ 5.0 g。
附 方	

▲ 疗齿草花（侧）

（1）治肝火头痛、肋痛：齿叶草 5 g。水煎服，每日 3 次。

（2）治肝胆瘀热：齿叶草、当药、胡黄连、栀子各 15 g。水煎服，每日 3 次。

◎参考文献◎

［1］江苏新医学院 . 中药大辞典（上册）[M]. 上海：上海科学技术出版社，1977:1327.

［2］朱有昌 . 东北药用植物 [M]. 哈尔滨：黑龙江科学技术出版社，1989:1024-1025.

［3］中国药材公司 . 中国中药资源志要 [M]. 北京：科学出版社，1994:1141.

▲ 疗齿草花

▼ 疗齿草植株

▼ 旌节马先蒿花序

马先蒿属 *Pedicularis* L.

旌节马先蒿 *Pedicularis sceptrum-carolinum* L.

别　　名	黄旗马先蒿

药用部位　玄参科旌节马先蒿的全草。

原植物　多年生直立草本，高 60 ~ 100 cm，丛生。茎单一，仅下部有叶，上部长而裸露，花葶状。叶基生者宿存而成丛，具有长柄，柄长达 16 cm，两边常有狭翅；叶片倒披针形至线状长圆形，长达 30 cm，下半部多羽状全裂，裂片小而疏距，上半部多羽状深裂，茎生叶仅 1 ~ 2，有时 3 枚假轮生。花序生于茎的顶部，长 20 cm 以上；苞片宽卵形，基部圆形；

▲ 旌节马先蒿种子

花萼钟形，长达 1.0 ~ 1.5 cm，齿 5，三角状卵形至狭长卵形；花冠黄色，长达 3.8 cm，管长约 15 mm，下唇依附于上唇，裂片 3 枚圆形，边缘重叠，盔做镰状弓曲；花柱不伸出。蒴果大，长 2 cm。种子肾脏形。花期 7—8 月，果期 8—9 月。

生　境　生于湿草地或山坡灌丛中。

分　布　黑龙江呼玛、黑河、塔河等地。吉林安图、抚松、长白、柳河、和龙、敦化等地。辽宁桓仁、宽甸、新宾等地。内蒙古根河、牙克石、鄂伦春旗、扎兰屯、阿尔山、东乌珠穆沁旗、西乌珠穆沁旗等地。朝鲜、俄罗斯（西伯利亚中东部）、蒙古。欧洲。

采　制　夏、秋季采收全草，除去杂质，切段，洗净，晒干。

性味功效　有清热解毒的功效。

用　量　适量。

◎参考文献◎

[1] 江纪武. 药用植物辞典 [M]. 天津：天津科学技术出版社，2005:580.

▼ 旌节马先蒿果实

▲ 旌节马先蒿植株

▲ 旌节马先蒿花

▲ 中国马先蒿植株

中国马先蒿 *Pedicularis chinensis* Maxim.

别　名	中国马藓蒿　华马先蒿
药用部位	玄参科中国马先蒿全草。

原 植 物　一年生草本，高 7 ~ 30 cm。主根圆锥形，有少数支根。茎单出或多条，直立或外方者弯曲上升，甚至倾卧。叶基出与茎生，均有柄；叶片披针状长圆形至线状长圆形，长达 7 cm，宽达 18 mm，羽状浅裂至半裂，7 ~ 13 对，卵形。花梗短，长者可达 10 mm；萼管状，长 15 ~ 18 mm；花冠黄色，管长 4.5 ~ 5.0 cm，盔直立部分稍向后仰，前缘高 3 ~ 4 mm，上端渐渐转向前上方成为合有雄蕊的部分，长约 4 mm，前端又渐细为指向喉部的半环状长喙，长 9 ~ 10 mm，下唇宽过于长，宽约 20 mm，侧裂强烈指向前外方，钝头，为不等的心脏形，中裂宽过于长，宽约 6 mm。蒴果长圆状披针形，长 19 mm，不很偏斜，上背缝线急剧弯向下方，在近端处成一斜截头，更有指向前下方的小凸尖。花期 7 月，果期 8 月。

生　境	生于阔叶林带的山地草甸。
分　布	内蒙古宁城。河北、山西、陕西、宁夏、甘肃、青海。
采　制	夏、秋季采收全草，洗净，晒干。
性味功效	有清热除湿的功效。
主治用法	用于中风湿痹、带下等。水煎服。
用　量	适量。

◎参考文献◎

［1］江纪武.药用植物辞典 [M].天津：天津科学技术出版社，2005:577.

▲ 中国马先蒿花

埃氏马先蒿 *Pedicularis artselaeri* Maxim.

别　　名　短茎马先蒿
俗　　名　蚂蚁窝
药用部位　玄参科埃氏马先蒿的根。
原 植 物　多年生草本。根多数，根状茎上方在强大的植株中分枝，发出茎 2 ~ 4，在新生的植株中茎单一。
叶有长柄，软弱而铺散地面；叶片长圆状披针形，长 7 ~ 10 cm，宽 2.0 ~ 2.5 cm，羽状全裂，裂片卵形，
每边 8 ~ 14，羽状深裂，小裂片每边 2 ~ 4。花腋生，具有长梗，梗长可达 6.5 cm，细柔弯曲；花大，
长 3.0 ~ 3.5 cm，浅紫红色；萼圆筒形，前方不裂，长 1.2 ~ 1.8 cm，齿 5，长于萼管或略相等，中部
狭细，基部三角状卵形而连于管；花冠之管伸直，下部圆筒状，近端处稍扩大，略长于萼或为它的一倍半，
下唇很大，稍长于盔，以锐角伸展，裂片圆形，几相等，中裂两侧略叠置于侧裂之下；盔长约 13 mm，
做镰形弓曲。蒴果卵圆形，稍扁平，长约 13 mm。花期 6—7 月，果 8—9 月。

▲埃氏马先蒿植株

▲埃氏马先蒿花序

▲埃氏马先蒿花（背）

▲埃氏马先蒿花（侧）

生　　境　生于石坡草丛中和林下较干处。

分　　布　辽宁凌源。河北、山西、陕西、湖北、四川。

采　　制　春、秋季采挖根，除去泥土，洗净，鲜用或晒干。

性味功效　有祛风、胜湿、利水的功效。

主治用法　用于风湿性关节炎、小便少、小便不畅、尿路结石、疮疥等。水煎服。外用捣烂敷患处。

用　　量　适量。

◎参考文献◎

[1] 江纪武. 药用植物辞典 [M]. 天津：天津科学技术出版社，2005:577.

▲埃氏马先蒿花

▼埃氏马先蒿幼株

埃氏马先蒿果实

▲秀丽马先蒿植株

秀丽马先蒿 *Pedicularis venusta* Schangan ex Bge.

别　　名　黑水马先蒿
药用部位　玄参科秀丽马先蒿的全草。
原 植 物　多年生草本。根短缩。茎直立，高 20 ~ 60 cm。叶片披针形，羽状全裂，裂片疏距，长圆形，渐尖，羽状深裂，小裂片具胼胝质的细尖，茎生叶向上渐小，与基生者相似，上部者极小。花序长圆形，稠密或伸长；苞片约与萼等长，下部者与上叶相似；花梗几不存在；萼钟形，长 8 ~ 10 mm，近于革质，有分叉的短细支脉，齿 5，宽三角形，短于萼管一倍有余；花冠黄色，长 20 ~ 25 mm，管伸直，稍向前倾斜，上部镰状弓曲，盔短，端具 2 齿，下唇比盔稍短，3 裂；雄蕊花丝一对有毛。蒴果为偏斜的长圆形，长 10 ~ 12 mm。花期 6—7 月，果期 7—8 月。
生　　境　生于河滩草甸、沟谷草甸及草甸草原上。
分　　布　黑龙江漠河、塔河、呼玛、黑河等地。内蒙古额尔古纳、牙克石、鄂伦春旗、鄂温克旗、东乌珠穆沁旗、西乌珠穆沁旗、正镶白旗等地。新疆。俄罗斯（西伯利亚）、蒙古。
采　　制　夏、秋季采收全草，除去杂质，切段，洗净，晒干。
性味功效　有清热祛湿、止痢的功效。
用　　量　适量。

◎参考文献◎

[1]江纪武.药用植物辞典 [M].天津：天津科学技术出版社，2005:581.

▼秀丽马先蒿花

▲秀丽马先蒿花序

▲红纹马先蒿花序

▼红纹马先蒿花

红纹马先蒿 *Pedicularis striata* Pall.

别　　名　细叶马先蒿

药用部位　玄参科红纹马先蒿的全草。

原 植 物　多年生草本，高达25～60 cm。叶互生，基生者成丛，茎叶很多，渐上渐小，至花序中变为苞片；叶片均为披针形，长达10 cm，宽3～4 cm，羽状深裂至全裂。花序穗状，伸长，稠密，长6～22 cm；苞片三角形或披针形；萼钟形，长10～13 mm，齿5，不相等；花冠黄色，具绛红色的脉纹，长25～33 mm，管在喉部以下向右扭旋，使花冠稍稍偏向右方，下唇不很张开，稍短于盔，3浅裂，侧裂斜肾脏形，中裂宽过于长，迭置于侧裂片之下；花丝有一对被毛。蒴果卵圆形，两室相等，

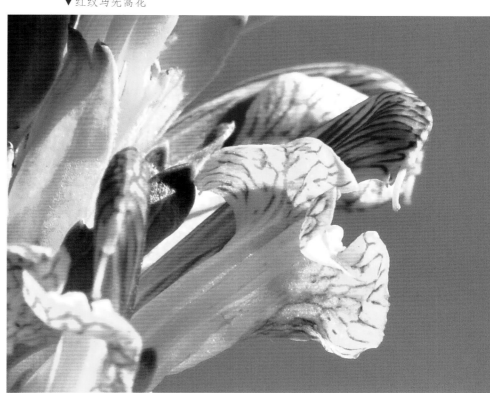

稍稍扁平，有短凸尖，长9～16 mm，约含种子16颗。种子极小，黑色。花期6—7月，果期7—8月。

生　　境	生于山坡、草原及疏林中。

分　　布　黑龙江呼玛、嫩江、黑河市区、泰来、杜尔伯特、肇东、肇源等地。吉林洮南、通榆等地。辽宁建平。内蒙古额尔古纳、根河、牙克石、陈巴尔虎旗、鄂温克旗、扎兰屯、科尔沁右翼前旗、扎赉特旗、克什克腾旗、翁牛特旗、阿鲁科尔沁旗、东乌珠穆沁旗、西乌珠穆沁旗、正镶白旗、多伦等地。河北、宁夏。俄罗斯、蒙古。

采　　制　夏、秋季采收全草，除去杂质，洗净，晒干。

性味功效　味苦，性寒。有清热解毒、利水涩精的功效。

主治用法　用于水肿、遗精、耳鸣、口干舌燥、痈肿、毒蛇咬伤等。水煎服。外用鲜草捣烂敷患处。

用　　量　15～30 g。外用适量。

◎参考文献◎

［1］中国药材公司. 中国中药资源志要 [M]. 北京：科学出版社，1994:1147-1148.

［2］江纪武. 药用植物辞典 [M]. 天津：天津科学技术出版社，2005:581.

▼红纹马先蒿植株

▼红纹马先蒿果实

▲ 野苏子群落

▲ 野苏子幼株

▲ 野苏子果实

▼ 野苏子花序

野苏子 *Pedicularis grandiflora* Fisch.

别　　名　大野苏子马先蒿　大花马先蒿

药用部位　玄参科野苏子的根及茎叶。

原 植 物　多年生草本，高 1 m 以上。茎粗壮，中空，有条纹及棱角。叶互生，基生者在花期多已枯萎，茎生者极大，连柄可达 30 cm 以上，柄长达 7 cm，圆柱形；叶片轮廓为卵状长圆形，二回羽状全裂，裂片披针形。花序长总状，向心开放；苞片不显著，三角形；萼钟形，长约 8 mm，齿 5 枚相等，为萼管长度的 1/3 ~ 1/2，三角形，缘有胼胝细齿而反卷，其清晰之主脉为稀疏的横脉所联络；花冠长约 33 mm，盔端尖锐而无齿，下唇不很开展，多少依伏于盔而较短，裂片圆卵形，互相盖叠；雄蕊药室有长刺尖。果卵圆形，有凸尖，稍侧扁，室相等，长 9 ~ 13 mm。花期 7—8 月，果期 8—9 月。

生　　境　生于水泽及湿草甸中。

分　　布　黑龙江塔河、呼玛、黑河市区、孙吴、虎林、密山等地。吉林安图、抚松、长白、柳河、和龙、敦化、珲春等地。内蒙古额尔古纳、根河、牙克石、

▲ 野苏子花（侧）

▼ 野苏子花序（淡粉色）

▲ 野苏子花

鄂伦春旗等地。俄罗斯〔西伯利亚〕。

采　　制　春、秋季采挖根，除去泥土，洗净，晒干。夏、秋季采收茎叶，除去杂质，洗净，晒干。

性味功效　有祛风、祛湿、利水的功效。

主治用法　用于风湿关节痛、小便不利、砂淋、尿路结石、带下病、疥疮等。水煎服。外用捣烂敷患处或煎水洗。

用　　量　适量。

◎参考文献◎

［1］中国药材公司.中国中药资源志要[M].北京：科学出版社，1994:1147.

［2］江纪武.药用植物辞典[M].天津：天津科学技术出版社，2005:578.

▲ 野苏子植株

红色马先蒿 *Pedicularis rubens* Steph. ex Willd.

| 别　　名 | 山马先蒿 |

别　　名 山马先蒿

药用部位 玄参科红色马先蒿的全草。

原植物 多年生草本，高可超过 30 cm。叶片狭长圆形至长圆状披针形，长可超过 10 cm，宽 3 cm，二至三回全裂。花序总状，可达 10 cm 以上；苞片叶状，多为一回羽状；

▼ 红色马先蒿花序

▲ 红色马先蒿花

萼长达 13 mm，主脉 5，不很粗壮，齿 5，后方 1 枚较短小，其余 4 枚两两相结；花冠红色，长约 27 mm，管长约 14 mm，盔约与管等长，下部伸直，中部以上镰形弓曲，额圆形，端斜截头，下角有细长的齿一对指向前下方，其上更有小齿数枚，下唇略短于盔，裂片皱缩而呈波状，中裂几不小于侧裂，宽过于长，不很向前凸出；花丝着生处有微毛，上部一对亦有疏毛。花期 7—8 月，果期 8—9 月。

生　　境 生于草甸子或疏林中。

分　　布 黑龙江塔河、呼玛、黑河等地。吉林通化、白山等地。内蒙古额尔古纳、牙克石、阿尔山、克什克腾旗、阿鲁科尔沁旗、东乌珠穆沁旗、西乌珠穆沁旗等地。河北。朝鲜、俄罗斯（西伯利亚中东部）。

采　　制 夏、秋季采收全草，除去杂质，洗净，晒干。

附　　注 本品被收录为内蒙古药用植物。

◎参考文献◎

[1] 江纪武. 药用植物辞典 [M]. 天津：天津科学技术出版社，2005:580.

▲ 红色马先蒿植株

▲ 返顾马先蒿群落

▼ 返顾马先蒿果实

返顾马先蒿 *Pedicularis resupinata* L.

别　　名	马先蒿
俗　　名	鸡冠草　鸡冠菜　野苏子
药用部位	玄参科返顾马先蒿的根及茎叶。

原 植 物　多年生草本，高 30 ~ 70 cm。茎常单出，上部多分枝。叶密生；叶片膜质至纸质，卵形至长圆状披针形。花单生于茎枝顶端的叶腋中；萼长 6 ~ 9 mm，长卵圆形，膜质，前方深裂，宽三角形；花冠长 20 ~ 25 mm，淡紫红色，管长 12 ~ 15 mm，伸直，近端处略扩大，自基部起即向右扭旋，此种扭旋使下唇及盔部成为回顾之状，第二次至额部再向前下方形成长不超过 3 mm 的圆锥形短喙，下唇稍长于盔，以锐角开展，3 裂，中裂较小，略向前凸出，广卵形；雄蕊花丝前面一对有毛；柱头伸出于喙端。蒴果斜长圆状披针形，长 11 ~ 16 mm，仅稍长于萼。花期 7—8 月，果期 8—9 月。

生　　境　生于山地林下、林缘草甸、沼泽湿地及沟谷草甸等处。

分　　布　黑龙江尚志、五常、宁安、东宁、穆棱、密山、虎林、饶河等地。吉林长白山各地及扶余、洮南等地。辽宁宽甸、东港、本溪、桓仁、西丰、开原、鞍山市区、岫岩、庄河等地。内蒙古额尔古纳、陈巴尔虎旗、牙克石、扎兰屯、科尔沁右翼前旗、扎鲁特旗、

▲返顾马先蒿植株

▼返顾马先蒿花序

▲返顾马先蒿幼株

克什克腾旗、翁牛特旗、东乌珠穆沁旗、西乌珠穆沁旗等地。山东、河北、山西、陕西、安徽、甘肃、四川、贵州。朝鲜、俄罗斯（西伯利亚）、蒙古、日本。

采　制　春、秋季采挖根，除去泥土，洗净，晒干。夏、秋季采收茎叶，除去杂质，洗净，晒干。

性味功效　味苦，性平。有清热解毒、祛风、清湿、利水的功效。

主治用法　用于风湿关节痛、小便不利、砂淋、尿路结石、带下病、疥疮等。水煎服，或研末为散。外用，煎水洗。

用　量　10 ～ 15 g。外用适量。

附　方

（1）治风湿性关节炎、关节疼痛、小便少：返顾马先蒿根 15 g。水煎服。

（2）治尿路结石、小便不畅：返顾马先蒿根 200 g。研末，每服 10 g，温水送服，每天 2 次。

▲ 多枝返顾马先蒿植株

▲ 返顾马先蒿种子

▲ 返顾马先蒿花

▼ 白花返顾马先蒿花

（3）治疥疮：返顾马先蒿根适量。煎汤洗患部。

<u>附　　注</u>　在东北尚有 1 变种、1 变型：

白花返顾马先蒿 var. *albiflora*（Nakai）S. H Li.，花白色。其他与原种同。

多枝返顾马先蒿 f. *ramose* Kom.（Nakai）Fl. Manch.，植株多分枝，叶厚。其他与原种同。

◎参考文献◎

［1］江苏新医学院. 中药大辞典（上册）[M]. 上海：上海科学技术出版社，1977:286-287.

［2］朱有昌. 东北药用植物 [M]. 哈尔滨：黑龙江科学技术出版社，1989:1027-1028.

［3］中国药材公司. 中国中药资源志要 [M]. 北京：科学出版社，1994:1146-1147.

▲ 穗花马先蒿植株

穗花马先蒿花序（淡粉色）

▲ 穗花马先蒿果实

▼ 穗花马先蒿花序（白色）

穗花马先蒿 *Pedicularis spicata* Pall.

药用部位 玄参科穗花马先蒿的全草及根。

原 植 物 一年生草本，高 30 ~ 80 cm。茎直立。叶基出，呈莲座状，较茎叶为小，叶片椭圆状长圆形；茎生叶多 4 枚轮生，叶片长圆状披针形至线状狭披针形。穗状花序生于茎枝之端，长可达 12 cm；苞片下部者叶状，中上部者为菱状卵形而有长尖头；萼短而钟形，长3 ~ 4 mm，萼齿 3；花冠红色，长 12 ~ 18 mm，管在萼口向前方以直角或相近的角度膝屈，下段长约 3 mm，上段 6 ~ 7 mm，向喉稍稍扩大，盔指向前上方，长仅 3 ~ 4 mm，下唇长于盔 2.0 ~ 2.5 倍，长6 ~ 10 mm，中裂较小，倒卵形；雄蕊花线一对有毛；柱头稍伸出。

▲ 穗花马先蒿群落

▲ 穗花马先蒿花序

蒴果长 6 ~ 7 mm，狭卵形。种子长 2 mm。花期 7—9 月，果 8—10 月。

生　境　生于林下、林缘、灌丛及草甸等处。

分　布　黑龙江塔河、呼玛、黑河、伊春市区、嘉荫、铁力、萝北、饶河、虎林、密山、东宁、宁安、五常、尚志、勃利、佳木斯等地。吉林长白山各地。辽宁桓仁。内蒙古额尔古纳、根河、陈巴尔虎旗、牙克石、鄂温克旗、阿尔山、科尔沁右翼前旗、扎鲁特旗、克什克腾旗、翁牛特旗、东乌珠穆沁旗、西乌珠穆沁旗等地。河北、山西、陕西、湖北、四川、甘肃。朝鲜、俄罗斯（西伯利亚中东部）、蒙古、日本。

采　制　夏、秋季采收全草，除去杂质，切段，洗净，鲜用或晒干。春、秋季采挖根，除去泥土，洗净，鲜用或晒干。

性味功效　味甘、微苦，性温。有大补元气、生津、安神、强心的功效。

主治用法　用于气血虚损、虚劳多汗、虚脱衰竭、血压降低等。水煎服。

用　量　适量。

◎参考文献◎

[1] 中国药材公司. 中国中药资源志要 [M]. 北京：科学出版社，1994:1146.

[2] 江纪武. 药用植物辞典 [M]. 天津：天津科学技术出版社，2005:580.

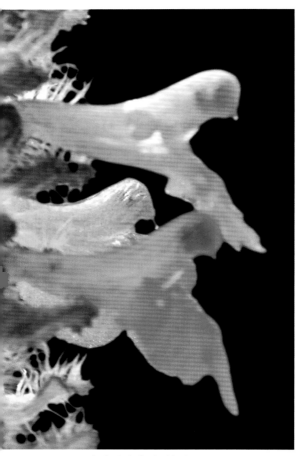

▲ 穗花马先蒿花（侧）

▲ 穗花马先蒿花

▲ 穗花马先蒿植株（侧）

▼轮叶马先蒿果实

▲轮叶马先蒿群落

轮叶马先蒿 *Pedicularis verticillata* L.

别　　名　轮花马先蒿

药用部位　玄参科轮叶马先蒿的全草及根。

原植物　多年生草本，高达 15 ~ 35 cm。茎直立。叶片长圆形至线状披针形，羽状深裂至全裂，长 2.5 ~ 3.0 cm。花序总状；萼球状卵圆形，具 10 条暗色脉纹，前方深开裂；花冠紫红色，长 13 mm，筒约在距基部 3 mm 处以直角向前膝屈，使其上段由萼的裂口中伸出，上段长 5 ~ 6 mm，下唇约与盔等长或稍长，中裂圆形而有柄；雄蕊药对离开而不并生，花丝前方一对有毛；花柱稍稍伸出。蒴果形状大小多变，披针形，端渐尖，不弓曲，或偶有全长向下弓曲者，或上线至近端处突然弯下成一钝尖，长 10 ~ 15 mm，宽 4 ~ 5 mm。种子黑色，半圆形，长 1.8 mm。花期 6—7 月，果 8—9 月。

生　　境　生于高山冻原或高山草甸，常聚集成簇生长。

分　　布　黑龙江尚志、五常等地。吉林安图、抚松、长白等地。内蒙古鄂伦春旗、牙克石、根河、克什克腾旗、敖汉旗、宁城、东

▲ 轮叶马先蒿植株

▼ 轮叶马先蒿花

乌珠穆沁旗、西乌珠穆沁旗、正蓝旗、正镶白旗等地。河北、
四川。朝鲜、俄罗斯、蒙古、日本。北半球绝大部分寒温带
地区。

采　制　夏、秋季采收全草，除去杂质，切段，洗净，鲜
用或晒干。春、秋季采挖根，除去泥土，洗净，鲜用或晒干。

性味功效　味甘、微苦，性温。有大补元气、生津、安神、
强心的功效。

主治用法　用于气血虚损、虚劳多汗、虚脱衰竭、血压降低等。
水煎服。

用　量　适量。

▼ 轮叶马先蒿幼株

◎参考文献◎

［1］中国药材公司 . 中国中药资源志要 [M]. 北京：科学出
　　版社，1994:1146.
［2］江纪武 . 药用植物辞典 [M]. 天津：天津科学技术出版社，
　　2005:581.

▲ 松蒿花（花瓣多裂）

▲ 松蒿果实

▼ 松蒿花（侧）

▲ 松蒿种子

松蒿属 *Phtheirospermum* Bge.

松蒿 *Phtheirospermum japonicum*（Thunb.）Kanitz.

俗　　名　糯蒿　山芝麻蒿　花叶草　山季草

药用部位　玄参科松蒿的全草。

原植物　一年生草本，高30～60 cm。茎直立或弯曲而后上升，通常多分枝。叶具长5～12 mm、边缘有狭翅的柄，叶片长三角状卵形，长15～55 mm，宽8～30 mm，近基部的羽状全裂，向上则为羽状深裂；

小裂片长卵形或卵圆形，歪斜，边缘具重锯齿或深裂，长 4 ~ 10 mm，宽 2 ~ 5 mm。花具长 2 ~ 7 mm 的梗，萼长 4 ~ 10 mm，萼齿 5，叶状，披针形，长 2 ~ 6 mm，宽 1 ~ 3 mm，羽状浅裂至深裂，裂齿先端锐尖；花冠紫红色至淡紫红色，长 8 ~ 25 mm，外面被柔毛；上唇裂片三角状卵形，下唇裂片先端圆钝；花丝基部疏被长柔毛。蒴果卵珠形，长 6 ~ 10 mm。种子卵圆形，扁平。花期 8—9 月，果期 9—10 月。

生　境　生于山坡草地及灌丛间。

分　布　黑龙江漠河、伊春市区、铁力、勃利、桦南、汤原、虎林、密山、穆棱、绥芬河、东宁、宁安、方正、五常、尚志、海林、牡丹江市区等地。吉林长白山各地及洮南。辽宁丹东市区、宽甸、凤城、本溪、桓仁、鞍山市区、岫岩、海城、庄河、大连市区、营口、法库、新民、锦州市区、北镇、绥中、朝阳、凌源、建平、彰武等地。内蒙古科尔沁右翼前旗、科

▼ 松蒿花（白色）

▲ 松蒿植株（后期）

尔沁右翼中旗、科尔沁左翼后旗、翁牛特旗、敖汉旗等地。全国各地（除新疆、青海）。朝鲜、日本、俄罗斯（西伯利亚中东部）。

采　制　秋季采收全草，除去杂质，洗净，晒干。

性味功效　味微辛，性平。有清热、利湿的功效。

主治用法　用于黄疸性肝炎、水肿、风热感冒、口舌生疮、牙龈炎、鼻炎等。水煎服。外用干品研末敷患处或熬水洗。

用　量　25 ~ 50 g。外用适量。

附　方

（1）治水肿：松蒿 50 g。水煎，于睡前服；同时煎水熏洗全身。

（2）治风热感冒：松蒿 25 g，生姜 3 片。水煎服。

▲ 松蒿花（浅粉色）　　　▼ 松蒿植株（前期）

◎参考文献◎

［1］江苏新医学院. 中药大辞典（上册）[M]. 上海：上海科学技术出版社，1977:1258.

［2］朱有昌. 东北药用植物 [M]. 哈尔滨：黑龙江科学技术出版社，1989:1028-1029.

［3］钱信忠. 中国本草彩色图鉴（第三卷）[M]. 北京：人民卫生出版社，2003:215-216.

▼ 松蒿花

地黄花（黄色）

▲地黄植株（岩生型）

地黄属 *Rehmannia* Libosch ex Fisch. et C. A. Mey.

地黄 *Rehmannia glutinosa*（Gaert.）Libosch ex Fisch. et C. A. Mey.

别　　名　婆婆奶　狗奶子

俗　　名　山烟　山旱烟根　酒壶花　山白菜

药用部位　玄参科地黄的块根（鲜根称"生地黄"）。

原 植 物　多年生草本，高 10 ～ 30 cm。根状茎肉质，鲜时黄色。叶通常在茎基部集成莲座状，向上则强烈缩小成苞片；叶片卵形至长椭圆形，长 2 ～ 13 cm，宽 1 ～ 6 cm。在茎顶部略排列成总状花序；萼长 1.0 ～ 1.5 cm，具 10 条隆起的脉，萼齿 5；花冠长 3.0 ～ 4.5 cm；花冠筒弓曲，外面紫红色，被多细胞长柔毛；花冠裂片 5，先端钝或微凹，内面黄紫色，外面紫红色，长 5 ～ 7 mm，宽 4 ～ 10 mm；雄蕊 4；药室矩圆形，长 2.5 mm，宽 1.5 mm，基部叉开，子房幼时 2 室，老时因隔膜撕裂而成一室；花柱顶部扩大成 2 枚片状柱头。蒴果卵形至长卵形，长 1.0 ～ 1.5 cm。花期 7—8 月，果 8—9 月。

生　　境　生于山坡沙质地、荒地及路旁。

分　　布　辽宁凌源、绥中、兴城、建平、北镇等地。内蒙古科尔沁左翼后旗、翁牛特旗、喀喇沁旗等地。河北、

▼地黄果实

▲ 地黄花（侧）

▲ 地黄花

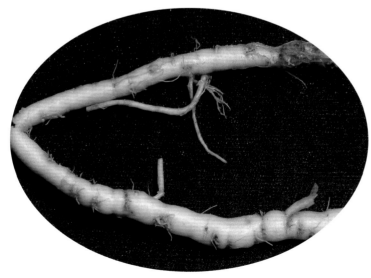

▲ 地黄块根

河南、浙江、江苏、安徽、陕西、山西、湖南、湖北、四川。朝鲜。

采　制　秋季采挖根，除去芦头、须根和泥沙，鲜用。

性味功效　鲜地黄：味甘，性寒。有清热、凉血、生津的功效。生地黄：味甘，性寒。有滋阴清热、生津润燥、凉血止血的功效。熟地黄：味甘、微苦，性微温。有滋阴补肾、补血调经的功效。

主治用法　鲜地黄：用于高热烦渴、虚劳骨蒸、发斑发疹、咽喉肿痛、吐血、衄血、尿血、便血、血崩、便秘等。水煎服，捣汁或熬膏。外用捣烂敷患处。生地黄：用于阴虚低热、消渴、津伤口渴、热病烦躁、咽喉肿痛、血热吐血、衄血、尿血、便血、功能性子宫出血、便秘、斑疹等。水煎服。脾虚泄泻、胃虚食少、胸膈多痰者禁用。熟地黄：用于阴虚血亏、肾虚、头晕耳鸣、腰膝酸软、潮热、盗汗、遗精、经闭、消渴、功能性子宫出血等。水煎服或入丸、散，熬膏或浸酒。

用　量　鲜地黄：20～50 g。生地黄：15～25 g。熟地黄：15～25 g。

附　方

（1）治肾虚头晕耳鸣、腰膝酸软、遗精：（六味地黄丸、汤）熟地黄20 g，山药、山萸肉、茯苓各15 g，泽泻、牡丹皮各10 g。水煎服或制成丸剂，每服15 g。

（2）治阴虚阳亢、头痛头晕：生地黄、白芍、生石决明各25 g，夏枯草、代赭石、牛膝、桑寄生各15 g，杜仲、菊花各10 g。水煎服。

（3）治咽喉肿痛、口干：生地黄20 g，玄参、麦门冬各15 g，金果榄、甘草各10 g。水煎服。

（4）治白喉：鲜地黄50 g，黄芩、连翘各30 g，麦门冬15 g，玄参25 g。每日1剂，水煎2次，混匀，分4次服。

（5）治心绞痛：（清心汤）生地黄、玄参、川芎各25 g，黄芩、苦丁茶、红花、郁金各15 g。水煎服，每日1剂。

（6）治吐血、衄血：生地黄、白茅根各50 g，小蓟、仙鹤草各25 g。水煎服。

（7）治蚕豆病：生地黄、当归各25 g，白芍、藕节各15 g。白茅根、仙鹤草各50 g，大枣5个，松针适量。水煎，分 2 次服，每日 1 剂。

（8）治慢性荨麻疹：生地黄、何首乌各 25 g，当归、白芍、玉竹各 15 g，丹皮 10 g，炒荆芥 7.5 g，大枣 5 个。水煎服。

（9）治红斑狼疮：生地黄 25 g，玄参、麦门冬各 20 g，丹皮、黄檗、白芍、女贞子、墨旱莲、茯苓各 15 g。水煎服。兼有气虚可加党参、黄芪各 15 g；肾阳虚可加仙茅、仙灵脾各 15 g。病情严重时，需酌情配肾上腺皮质激素治疗。

（10）治多发性大动脉炎：熟地黄 50 g，鹿角胶 15 g，白芥子 10 g，肉桂、炮姜炭各 5 g，麻黄 2 g。水煎服。若血瘀疼痛为主则加生黄芪、当归各 50 g，金银花 75 g。

（11）治过敏性紫癜：水牛角 50 g，生地黄 25 g，玄参 20 g，丹皮、丹参、银花、连翘、大青叶、阿胶珠各 15 g。水煎服。热证消除后可改用党参、黄芪、白术、当归、生地黄各 15 g，甘草 7.5 g，仙鹤草 50 g，大枣 10 个。

▲地黄植株（石生型）

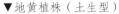
▼地黄植株（土生型）

附　注

（1）叶可治疗恶疮、手足癣等。花可治疗消渴、肾虚腰痛等。

（2）本品为《中华人民共和国药典》（2020 年版）收录的药材。

◎参考文献◎

［1］江苏新医学院．中药大辞典（上册）[M]．上海：上海科学技术出版社，1977:74-76，825-827．

［2］江苏新医学院．中药大辞典（下册）[M]．上海：上海科学技术出版社，1977:2568-2569，2626-2628．

［3］朱有昌．东北药用植物 [M]．哈尔滨：黑龙江科学技术出版社，1989: 1029-1032．

［4］《全国中草药汇编》编写组．全国中草药汇编（上册）[M]．北京：人民卫生出版社，1975:341-342．

▲ 鼻花群落

▼ 鼻花花

鼻花属 *Rhinanthus* L.

鼻花 *Rhinanthus glaber* Lam.

药用部位 玄参科鼻花的全草。

原植物 一年生草本,植株直立,高 15 ~ 60 cm。茎有棱,有 4 列柔毛,不分枝或分枝,分枝及叶几乎垂直向上,紧靠主轴。叶无柄,条形至条状披针形,长 2 ~ 6 cm,与节间近等长,两面有短硬毛,背面的毛着生于斑状突起上,叶缘有规则的三角状锯齿,齿尖朝向叶顶端,齿缘有胼胝质加厚,并有短硬毛。苞片比叶宽,花序下端的苞片边缘齿长而尖,而花序上部的苞片具短齿;花梗很短,长仅 2 mm;花萼长约 1 cm;花冠黄色,长约 17 mm,下唇贴于上唇。蒴果直径 8 mm,藏于宿存的萼内。种子长达 4.5 mm,边缘有宽达 1 mm 的翅。花期 6—8 月,果期 8—9 月。

生 境 生于草甸及路边等处,常聚集成片生长。

分 布 黑龙江伊春。内蒙古额尔古纳、根河、牙克石等地。新疆。俄罗斯(西伯利亚)。欧洲。

采 制 秋季采收全草,除去杂质,洗净,晒干。

主治用法 用作杀虫剂。

▲ 鼻花花（侧）

用　量 适量。

◎参考文献◎

［1］江纪武．药用植物辞典［M］．天津：天津科学

技术出版社，2005:681.

鼻花种子

▲ 鼻花果实

▲ 鼻花植株

玄参属 *Scrophularia* L.

玄参 *Scrophularia ningpoensis* Hemsl.

| 别　　名 | 元参　浙玄参 |

别　　名　元参　浙玄参

药用部位　玄参科玄参的根。

原 植 物　多年生草本，可超过 1 m。枝根数条，纺锤形或胡萝卜状膨大。茎四棱形，常分枝。叶在茎下部多对生而具柄，上部有时互生而柄极短，柄长者达 4.5 cm，叶片卵形。花序为疏散的大圆锥花序，由顶生和腋生的聚伞圆锥花序合成，长 20 ~ 40 cm，聚伞花序常二至四回复出；花梗长 3 ~ 30 mm，有腺毛；花褐紫色；花萼长

▼ 玄参根

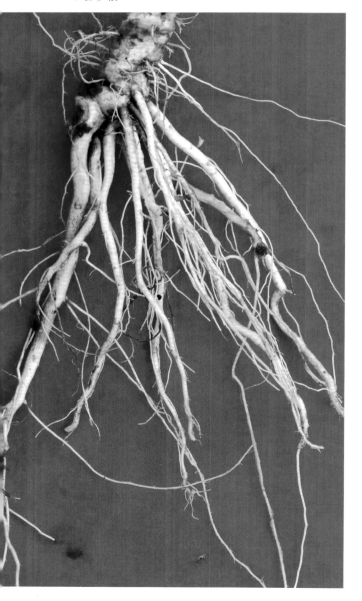

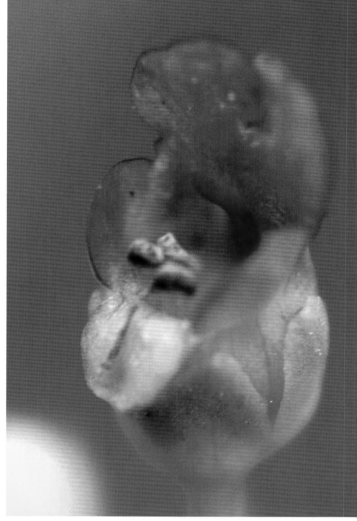

▲ 玄参花（紫色）

2 ~ 3 mm，裂片圆形，边缘稍膜质；花冠长 8 ~ 9 mm，花冠筒球形，上唇长于下唇约 2.5 mm，裂片圆形，相邻边缘相互重叠，下唇裂片卵形，中裂片稍短；雄蕊稍短于下唇，花丝肥厚，退化雄蕊大而近于圆形；花柱长约 3 mm。蒴果卵圆形。花期 7—8 月，果期 9—10 月。

生　　境　生于沟谷、河岸、山坡、林缘等较湿润的土壤中。

分　　布　原产中国河北、河南、山西、陕西、湖北、安徽、江苏、浙江、福建、江西、湖南、广东、贵州、四川等地，在东北被当作中药栽培，在吉林通化市逸为野生，成为本地区的归化植物。

采　　制　春、秋季采挖根，除去泥土，洗净，晒干。

性味功效　味苦、咸，性凉。有清热凉血、滋阴降火、解毒散结的功效。

主治用法　用于身热、烦渴、骨蒸劳嗽、虚烦不寐、津伤便秘、目涩昏花、咽喉肿痛、瘰疬痰核、痈疽疮毒等。水煎服或捣敷或研末调敷。

用　　量　10 ~ 25 g。外用适量。

附　　注　本品为《中华人民共和国药典》（2020 年版）收录的药材。

▲玄参植株

◎参考文献◎

［1］江苏新医学院.中药大辞典（上册）[M].上海：上海科学技术出版社，1977:769-771.

［2］中国药材公司.中国中药资源志要[M].北京：科学出版社，1994:1152.

［3］江纪武.药用植物辞典[M].天津：天津科学技术出版社，2005:736.

砾玄参 *Scrophularia incisa* Weinm

药用部位 玄参科砾玄参的根。

原植物 半灌木状草本，高20～70 cm。茎近圆形，无毛或上部生微腺毛。叶片狭矩圆形至卵状椭圆形，长1～5 cm，顶端锐尖至钝，基部楔形至渐狭呈短柄状，边缘变异很大，有浅齿至浅裂，稀基部有1～2枚深裂片，无毛，稀仅脉上有糠秕状微毛。顶生、稀疏而狭的圆锥花序长10～35 cm，聚伞花序有花1～7，总梗和花梗都生微腺毛；花萼长约2 mm，无毛或仅基部有微腺毛，裂片近圆形，有狭膜质边缘；花冠玫瑰红色至暗紫红色，下唇色较浅，长5～6 mm，花冠筒球状筒形，长约为花冠之半，上唇裂片顶端圆形，下唇侧裂片长约为上唇之半；雄蕊约与花冠等长，退化雄蕊长矩圆形，顶端圆至略尖；子房长约1.5 mm，花柱长约为子房的3倍。蒴果球状卵形，连同短喙长约6 mm。花期6—8月，果期8—9月。

生　境 生于河滩石砾地、湖边沙地及湿山沟草坡等处。

分　布 黑龙江伊春、铁力等地。内蒙古新巴尔虎左旗、新巴尔虎右旗、科尔沁右翼前旗、西乌珠穆沁旗、镶黄旗、苏尼特左旗、苏尼特右旗等地。宁夏、甘肃、青海。俄罗斯（西伯利亚）、蒙古。

采　制 春、秋季采挖根，除去泥土，洗净，晒干。

性味功效 味苦，性凉。有滋阴、降火、除烦、解毒的功效。

主治用法 用于热病烦渴、发斑、骨蒸劳热、夜寐不宁、自汗盗汗、津伤便秘、吐血、衄血、咽喉肿痛、痈肿、瘰疬等。水煎服。外用研末调敷。

用　量 1.5～3.0 g。外用适量。

◎参考文献◎

［1］中国药材公司.中国中药资源志要[M].北京：科学出版社，1994:1152.

［2］江纪武.药用植物辞典[M].天津：天津科学技术出版社，2005:736.

▲砾玄参花（背）

▲砾玄参花

▲砾玄参植株

▲ 砾玄参幼株

▲ 砾玄参果实

北玄参 *Scrophularia buergeriana* Miq.

俗　　名　小山白薯　黑元参

药用部位　玄参科北玄参的根。

原 植 物　多年生高大草本,高可达1.5 m。有一段不长的地下茎。根头肉质结节,支根纺锤形膨大。茎四棱形。叶片卵形至椭圆状卵形。花序穗状,长达50 cm,宽不超过2 cm,除顶生花序外,常由上部叶腋发出侧生花序,聚伞花序全部互生或下部的极接近而似对生;总花梗和花梗均不超过5 mm,有腺毛;花萼长约2 mm,裂片卵状椭圆形至宽卵形,顶端钝至圆形;花冠黄绿色,长5～6 mm,上唇长于下唇约1.5 mm,两唇的裂片均圆钝,上唇二裂片边缘互相重叠,下唇中裂片略小;雄蕊几与下唇等长,退化雄蕊倒卵状圆形;花柱长3 mm,约为子房的2倍。蒴果卵

▼ 北玄参花（侧）

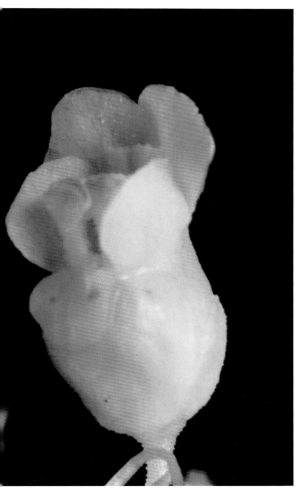

北玄参花

▲北玄参幼株

圆形。花期7月,果期8—9月。

生　　境　生于沟谷、河岸、山坡、林缘等较湿润的土壤中。

分　　布　黑龙江尚志、铁力、勃利、东宁等地。吉林安图、抚松、长白等地。辽宁丹东市区、凤城、桓仁、西丰、辽阳、大连、凌源等地。山西、河北、山东、江苏、安徽、浙江。朝鲜、俄罗斯(西伯利亚中东部)。

采　　制　春、秋季采挖根,除去泥土,洗净,晒干。

性味功效　味甘、苦、咸,性凉。有滋阴、降火、除烦、解毒的功效。

主治用法　用于热病烦渴、发斑、骨蒸劳热、夜寐不宁、自汗盗汗、津伤便秘、吐血、衄血、咽喉肿痛、扁桃体炎、齿龈炎、痈肿、急性淋巴结炎、淋巴结结核、血栓闭塞性脉管炎等。水煎服,或入丸、散。外用捣敷或研末调敷。不宜与藜芦同用。脾胃有湿及脾虚便溏者忌服。

▲北玄参植株

（5）治药物性皮炎：北玄参25g，土茯苓50g，生地黄30g，板蓝根、金银花、黄檗、制大黄、苍术各15g，生甘草7.5g。水煎服，每日1剂。

（6）治闭塞性脉管炎（手足脱疽）：北玄参、金银花各75g，当归50g，生甘草25g。水煎服。

（7）治颈淋巴腺结核（未破）：北玄参、土贝母、生牡蛎各200g。共研末，做蜜丸，每服15g，开水送服，每日2次。

（8）解诸热、消疮毒：北玄参、生地黄各50g，大黄25g（煨）。上为末，炼蜜丸，灯芯草、淡竹叶汤下，或入砂糖少许亦可。

◎参考文献◎

［1］朱有昌.东北药用植物 [M].哈尔滨：黑龙江科学技术出版社，1989:1032-1034.

［2］《全国中草药汇编》编写组.全国中草药汇编（上册）[M].北京：人民卫生出版社，1975:221-222.

［3］中国药材公司.中国中药资源志要 [M].北京：科学出版社，1994:1152.

| 用 量 | 10 ~ 20 g。 |

附　方

（1）治热病伤津、口干便秘：北玄参、麦门冬、生地黄各25g。水煎服。

（2）治淋巴结结核：北玄参、牡蛎各25g，浙贝母15g。水煎服。

（3）治慢性咽炎：北玄参15g，桔梗7.5g，甘草5g。水煎服。或用北玄参25g、牛蒡子10g。水煎，日服2次。

（4）治齿龈炎：北玄参、生地黄、生石膏（先煎）各25g，麦门冬、牛膝各15g。水煎服，每日1剂。

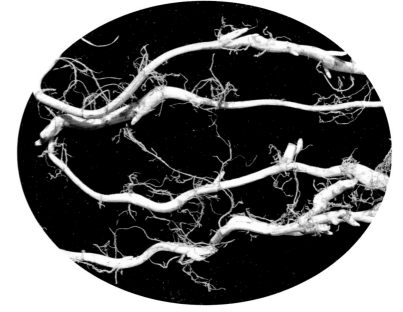

▲北玄参根

丹东玄参 *Scrophularia kakudensis* Franch.

别　　名 广萼玄参

俗　　名 元参

药用部位 玄参科丹东玄参的根。

原 植 物 多年生草本,高达 1 m 以上。有一段直生而具须根的地下茎。支根纺锤形膨大。茎四棱形。叶片卵形至狭卵形,基部近圆形、近截形至微心形,边具整齐锯齿。花序顶生和腋生,集成一大型圆锥花序,长达 30 cm;总梗和花梗长达 1.5 cm,均生腺毛;花萼长约 4.5 mm,裂片卵状椭圆形至宽卵形,顶端锐尖;花冠外面绿色而内带紫褐色,长 7 ~ 8 mm,花冠筒球状筒形,上唇长于

▼丹东玄参果实

▲丹东玄参花

下唇约 2 mm,上唇裂片近圆形,下唇裂片长约 1.5 mm;雄蕊约与下唇等长,花丝扁,微毛状粗糙,退化雄蕊扇状圆形,长约 1.5 mm;子房长 2.0 ~ 2.5 mm,花柱稍长于子房。蒴果宽卵形,长 7 ~ 9 mm。花期 7—8 月,果期 9—10 月。

生　　境 生于山坡灌丛中。

分　　布 吉林延吉、龙井等地。辽宁丹东、岫岩等地。朝鲜、日本。

采　　制 春、秋季采挖根,除去泥土,洗净,晒干。

性味功效 味苦、咸,性凉。有滋阴、降火、除烦、解毒的功效。

主治用法 用于热病烦渴、发斑、骨蒸劳热、夜寐不安、咽喉肿痛、痈肿、瘰疬、津上便秘等。水煎服。

▼丹东玄参根

▼丹东玄参花（背）

▲丹东玄参植株

用　量　6～9g。

◎参考文献◎

［1］中国药材公司.中国中药资源志要[M].北京：科学
　　出版社，1994:1151-1152.

［2］江纪武.药用植物辞典[M].天津：天津科学技术出
　　版社，2005:736.

▲ 阴行草花

▼ 阴行草果实

阴行草属 *Siphonostegia* Benth.

阴行草 *Siphonostegia chinensis* Benth.

别　名　刘寄奴　黄花茵陈　金钟茵陈

俗　名　罐儿茶　除毒草　鬼麻油　吹风草　随风草　风吹草　五毒草

药用部位　玄参科阴行草的全草（入药称"铃茵陈"）。

原植物　一年生草本，直立，高 30 ～ 80 cm。叶对生；叶片厚纸质，广卵形，长 8 ～ 55 mm。花对生于茎枝上部，或有时假对生，构成稀疏的总状花序；苞片叶状，较萼短；花梗短，长 1 ～ 2 mm，有一对小苞片，线形，长约 10 mm；花萼管部很长，长 10 ～ 15 mm，10 条主脉质地厚而粗壮，齿 5；花冠上唇红紫色，下唇黄色，长 22 ～ 25 mm，上唇镰状弓曲，顶端截形；下唇顶端 3 裂，裂片卵形；雄蕊 2 强，着生于花管的中上部，前方一对花丝较短，花药 2 室，长椭圆形；子房长卵形，长约 4 mm，柱头头状，常伸出于盔外。蒴果被包于宿存的萼内；种子黑色，长卵圆形。花期 7—8 月，果期 8—9 月。

生　境　生于山坡沙质地、荒地及路旁等处。

分　布　黑龙江哈尔滨、宾县、尚志、东宁、穆棱、林口、鸡西、桦川、勃利、依兰、通河、伊春、安达、穆棱、杜尔伯特、龙江、林甸、泰来等地。吉林通榆、镇赉、洮南、长岭、前郭、

▲ 阴行草花（侧）

▼ 阴行草幼株

大安、双辽、通化、安图、龙井、珲春、磐石、长春市区、舒兰、伊通、九台、吉林市区、东丰等地。辽宁沈阳市区、新宾、法库、铁岭、西丰、开原、彰武、阜新、凌源、海城、营口、大连、丹东市区、本溪、桓仁、凤城、朝阳等地。内蒙古鄂伦春旗、鄂温克旗、阿荣旗、科尔沁右翼前旗、科尔沁左翼后旗、扎赉特旗、扎鲁特旗、奈曼旗、克什克腾旗、翁牛特旗、喀喇沁旗、宁城、东乌珠穆沁旗、西乌珠穆沁旗等地。华北、华中、华南、西南。朝鲜、俄罗斯、蒙古、日本。

采　制　夏、秋季采收全草，除去杂质，洗净，切段，晒干。

性味功效　味苦，性凉。有清热利湿、凉血止血、通经活血、祛瘀、消肿止痛的功效。

主治用法　用于黄疸、蚕豆病、尿路结石、小便不利、水肿腹胀、肾炎、跌损瘀痛、血痢、血淋、白带过多、月经不调、经闭、症瘕、产后腹痛、感冒、咳嗽、烧烫伤及胆囊炎等。水煎服或研末。外用研末调敷或撒患处。本品多服有吐泻作用。气血虚弱者慎服。

用　　量　15～25 g（鲜品 50～100 g）。外用适量。

附　　方

（1）治黄疸型肝炎：阴行草、金丝桃、地柏枝各 50 g，老萝卜根 15 g。水煎服。

（2）治胆囊炎：阴行草、地耳草、大青叶、海金沙、白花蛇舌草、穿破石各 25 g。水煎服。

（3）治烧烫伤：阴行草、炉甘石各等量。共研细粉，香油适量调敷患处。每日 1 次。

（4）治湿热黄疸、小便不利、遍身发黄：阴行草 50～100 g。水煎，日服 2 次。

（5）治碰伤、摔伤、伤处疼痛：阴行草、骨碎补、延胡索各 15 g。水煎服。或用阴行草研末，泡酒服。每次 5～10 g，每日 1 次，连服 3～4 次。

（6）治刀伤出血：阴行草全草适量。焙干，研末外敷。

（7）治烧烫伤、肿泡流水、局部皮肤灼焦：阴行草、生地榆、大黄各等量。共研细末，芝麻油调敷患处。

（8）治血淋、小腹胀满：阴行草 25 g。开水炖，加冬蜜冲，日服 2 次。

（9）治创伤尿血：阴行草、车前子、生地各 10 g。水煎，日服 2 次。

（10）治淋浊：阴行草 25 g，白茯苓 20 g。水煎，日服 2 次。

（11）治淋痛：阴行草、车前子各 25 g。水煎，日服 2 次。

（12）治尿道涩痛：阴行草、王不留行各 25 g。研细末，水煎，日服 2 次。

▼ 阴行草种子

▲ 阴行草植株

附　　注　本品为《中华人民共和国药典》（2020年版）收录的药材。中药名为"北刘寄奴"。

◎参考文献◎

［1］江苏新医学院. 中药大辞典（下册）[M]. 上海：上海科学技术出版社，1977:1868.

［2］朱有昌. 东北药用植物 [M]. 哈尔滨：黑龙江科学技术出版社，1989:1034－1036.

［3］中国药材公司. 中国中药资源志要 [M]. 北京：科学出版社，1994:1152.

▲ 细叶婆婆纳花（侧）

▼ 细叶婆婆纳植株

婆婆纳属 Veronica L.

细叶婆婆纳 *Veronica linariifolia* Pall. ex Link

别　名 水蔓菁　勒马回　一枝香　细叶穗花
俗　名 斩龙剑　狗尾巴蓝　追风草
药用部位 玄参科细叶婆婆纳的全草。
原植物 多年生草本。根状茎短，高 30 ～ 80 cm。茎直立，单生或稀为二株丛生，通常不分枝，被白色而多为卷曲的柔毛。叶全为互生，稀下部叶对生，叶片条形、线状披针形或长圆状披针形，长 2 ～ 6 cm，宽 2 ～ 7 mm，下部叶全缘，上部叶具粗疏牙齿，无毛或被白色的柔毛。总状花序顶生，长穗状；花梗短，被柔毛；花萼 4 深裂，裂片披针形，有睫毛；花冠蓝色或紫色，长 5 ～ 6 mm，筒部长约为花冠长的 1/3，喉部有柔毛，裂片不等，后方 1 枚圆形，其余 3 枚卵形。蒴果卵球形，稍扁，顶端微凹。花期 7—8 月，果期 8—9 月。
生　境 生于林缘、草甸、山坡草地及灌丛等处。
分　布 黑龙江呼玛、黑河、萝北、抚远、同江、饶河、虎林、密山、穆棱、东宁、五常、尚志等地。吉林通榆、镇赉、洮南、长岭、前郭、大安、长白、抚松、安图、柳河、靖宇、临江、和龙等地。辽宁丹东市区、凤城、本溪、桓仁、抚顺、铁岭、西丰、法库、沈阳市区、新民、鞍山、盖州、瓦房店、长海、大连市区、阜新、凌源等地。内蒙古额尔古纳、根河、陈巴尔虎旗、牙克石、鄂伦春旗、鄂温克旗、莫力达瓦旗、扎兰屯、阿尔山、科尔沁右

翼前旗、扎鲁特旗、克什克腾旗、东乌珠穆沁旗、西乌珠穆沁旗、正蓝旗、正镶白旗、太仆寺旗、多伦等地。朝鲜、俄罗斯（西伯利亚中东部）。

采　制　夏、秋季采收全草，除去杂质，切段，洗净，晒干。

性味功效　味苦，性微寒。有清热解毒、止咳化痰、利尿的功效。

主治用法　用于慢性气管炎、肺脓肿、咳吐脓血、急性肾炎、尿路感染、痔疮、皮肤湿疹、风疹瘙痒、疖痈疮疡。水煎服。外用煎水洗患处。

用　量　10～15 g。外用适量。

▲ 细叶婆婆纳果实

◎参考文献◎

［1］江苏新医学院.中药大辞典（上册）[M].上海：上海科学技术出版社，1977:4-5.

［2］朱有昌.东北药用植物 [M].哈尔滨：黑龙江科学技术出版社，1989:1038-1039.

［3］中国药材公司.中国中药资源志要 [M].北京：科学出版社，1994:1156.

▲ 细叶婆婆纳花

▼ 细叶婆婆纳群落

的叶具长达 2 cm 的柄，上部的近无柄，叶缘具圆钝齿或全缘。花序长穗状；花梗极短；花萼长约 2 mm；花冠蓝色、蓝紫色或白色，长 5 ~ 7 mm，筒长 1.5 ~ 2.0 mm，裂片常反折，圆形、卵圆形至卵形；雄蕊略伸出；子房及花柱下部被多细胞腺毛。蒴果长略超过花萼长，被毛。花期 7—8 月，果期 8—9 月。

生　境　生于林缘、草甸及沙丘上。

分　布　黑龙江呼玛、黑河、塔河等地。吉林长白、抚松、安图、柳河、靖宇、临江、和龙等地。辽宁丹东市区、凤城、本溪、桓仁、抚顺、铁岭、西丰、法库、沈阳市区、新民、鞍山、盖州、瓦房店、长海、大连市区、阜新、凌源等地。内蒙古额尔古纳、牙克石、阿尔山、科尔沁右翼前旗、克什克腾旗、翁牛特旗、东乌珠穆沁旗、西乌珠穆沁旗、正蓝旗、正镶白旗等地。俄罗斯（西伯利亚中东部）、蒙古。欧洲。

采　制　夏、秋季采收全草，除去杂质，切段，洗净，晒干。

性味功效　有祛风湿、解毒、止痛的功

▲白婆婆纳花序

白婆婆纳 *Veronica incana* L.

别　名　白毛穗花

药用部位　玄参科白婆婆纳的全草。

原植物　多年生草本。植株全体密被白色绵毛，呈白色，仅叶上面较稀而呈灰绿色。茎数枝丛生，直立或上升，不分枝，高 15 ~ 40 cm。叶对生，上部的有时互生，下部的叶片矩圆形至椭圆形，上部的常为宽条形，长 1.5 ~ 5.0 cm，宽 0.3 ~ 1.5 cm，顶端钝至急尖，基部楔状渐窄，下部

▼白婆婆纳幼株

效。

主治用法 用于伤风感冒、肢节酸痛、痈疖红肿等。水煎服。外用捣烂敷患处。

用　　量 适量。

◎参考文献◎

［1］中国药材公司.中国中药资源志要[M].北京：科学出版社，1994:1156.

［2］江纪武.药用植物辞典[M].天津：天津科学技术出版社，2005:845.

▲白婆婆纳植株（花白色）

▼白婆婆纳植株

▼白婆婆纳花序（花白色）

▲ 东北婆婆纳花

▼ 东北婆婆纳花（侧）

东北婆婆纳 *Veronica rotunda* Nakai var. *subintegra*（Nakai）Yamazaki

药用部位 玄参科东北婆婆纳的全草。

原植物 多年生草本，高50～70 cm。叶对生，茎节上有一环连接叶基部，中下部的叶无柄，抱茎，上部的叶无柄或有短柄，披针形、广披针形或长圆形，长5～14 cm，宽1.5～3.0 cm，基部楔形，顶端急尖至渐尖。总状花序长8～30 cm，单生或分枝，花序轴密被白色短柔毛；花梗长2～4 mm；苞片线形，长2～3 mm；花萼裂片4，披针形，长约2 mm；花冠蓝色或蓝紫色、淡紫色，稀白色，长6～7 mm，筒部短，为全长的1/4，里面被长毛，裂片开展，卵形或长圆形；雄蕊伸出花冠外。蒴果倒心状椭圆形或近椭圆形，长3～5 mm。种子卵圆形或椭圆形，长约1 mm，褐色，扁平。花期6—8月，果期8—9月。

生　　境　生于草甸、林缘草地、水边、沼泽地及林中等处。

分　　布　黑龙江黑河市区、嫩江、孙吴、虎林、密山、穆棱、东宁、五常、尚志等地。吉林洮南、乾安、大安、蛟河、辉南等地。辽宁本溪。内蒙古科尔沁右翼前旗。朝鲜、俄罗斯（西伯利亚中东部）、日本。

采　　制　夏、秋季采收全草，除去杂质，切段，洗净，晒干。

性味功效　有镇咳、祛痰、消炎、平喘的功效。

▼ 东北婆婆纳花序

▲ 东北婆婆纳植株

主治用法　用于咳嗽、哮喘、气管炎。水煎服。

用　　量　适量。

◎ 参考文献 ◎

[1] 江纪武. 药用植物辞典 [M]. 天津：天津科学技术出版社，2005:845.

▲ 小婆婆纳果实

▼ 小婆婆纳植株

小婆婆纳 *Veronica serpyllifolia* L.

别　　名　百里香叶婆婆纳　仙桃草

药用部位　玄参科小婆婆纳果实中有虫瘿的全草（入药称"地涩涩"）。

原 植 物　多年生草本。茎多枝丛生，下部匍匐生根，中上部直立，高 10 ～ 30 cm，被多细胞柔毛，上部常被多细胞腺毛。叶无柄，有时下部的有极短的叶柄，卵圆形至卵状矩圆形，长 8 ～ 25 mm，宽 7 ～ 15 mm，边缘具浅齿缺，极少全缘，三至五出脉或为羽状叶脉。总状花序多花，单生或复出，果期长达 20 cm，花序各部分密或疏地被多细胞腺毛；花冠蓝色、紫色或紫红色，长 4 mm。蒴果肾形或肾状倒心形，长 2.5 ～ 3.0 mm，宽 4 ～ 5 mm，基部圆或几乎平截，边缘有一圈多细胞腺毛，花柱长约 2.5 mm。花期 6—7 月，果期 8—9 月。

生　　境　生于湿草甸、林缘及山坡草地等处。

分　　布　吉林长白、抚松、安图、和龙等地。陕西、湖南、湖北、甘肃、贵州、云南。朝鲜。北半球绝大部分温带和亚热带高山地区。

▲小婆婆纳花

采 制　夏、秋季采收全草，除去杂质，切段，洗净，晒干。

性味功效　味甘、苦、涩，性平。有活血止血、清热解毒的功效。

主治用法　用于月经不调、跌打内伤、外伤出血、烧烫伤、蛇咬伤。水煎服。外用鲜草捣烂敷患处。

用 量　5～15 g。外用适量。

◎参考文献◎

［1］江苏新医学院.中药大辞典（上册）[M].上海：上海科学技术出版社，1977:824.

［2］中国药材公司.中国中药资源志要[M].北京：科学出版社，1994:1157-1158.

▲小婆婆纳花（侧）

▲ 大婆婆纳群落

▼ 大婆婆纳幼株

大婆婆纳 *Veronica dahurica* Stev.

别　　名　大穗花

药用部位　玄参科大婆婆纳的全草。

原 植 物　多年生草本。茎单生或数枝丛生，直立，高可达1 m，不分枝或稀少上部分枝。叶对生，在茎节上有一个环连接叶柄基部，叶柄长1.0～1.5 cm，少有较短的，叶片卵形，卵状披针形或披针形，基部常心形，顶端常钝，少急尖，长2～8 cm，宽1.0～3.5 cm，两面被短腺毛，边缘具深刻的粗钝齿，常夹有重锯齿，基部羽状深裂过半，裂片外缘有粗齿，叶腋有不发育的分枝。总状花序长穗状，单生或因茎上部分枝而复出；花梗长2～3 mm；花冠白色或粉色，长8 mm，筒部占1/3长，檐部裂片开展，卵圆形至长卵形；雄蕊略伸出。蒴果与萼近等长，花柱长近1 cm。花期7—8月，果期8—9月。

生　　境　生于草地、沟谷、沙丘及疏林下。

分　　布　黑龙江漠河、呼玛、萝北、伊春、牡丹江、虎林等地。吉林扶余、东丰、梅河口等地。内蒙古额尔古纳、根河、陈巴尔虎旗、牙克石、鄂温克旗、阿尔山、科尔沁右翼前旗、扎鲁特旗、克什克腾旗、巴林右旗、东乌珠穆沁旗、西乌珠穆沁旗、正蓝旗、正镶白旗、多伦等地。河北、河南。朝鲜、俄罗斯（西伯利亚）、蒙古。

附　注　本品被收录为内蒙古药用植物。

◎参考文献◎

[1] 江纪武. 药用植物辞典 [M]. 天津：天津科学
技术出版社，2005:844.

▲大婆婆纳花

▲大婆婆纳种子

▲大婆婆纳果实

▲大婆婆纳花序

▲大婆婆纳植株

▲ 兔儿尾苗群落

▼ 兔儿尾苗幼株

兔儿尾苗 *Veronica longifolia* L.

别　　名　长尾婆婆纳

药用部位　玄参科兔儿尾苗的全草。

原 植 物　多年生草本。茎单生或数枝丛生，近于直立，不分枝或上部分枝，高 40 cm 至 1 m，无毛或上部有极疏的白色柔毛。叶对生，偶 3 ~ 4 枚轮生，节上有一环连接叶柄基部，叶腋有不发育的分枝；叶柄长 2 ~ 4 mm，偶达 1 cm；叶片披针形，渐尖，基部圆钝至宽楔形，有时浅心形，长 4 ~ 15 cm，宽 1 ~ 3 cm，边缘为深刻的尖锯齿，常夹有重锯齿，两面无毛或有短曲毛。总状花序常单生，少复出，长穗状；花梗直，长约 2 mm；花冠紫色或蓝色，长 5 ~ 6 mm，筒部长占 2/5 ~ 1/2，裂片开展，后方 1 枚卵形，其余长卵形；雄蕊伸出。蒴果长约 3 mm，花柱长 7 mm。花期 7—8 月，果期 8—9 月。

生　　境　生于草甸子、林缘草地或灌丛等处。

分　　布　黑龙江呼玛、黑河、萝北、饶河、虎林、密山、穆棱、东宁、宁安、五常、尚志、勃利、伊春市区、铁力等地。吉林安图、抚松、长白、柳河、和龙、临江、靖宇、珲春、镇赉等地。内蒙古额尔古纳、根河、陈巴尔虎旗、牙克石、鄂伦春旗、鄂温克旗、莫力达瓦旗、扎兰屯、阿尔山、科尔沁右翼前旗、扎鲁特旗、克

什克腾旗、翁牛特旗、东乌珠穆沁旗、西乌珠穆沁旗等地。朝鲜、俄罗斯（西伯利亚）。亚洲（中部）、欧洲。

采　　制　夏、秋季采收全草，除去杂质，切段，洗净，晒干。

性味功效　有祛风除湿、解毒、止痛的功效。

主治用法　用于风湿性腰腿痛、咳嗽、气管炎、膀胱炎等。水煎服。

用　　量　适量。

◎参考文献◎

［1］中国药材公司.中国中药资源志要[M].北京：科学出版社，1994:1157.

［2］江纪武.药用植物辞典[M].天津：天津科学技术出版社，2005:845.

▲兔儿尾苗花

▲兔儿尾苗花序

▲兔儿尾苗植株（花白色）

▲ 兔儿尾苗植株

▲蚊母草虫瘿

▲蚊母草植株

▲蚊母草花

蚊母草 *Veronica peregrina* L.

别　　名　蚊母婆婆纳　水蓑草　仙桃草
药用部位　玄参科蚊母草的干燥带虫瘿全草。
原 植 物　一年生草本，株高 10 ~ 25 cm。通常自基部多分枝，主茎直立，侧枝披散，全体无毛或疏生柔毛。叶无柄，下部的倒披针形，上部的长矩圆形，长 1 ~ 2 cm，宽 2 ~ 6 mm，全缘或中上端有三角状锯齿。总状花序长，果期达 20 cm；苞片与叶同形而略小；花梗极短；花萼裂片长矩圆形至宽条形，长 3 ~ 4 mm；花冠白色或浅蓝色，长 2 mm，裂片长矩圆形至卵形；雄蕊短于花冠。果倒心形，明显侧扁，长 3 ~ 4 mm，宽略过之，边缘生短腺毛，宿存的花柱不超出凹口。种子矩圆形。花期 5—6 月，果期 7—8 月。
生　　境　生于湿草地及沟边等处。
分　　布　黑龙江尚志、五常、海林、宁安、东宁、绥芬河、穆棱、密山、虎林、饶河、宝清、鹤岗、佳木斯市区、汤原、桦川、桦南、勃利等地。吉林长白山各地。内蒙古额尔古纳、陈巴尔虎旗、新巴尔虎左旗、新巴尔虎右旗、鄂温克旗等地。华东、华中、西南。朝鲜、俄罗斯（西伯利亚）、日本。南美洲、北美洲。
采　　制　夏、秋季采收带虫瘿全草，除去杂质，切段，洗净，晒干。
性味功效　味辛，性凉。有活血、止血、行气、止痛、清肺热、和肝胃的功效。
主治用法　用于咳嗽痰中带血、吐血、便血、鼻衄、咽喉肿痛、痛经、骨折、跌打损伤、胃痛、疝痛。水煎服。外用捣烂敷患处。
用　　量　5 ~ 15 g。外用适量。

◎参考文献◎
［1］中国药材公司.中国中药资源志要 [M].北京：科学出版社，1994:1157.
［2］江纪武.药用植物辞典 [M].天津：天津科学技术出版社，2005:845.

▲ 石蚕叶婆婆纳花（侧）

石蚕叶婆婆纳 *Veronica chamaedrys* L.

药用部位 玄参科石蚕叶婆婆纳的全草。

原植物 多年生草本。茎上升，高 10 ~ 50 cm，不
分枝，密生两列多细胞长柔毛。叶下部的具极短的叶
柄，中上部的无柄，叶片卵形或圆卵形，长 2.5 cm，
宽 1.5 ~ 2.0 cm，顶端钝，基部平截或浅心形，边缘
为深刻的钝齿，两面疏被短毛。总状花序成对，侧生

▼ 石蚕叶婆婆纳幼株

▲ 石蚕叶婆婆纳果实

于茎上部叶腋，除花冠外，花序各部分被多
细胞腺毛；苞片条状椭圆形，短于或等长于
花梗；花萼裂片 4，披针形；花冠辐状，直
径约 12 mm，后方和侧面裂片宽大于长，
前方裂片倒卵圆形，花冠内面几乎无毛；雄
蕊短于花冠；花柱长 5 ~ 6 mm。蒴果倒心形。
花期 6—7 月，果期 7—8 月。

▲石蚕叶婆婆纳群落

▲石蚕叶婆婆纳花

生　境　生于林缘、湿草地或铁路边。

分　布　吉林集安。辽宁凤城。朝鲜、俄罗斯（西伯利亚）。欧洲。

采　制　夏、秋季采收全草，除去杂质，切段，洗净，晒干。

性味功效　有清热解毒的功效。

用　量　适量。

◎参考文献◎

[1] 江纪武. 药用植物辞典 [M]. 天津：天津科学技术出版社，2005:844.

▲石蚕叶婆婆纳植株

北水苦荬虫瘿

▲ 北水苦荬群落

▼ 北水苦荬植株

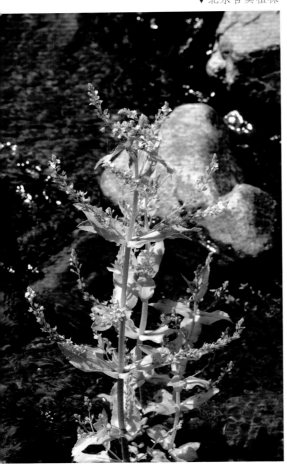

北水苦荬 *Veronica anagallis-aquatica* L.

别　　名	水苦荬婆婆纳 水苦荬 仙人对座草

俗　　名　　虫虫草 珍珠草 秋麻子

药用部位　　玄参科北水苦荬的带虫瘿果的全草、根及果实。

原植物　　多年生草本。根状茎斜走。茎直立或基部倾斜，不分枝或分枝，高 10 ～ 100 cm。叶无柄，上部的半抱茎，多为椭圆形或长卵形，少为卵状矩圆形，更少为披针形，长 2 ～ 10 cm，宽 1.0 ～ 3.5 cm，全缘或有疏而小的锯齿。花序比叶长，多花；花梗与苞片近等长，上升，与花序轴成锐角，果期弯曲向上，使蒴果靠近花序轴，花序通常不宽于 1 cm；花萼裂片卵状披针形，急尖，长约 3 mm，果期直立或叉开，不紧贴蒴果；花冠浅蓝色、浅紫色或白色，直径 4 ～ 5 mm，裂片宽卵形；雄蕊短于花冠。蒴果近圆形，长宽近相等，几乎与萼等长，顶端圆钝而微凹，花柱长约 2 mm。花期 7—8 月，果期 8—9 月。

生　　境　　生于湿草地及水沟边等处。

分　　布　　黑龙江尚志、五常、海林、宁安、东宁、绥芬河、穆棱、密山、虎林、勃利、桦南等地。吉林长白山各地。辽宁本溪、大连、彰武、凌源等地。内蒙古鄂伦春旗、牙克石、扎兰屯、莫力达瓦旗、科尔沁右翼前旗、扎鲁特旗、科尔沁左翼后旗、扎赉特旗、克什克腾旗、巴林左旗、巴林右旗、东乌珠穆沁旗、西乌珠穆沁旗等地。

河北、山西、山东、江苏、陕西、宁夏、甘肃、江西、湖南、湖北、贵州、云南。朝鲜、俄罗斯（西伯利亚中东部）。亚洲（温带地区）、欧洲。

采　　制　夏、秋季采收全草和根，洗净，鲜用或晒干。秋季采收果实，去除杂质，晒干药用。

性味功效　全草：味苦、微辛，性凉。有清热利湿、止血化瘀、解毒消肿、活血通经、止痛的功效。根：味苦、辛，性寒。有清热解毒、消肿止痛的功效。果实：味苦，性平。有活血化瘀、止痛的功效。

主治用法　全草：用于咽喉肿痛、肺结核咯血、吐血、血崩、痛经、痢疾、血淋、风湿疼痛、妇女产后风寒、月经不调、经闭、血滞痛经、疝气、血小板减少性紫癜、跌打损伤、高血压、骨折及痈疮肿毒等。煎汤或泡酒服。外用鲜草捣烂敷患处。根：用于风热上壅、咽喉肿痛及项上风疬，以酒服。果实：用于跌打损伤、劳伤吐血。入散或浸酒服。

用　　量　全草：15～25 g。外用适量。根：9～15 g。外用适量。果实：9～15 g。外用适量。

附　　方

（1）治咽喉肿痛：鲜北水苦荬 50 g。水煎服。或北水苦荬、点地梅各等量。研末，每服 5 g，每日 3 次，白开水送服。如用黄酒送服，治跌打损伤肿痛。

（2）治喉蛾：北水苦荬全草。阴干，研成细末，吹入喉内。

（3）治咯血：北水苦荬、藕节各 50 g，仙鹤草 25 g。水煎服。或用果实（即虫瘿）泡酒或炖酒服。

（4）治跌打损伤：北水苦荬适量。研末，每服 7.5 g，每天 2 次，酌加黄酒和服。

（5）治月经不调、痛经：北水苦荬全草 25 g，益母草 20 g，当归 15 g。水煎服。或用北水苦荬 25 g，当归、赤芍、乌药、茺蔚子各 15 g。水煎服。

（6）治痈疖肿毒：鲜北水苦荬、鲜蒲公英各适量。共捣烂外敷。或用本品配独角莲、生地，加鸡蛋清捣成泥状。外敷患处。

▲北水苦荬幼株

▲北水苦荬果实

▲北水苦荬花

◎参考文献◎

［1］江苏新医学院.中药大辞典（上册）[M].上海：上海科学技术出版社，1977:533-534，547，550.

［2］朱有昌.东北药用植物[M].哈尔滨：黑龙江科学技术出版社，1989:1036-1038.

［3］中国药材公司.中国中药资源志要[M].北京：科学出版社，1994:1155.

▲ 水苦荬花

水苦荬 *Veronica undulata* Wall.

别　　名　水婆婆纳　芒种草　水莴苣

药用部位　玄参科水苦荬的带虫瘿果的全草。

原 植 物　二年生草本植物，高 30 ～ 50 cm。茎直立或稍斜升，近肉质，中空。叶对生，无柄，卵状披针形、披针形或长圆状披针形，长 3 ～ 10 cm，宽 1 ～ 3 cm；基部微心形或稍呈耳状，抱茎；先端稍尖，无毛，质薄，边缘具微波状细锯齿。总状花序腋生，多花，长 4 ～ 14 cm；花梗长 3 ～ 6 mm，斜向上，花梗基部具一苞片，线形或线状披针形；花萼 4 深裂，裂片卵状披针形或长圆形，长 3 ～ 4 mm；花冠淡蓝色、淡蓝紫色或粉白色，直径 4 ～ 5 mm，筒部短，裂片 4，其中 3 枚较大，倒卵形或广卵形，长约 2 mm，宽 1.0 ～ 1.5 mm，1 枚较小。蒴果近扁球形，直径 4 ～ 5 mm；花柱长 1.0 ～ 1.5 mm。花期 7—8 月，果期 8—9 月。

生　　境　生于水边、溪流水中及湿地等处。

分　　布　黑龙江尚志、五常、海林、宁安、东宁、绥芬河、穆棱、密山、虎林、勃利、桦南等地。吉林长白山各地。辽宁本溪、西丰、大连、北镇、彰武、建平、凌源等地。内蒙古扎鲁特旗、克什克腾旗、东乌珠穆沁旗等地。全国各地（除宁夏、青海、西藏外）。朝鲜、俄罗斯（西伯利亚中东部）。

采　　制　夏、秋季采收带瘿果全草，洗净，鲜用或晒干。

性味功效　味苦，性寒。有清热利湿、止血化瘀的功效。

主治用法　用于感冒、喉痛、劳伤咯血、痢疾、血淋、月经不调、疝气、疔疮等。水煎服。外用鲜草捣烂敷患处或煎水洗。果实入药，可治疗腰痛、高血压等。

用　　量　15 ～ 30 g。外用适量。

附　　方

（1）治咽喉肿痛：鲜水苦荬 50 g。水煎服。

（2）治咯血：水苦荬、藕节各 50 g，仙鹤草 25 g。水煎服。

（3）治跌打损伤：水苦荬适量。研末，每服 7.5 g。每天 2 次，酌加黄酒和服。

（4）治月经不调、痛经：水苦荬 25 g，益母草 20 g，当归

▲ 水苦荬植株

15 g。水煎服。

（5）治痈疖肿毒：鲜水苦荬、鲜蒲公英各适量。共捣烂外敷。

◎参考文献◎

［1］《全国中草药汇编》编写组. 全国中草药汇编（上册）[M]. 北京：人民卫生出版社，1975:186-187.

［2］钱信忠. 中国本草彩色图鉴（第一卷）[M]. 北京：人民卫生出版社，2003:677-678.

［3］中国药材公司. 中国中药资源志要 [M]. 北京：科学出版社，1994:1158.

阿拉伯婆婆纳 *Veronica persica* Poir.

别　　名	波斯婆婆纳　灯笼婆婆纳
药用部位	玄参科阿拉伯婆婆纳的全草（入药称"肾子草"）。
原 植 物	一年生铺散多分枝草本，高 10 ~ 50 cm。叶 2 ~ 4 对，具短柄，卵形或圆形，长 6 ~ 20 mm，宽 5 ~ 18 mm，基部浅心形，平截或浑圆，边缘具钝齿，两面疏生柔毛。总状花序很长；苞片互生，与叶同形且几乎等大；花梗比苞片长，有的超过 1 倍；花萼花期长仅 3 ~ 5 mm，果期增大达 8 mm，裂片卵状披针形，有睫毛，三出脉；花冠蓝色、紫色或蓝紫色，长 4 ~ 6 mm，裂片卵形至圆形，喉部疏被毛；雄蕊短于花冠。蒴果肾形，长约 5 mm，宽约 7 mm，网脉明显，凹口角度超过 90°，裂片钝，宿存的花柱长约 2.5 mm，超出凹口。种子背面具深的横纹，长约 1.6 mm。花期 7—8 月，果期 8—9 月。
生　　境	生于田野、荒地及路旁等处。
分　　布	吉林通化。贵州、云南、西藏、新疆。华东、华中。亚洲（西部）、欧洲。
采　　制	夏、秋季采收全草，除去杂质，切段，洗净，晒干。
性味功效	味辛、苦、咸，性平。有清热解毒、祛风截疟的功效。
主治用法	用于肾虚腰痛、风湿疼痛、久疟、小儿阴囊肿大。水煎服。外用煎水洗。
用　　量	25 ~ 50 g。外用适量。
附　　方	

（1）治肾虚腰痛：肾子草 30 g。炖肉吃。

（2）治疥疮：肾子草 90 g。煎水熏洗患处。

（3）治风湿疼痛：肾子草 30 g。煮酒温服。

（4）治小儿阴囊肿大：肾子草 90 g。煎水熏洗患处。

▲阿拉伯婆婆纳果实

▲阿拉伯婆婆纳花（侧）

◎参考文献◎

［1］江苏新医学院.中药大辞典（上册）[M].上海：上海科学技术出版社，1977:1339.

［2］钱信忠.中国本草彩色图鉴（第二卷）[M].北京：人民卫生出版社，2003:294-295.

［3］中国药材公司.中国中药资源志要 [M].北京：科学出版社，1994:1157.

▼阿拉伯婆婆纳花

▲ 草本威灵仙花

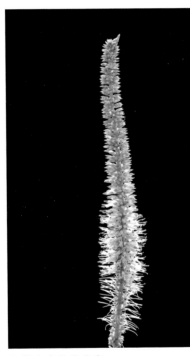

▲ 草本威灵仙根

腹水草属 *Veronicastrum* Heist. et Farbic

草本威灵仙 *Veronicastrum sibiricum*（L.）Pennell

别 名	轮叶腹水草 轮叶婆婆纳

俗　　名　九轮草 九节草 狼尾巴花 冷草 斩龙草 狗尾巴花 驴尾巴蒿 山鞭草 救星草 八叶草 小叶草

药用部位　玄参科草本威灵仙的带根全草（入药称"斩龙剑"）。

原 植 物　多年生草本，高达 1 m 以上。茎圆柱形。叶 3 ~ 9 枚轮生；叶片广披针形、长圆状披针形或倒披针形，长 4 ~ 15 cm。花序顶生，多花集成长尾状穗状花序，长 10 ~ 40 cm，单一或分枝；苞片条形，长约 5 mm，顶端尖；花萼 5 深裂，长 3 ~ 4 mm；花冠淡蓝紫色、红紫色、紫色、淡紫色、粉红色或白色，长 6 ~ 7 mm，花冠比萼裂片长 2 ~ 3 倍，顶端 4 裂，裂片卵形，长约 2 mm；雄蕊 2，长 7 ~ 10 mm，外露。蒴果卵形或卵状椭圆形。种子多数，细小。花期 7—8 月，果期 8—9 月。

生　　境　生于河岸、沟谷、林缘草甸、湿草地及灌丛等处，常聚集成片生长。

分　　布　黑龙江呼玛、黑河市区、孙吴、逊克、嘉荫、萝北、同江、抚远、饶河、

▲ 草本威灵仙花序

▲草本威灵仙花（侧）

▼草本威灵仙花果实

虎林、佳木斯市区、桦南、勃利、林口、铁力、伊春市区等地。吉林长白山各地及长春、通榆、扶余、洮南等地。辽宁宽甸、本溪、桓仁、清原、西丰、鞍山市区、岫岩等地。内蒙古额尔古纳、根河、陈巴尔虎旗、牙克石、鄂温克旗、莫力达瓦旗、扎兰屯、科尔沁右翼前旗、克什克腾旗、喀喇沁旗、敖汉旗、宁城、东乌珠穆沁旗、西乌珠穆沁旗等地。河北、山东、陕西、甘肃。朝鲜、日本、俄罗斯（西伯利亚中东部）。

采　制　夏、秋季采收带根全草，除去杂质，切段，洗净，鲜用或晒干。

性味功效　味微苦，性寒。有祛风除湿、消肿解毒、止血止痛的功效。

主治用法　用于风湿性腰腿痛、肌肉痛、感冒、膀胱炎、肺结核、咳嗽、腹泻、痢疾、胃肠炎、子宫出血、创伤出血、脚气、足汗、毒蛇咬伤、毒虫螫伤等。水煎服。外用鲜品捣烂敷患处。

用　量　15 ~ 25 g（鲜品 50 ~ 100 g）。外用适量。

附　方　治毒蛇咬伤，蝎子、蜂螫伤：鲜草本威灵仙 45 g（干品 15 ~ 30 g）。水煎服。另用鲜品适量捣烂敷患处，或煎水外洗伤口（东北林区民间验方）。

◎参考文献◎

［1］江苏新医学院.中药大辞典（上册）[M].上海：上海科
　　学技术出版社，1977:1324.
［2］朱有昌.东北药用植物[M].哈尔滨：黑龙江科学技术出
　　版社，1989:1039–1041.
［3］中国药材公司.中国中药资源志要[M].北京：科学出版社，
　　1994:1159.

▲草本威灵仙幼苗

▲草本威灵仙植株

▲草本威灵仙幼株

各论　6-591

▲草本威灵仙群落

管花腹水草 *Veronicastrum tubiflorum*（Fisch. et Mey.）Hara.

别　　名　柳叶婆婆纳

药用部位　玄参科管花腹水草的全草。

原 植 物　多年生直立草本，植株高 40 ～ 70 cm。
无根状茎。根无毛。茎不分枝，上部被倒生细柔毛。
叶互生，无柄，条形，单条叶脉，长 3 ～ 9 cm，宽
不超过 6 mm，边缘疏生细尖锯齿，上面被短刚毛，
下面密生细柔毛，老时两面秃净，厚纸质。花序顶生，
单枝，长 5 ～ 15 cm，花序轴及花梗被细柔毛；花
萼裂片披针形，具短睫毛，长约 1.5 mm；花冠蓝色
或淡红色，长约 6 mm，裂片占 1/4 长。蒴果卵形，
长 2.0 ～ 2.5 mm，顶端急尖。花期 7—8 月，果期 8—
9 月。

生　　境　生于湿草地及灌丛中。

分　　布　黑龙江黑河市区、孙吴、逊克、嘉荫、
同江、抚远、饶河、虎林、桦南、勃利、林口、铁
力等地。吉林和龙、汪清、珲春、扶余等地。辽宁彰武。
内蒙古扎兰屯、扎赉特旗、科尔沁左翼后旗。朝鲜、
俄罗斯（西伯利亚）。

采　　制　夏、秋季采收全草，除去杂质，切段，洗净，
鲜用或晒干。

性味功效　有清热解毒的功效。

用　　量　适量。

▲ 管花腹水草花序

▼ 管花腹水草果实

▲ 管花腹水草花

◎参考文献◎

［1］江纪武. 药用植物辞典 [M]. 天津：天津
科学技术出版社，2005:846.

▲ 管花腹水草植株

▲ 梓植株

▲ 梓花（侧）

紫葳科 Bignoniaceae

本科共收录 2 属、2 种。

梓属 *Catalpa* Scop.

梓 *Catalpa ovata* G. Don

别　　名	梓树

俗　　名　臭梧桐　筷子树　梧桐树　黑梧桐

药用部位　紫葳科梓的根皮（入药称"梓白皮"）、树皮（入药称"梓白皮"）、叶（入药称"梓叶"）及果实（入药称"梓实"）。

原 植 物　落叶乔木，高达 15 m。树冠伞形，主干通直。叶对生或近于对生，有时轮生，阔卵形，长宽近相等，长约 25 cm，顶端渐尖，基部心形，全缘或浅波状，常 3 浅裂；叶柄长 6 ~ 18 cm。顶生圆锥花序；

▲ 梓枝条（果期）

▲ 梓种子

▲ 梓幼株

▼ 梓树干

花序梗微被疏毛，长 12 ~ 28 cm；花萼蕾时圆球形，二唇开裂，长 6 ~ 8 mm；花冠钟状，淡黄色，内面具 2 黄色条纹及紫色斑点，长约 2.5 cm，直径约 2 cm；能育雄蕊 2，花丝插生于花冠筒上，花药叉开；退化雄蕊 3；子房上位，棒状；花柱丝形，柱头 2 裂。蒴果线形，下垂，长 20 ~ 30 cm，粗 5 ~ 7 mm。种子长椭圆形，长 6 ~ 8 mm，宽约 3 mm，两端具有平展的长毛。花期 7—8 月，果期 9—10 月。

生　　境　生于山坡、沟旁、荒地及田边等处。

分　　布　辽宁丹东市区、凤城、岫岩、鞍山市区、营口、庄河、大连市区、北镇、绥中等地。华北、西北、华中、西南。朝鲜、日本。

采　　制　春、秋季采挖根，剥皮取韧皮部。四季剥树皮取韧皮部。夏、秋季采摘叶。秋季采摘果实，晒干药用。

▲梓枝条（花期）

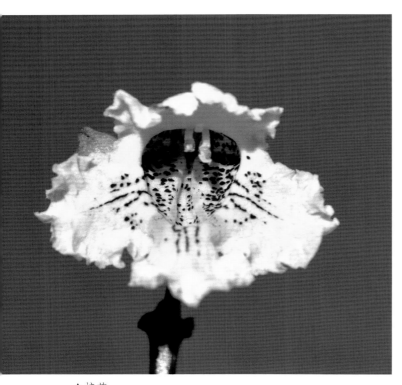

▲梓花

性味功效 根及树皮的韧皮部：味苦，性寒。有清热、解毒、杀虫的功效。叶：有消肿解毒的功效。果实：味甘，性平。无毒。有利尿、解毒、消肿、止吐的功效。

主治用法 根或根状茎的韧皮部：用于时病发热、黄疸、反胃、湿疹、皮肤瘙痒、疔疮、小儿头疮。水煎服。外用研末调敷或煎水洗。叶：用于手脚烂疮、疥疮、皮肤瘙痒等。外用研末调敷或煎水洗。果实：用于水肿、小便涩痛、蛋白尿、慢性肾炎、膀胱炎、肝硬化腹腔积液等。水煎服。

用　量 根及树皮的韧皮部：7.5～15.0 g。外用适量。叶：外用适量。果实：15～25 g。

附　方

（1）治慢性肾炎、水肿、蛋白尿：梓实25 g。水煎服。

（2）治肾炎水肿：梓根白皮、梓实、玉蜀黍须。水煎服。

附　注 木材（梓木）入药，可用于治疗手足痛风、霍乱等。

◎参考文献◎

［1］江苏新医学院.中药大辞典（下册）[M].上海：上海科学技术出版社，
　　　1977:1988−1989.

［2］朱有昌.东北药用植物 [M].哈尔滨：黑龙江科学技术出版社，
　　　1989:1041−1042.

［3］中国药材公司.中国中药资源志要 [M].北京：科学出版社，
　　　1994:1161.

▼梓花（背）

▲梓果实　　　　　▼梓花序

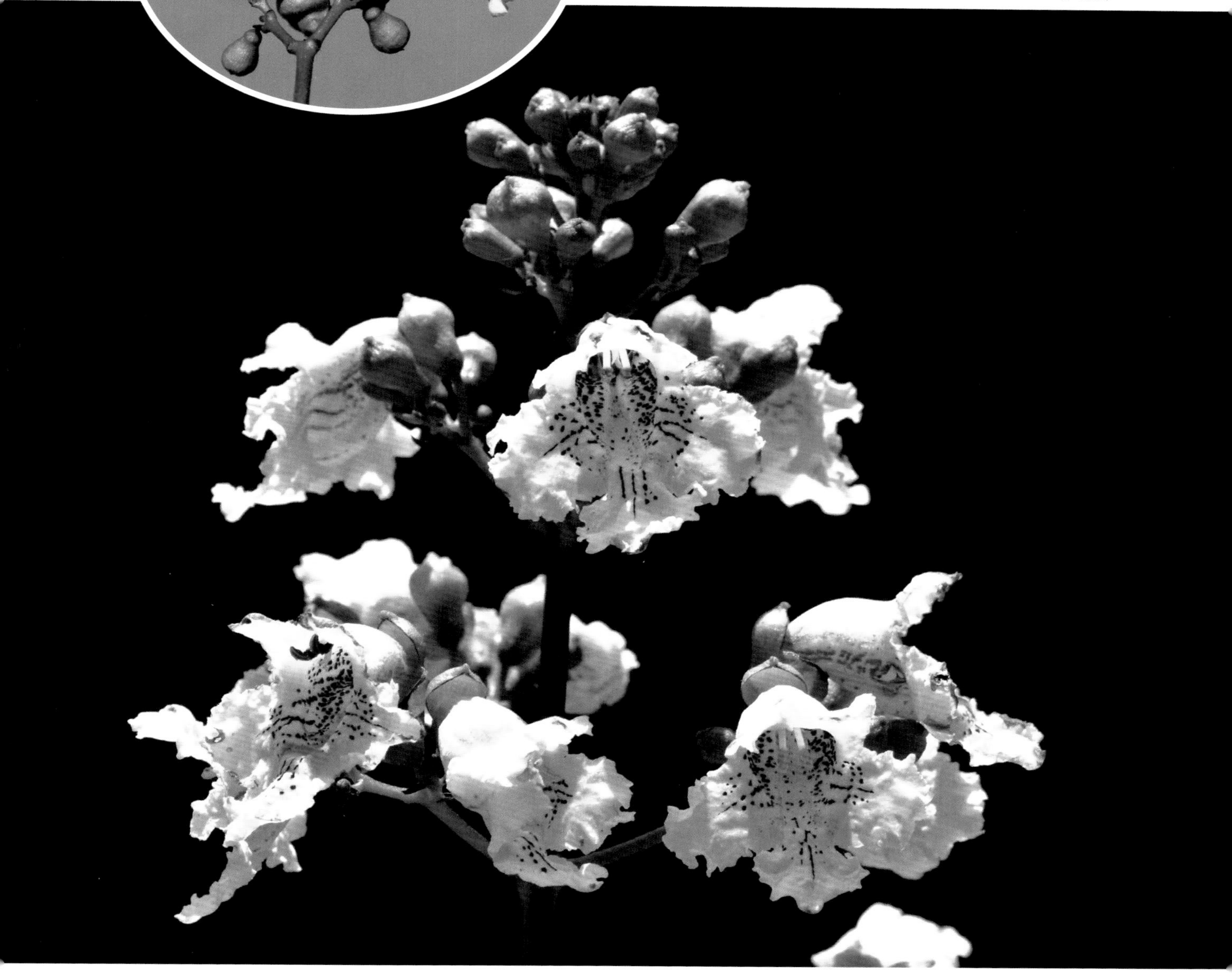

▲ 角蒿花（侧）　　　▼ 角蒿果实

角蒿属 *Incarvillea* Juss.

角蒿　*Incarvillea sinensis* Lam.

别　　名	羊角透骨草　角蒿透骨草
俗　　名	羊角草　羊角蒿　透骨草　正骨草
药用部位	紫葳科角蒿的全草。

▼ 角蒿种子

原植物 一年生至多年生草本，高达80 cm。叶互生，二至三回羽状细裂，长4～6 cm，小叶不规则细裂，末回裂片线状披针形，具细齿或全缘。顶生总状花序，疏散，长达20 cm；花梗长1～5 mm；小苞片绿色，线形；花萼钟状，绿色带紫红色，长和宽均约5 mm，萼齿钻状；花冠淡玫瑰色或粉红色，有时带紫色，钟状漏斗形，基部收缩成细筒，长约4 cm，直径粗2.5 cm，花冠裂片圆形；雄蕊4，2强，着生于花冠筒近基部，花药成对靠合；花柱淡黄色。蒴果淡绿色，细圆柱形，顶端尾状渐尖，长3.5～10.0 cm，粗约5 mm。种子扁圆形，细小，直径约2 mm，四周具透明的膜质翅。花期7—8月，果期8—9月。

生境 生于荒地、路旁、河边、山沟及向阳沙质地上。

分布 黑龙江泰来、富裕、林甸、齐齐哈尔市区、大庆市区、肇源、肇州、安达、杜尔伯特等地。吉林通榆、镇赉、洮南、前郭、大安、长岭、双辽、乾安等地。辽宁新民、法库、岫岩、盖州、瓦房店、朝阳、喀左、凌源、北票、义县、建平、阜新、绥中、彰武等地。内蒙古海拉尔、扎鲁特旗、科尔沁右翼中旗、科尔沁左翼中旗、扎赉特旗、突泉、科尔沁左翼后旗、阿鲁科尔沁旗、巴林左旗、巴林右旗、翁牛特旗、喀喇沁旗、敖汉旗等地。河北、河南、山东、山西、陕西、宁夏、四川、青海、甘肃、云南、西藏。朝鲜、俄罗斯。

采制 夏、秋季采收全草，除去杂质，切段，洗净，晒干。

性味功效 味辛、苦，性平。有小毒。有散风祛湿、清热解毒、止痛、杀虫止痒的功效。

主治用法 用于筋骨疼痛、口疮、齿龈溃烂、湿疹、耳疮、疥癣、皮疹、阴道滴虫、风湿性关节炎及毒蛇咬伤等。水煎服。外用煎汤熏洗或研末敷患处。

用量 10～15 g。外用适量。

附方

（1）治风湿关节痛：角蒿、防风、苍术、黄檗各15 g，鸡血藤15 g，牛膝20 g。水煎服。

（2）治齿龈宣露：角蒿烧灰，夜里敷满于齿龈间，勿食油。

（3）治小儿口疮：角蒿烧灰贴疮上。

▲角蒿植株

▲角蒿花

◎参考文献◎

［1］江苏新医学院.中药大辞典（上册）[M].上海：上海科学技术出版社，1977:1153.

［2］朱有昌.东北药用植物[M].哈尔滨：黑龙江科学技术出版社，1989:1043-1044.

［3］《全国中草药汇编》编写组.全国中草药汇编（上册）[M].北京：人民卫生出版社，1975:713-714.

▲ 旋蒴苣苔植株　　　▼ 旋蒴苣苔果实

苦苣苔科 Gesneriaceae

本科共收录 1 属、1 种。

旋蒴苣苔属 *Boea* Comm. ex Lam.

旋蒴苣苔 *Boea hygrometrica*（Bge.）R. Br.

别　　名	猫耳旋蒴苣苔　猫耳朵　牛耳草
俗　　名	猫耳草　牛耳茶　灵芝草
药用部位	苦苣苔科旋蒴苣苔的全草。
原 植 物	多年生草本。叶全部基生，莲座状，无柄，近圆形、圆卵形、

卵形，长 1.8 ~ 7.0 cm。聚伞花序伞状，2 ~ 5 条，每花序具花 2 ~ 5；
花序梗长 10 ~ 18 cm；苞片 2；花梗长 1 ~ 3 cm；花萼钟状，5
裂至近基部，上唇 2 枚略小，线状披针形，长 2 ~ 3 mm，顶端钝，
全缘；花冠淡蓝紫色，长 8 ~ 13 mm；筒长约 5 mm；檐部稍二唇形，
上唇 2 裂，裂片相等，长圆形，长约 4 mm，下唇 3 裂，裂片相等，

▲ 旋蒴苣苔群落

宽卵形或卵形，长 5 ～ 6 mm；雄蕊 2，花丝扁平，长约 1 mm，花药卵圆形，长约 2.5 mm；退化雄蕊 3；无花盘；雌蕊长约 8 mm；子房卵状长圆形。蒴果长圆形，长 3.0 ～ 3.5 cm。种子卵圆形。花期 7—8 月，果期 9 月。

生　境　生于阴坡石崖及山坡路旁岩石上。

分　布　吉林长白、和龙、磐石等地。辽宁桓仁、凌源、绥中、喀左、葫芦岛、建昌等地。河北、河南、山东、浙江、江西、福建、山西、陕西、湖南、湖北、四川、广东、广西、云南。朝鲜。

采　制　夏、秋季采收全草，除去杂质，洗净，晒干。

性味功效　味苦、涩，性平。有散瘀、止血、解毒的功效。

主治用法　用于创伤出血、跌打损伤、吐泻、中耳炎、小儿疳积、食积、咳嗽痰喘等。水煎服或捣烂敷患处。

用　量　10 ～ 15 g。

附　方

（1）治肠炎：旋蒴苣苔全株洗净，加水 500 ml，煮沸 5 ～ 10 min，放温洗脚。成人 10 ～ 15 株，小儿 5 ～ 10 株，每日 1 次，连洗 2 ～ 3 d（用后可再加温洗，无不良反应）。

（2）治中耳炎：旋蒴苣苔鲜品捣烂取汁滴耳。

（3）治眼疾（角膜翳）：旋蒴苣苔去根全草晒干，压成粉末，每服 15 g，经常服用，有较好的疗效。亦可用叶代茶饮用（凌源民间方）。

▼ 旋蒴苣苔花

▲旋蒴苣苔幼株

▲旋蒴苣苔花（背）

◎参考文献◎

［1］江苏新医学院.中药大辞典（上册）[M].上海：上海科学技术出版社，1977:424.

［2］朱有昌.东北药用植物[M].哈尔滨：黑龙江科学技术出版社，1989:1047-1048.

［3］中国药材公司.中国中药资源志要[M].北京：科学出版社，1994:1178.

▲旋蒴苣苔植株（侧）

▼草苁蓉花序　　　　▲草苁蓉植株（中期）　　　▲草苁蓉植株（后期）

列当科 Orobanchaceae

本科共收录 4 属、8 种。

草苁蓉属 *Boschniakia* C. A. Mey. ex Bongard

草苁蓉 *Boschniakia rossica*（Cham. et Schlecht.）Fedtsch. et Flerov

别　　名	苁蓉
俗　　名	不老草　兔子拐棍　山苞米
药用部位	列当科草苁蓉的全草。
原 植 物	多年生寄生草本，植株高 15 ~ 35 cm。根状茎横走，

圆柱状，通常有 2 ~ 3 条直立的茎，茎不分枝，粗壮，中部直径
1.5 ~ 2.0 cm，基部增粗。叶密集生于茎近基部，三角形或宽卵状

三角形，长、宽为 6 ~ 10 mm。花序穗状，圆柱形，长 7 ~ 22 cm；苞片 1，宽卵形或近圆形，长 5 ~ 8 mm；花梗长 1 ~ 2 mm；花萼杯状，长 5 ~ 7 mm；裂片狭三角形或披针形；花冠宽钟状，暗紫色或暗紫红色，筒膨大成囊状；上唇直立，近盔状，长 5 ~ 7 mm，下唇极短，3 裂；雄蕊 4，花药卵形；子房近球形，直径 3 ~ 4 mm。蒴果近球形，长 8 ~ 10 mm。种子椭圆球形，长 0.4 ~ 0.5 mm。花期 7—8 月，果期 8—9 月。

分　　布　黑龙江塔河、漠河、呼中、呼玛、尚志、五常等地。吉林长白、抚松、安图、临江等地。内蒙古额尔古纳、根河等地。朝鲜、俄罗斯（西伯利亚）、日本。

采　　制　夏、秋季采收全草，除去杂质，洗净，晒干。

性味功效　味甘、咸，性温。有补肾壮阳、润肠通便、止血的功效。

主治用法　用于肾虚阳痿、腰膝冷痛、老年习惯性便秘、膀胱炎、妇女不孕、崩漏带下及小便遗沥等。水煎服或浸酒。阴虚火旺、阳强易举而精不固及脾虚泄泻者不宜服用。

用　　量　25 ~ 50 g。

附　　方

（1）治老年习惯性便秘：草苁蓉 50 g，大麻仁 45 g，水煎，日服 2 次。

（2）治阳痿：草苁蓉 50 g，菖蒲 20 g，菟

▲ 草苁蓉幼株

▲ 市场上的草苁蓉植株（干）

▲ 市场上的草苁蓉植株（鲜）

▲草苁蓉花

丝子 40 g，水煎，日服 2 次。又方：
草苁蓉 25 g，山萸肉 20 g，补骨脂
15 g，水煎服。
（3）治不孕症兼有强心功效：草苁
蓉 100 g，白酒 500 ml，浸泡 1 周后
服用（长白山地区民间方）。
（4）治妇人不孕：草苁蓉 25 g，杜
仲、熟地、当归、麦门冬各 15 g，
鹿角胶 10 g。水煎服。

◎参考文献◎

［1］江苏新医学院 . 中药大辞典（下
册）[M]. 上海：上海科学技术
出版社，1977:1583.
［2］朱有昌 . 东北药用植物 [M]. 哈
尔滨：黑龙江科学技术出版社，
1989:1044–1045.
［3］中国药材公司 . 中国中药资源
志要 [M]. 北京：科学出版社，
1994:1194.

▲草苁蓉果实

▲草苁蓉植株（前期）

▼ 列当花

列当属 *Orobanche* L.

列当 *Orobanche coerulescens* Steph.

别　　　名	草苁蓉　紫花列当
俗　　　名	兔子拐棍　兔子拐棒　兔子拐杖　独根草　兔子腿
药 用 部 位	列当科列当的干燥带根全草。

原 植 物　　二年生或多年生寄生草本，株高 10 ~ 40 cm，全株密被蛛丝状长绵毛。茎直立。叶卵状披针形，长 1.5 ~ 2.0 cm。花多数，排列成穗状花序，长 10 ~ 20 cm；花萼长 1.2 ~ 1.5 cm，2 深裂达近基部，每裂片中部以上再 2 浅裂，小裂片狭披针形；花冠深蓝色、蓝紫色或淡紫色，长 2.0 ~ 2.5 cm；上唇 2 浅裂，下唇 3 裂，裂片近圆形或长圆形，中间的较大；雄蕊 4，花丝着生于筒中部，长 1.0 ~ 1.2 cm，花药卵形，长约 2 mm；雌蕊长 1.5 ~ 1.7 cm，子房椭圆体状或圆柱状，花柱与花丝近等长，柱头常 2 浅裂。蒴果卵状长圆形或圆柱形，长约 1 cm，直径 0.4 cm。种子多数。花期 6—7 月，果期 8—9 月。

▼ 列当花（侧）

生　境　寄生于山坡、草地、灌丛、疏林等地的蒿属（Artemicia）植物根上。

分　布　黑龙江尚志、五常、宁安、东宁、穆棱、密山、虎林、饶河、宝清、佳木斯市区、桦南、勃利、汤原、铁力、伊春市区等地。吉林长白山各地及通榆、镇赉、洮南、长岭、大安、前郭等地。辽宁大连、海城、凌源、建平、彰武等地。内蒙古额尔古纳、根河、陈巴尔虎旗、新巴尔虎左旗、新巴尔虎右旗、科尔沁右翼前旗、扎鲁特旗、扎赉特旗、科尔沁右翼中旗、科尔沁左翼中旗、科尔沁左翼后旗、克什克腾旗、翁牛特旗、巴林右旗、巴林左旗、敖汉旗、宁城、东乌珠穆沁旗、西乌珠穆沁旗、阿巴嘎旗、苏尼特左旗、苏尼特右旗、正蓝旗、镶黄旗、正镶白旗等地。河北、山西、山东、湖北、四川、陕西、宁夏、甘肃、云南、西藏等。朝鲜、俄罗斯、日本。

采　制　夏、秋季采挖带根全草，除去泥沙，洗净，晒干。

性味功效　味甘，性温。有补肾助阳、强筋骨的功效。

主治用法　用于肾虚冷痛、阳痿、遗精、膀胱炎、疟疾、肠炎、痢疾、小儿久泻、神经错乱及神经官能症等。水煎服。外用洗脚。

用　量　7.5 ~ 15.0 g。外用适量。

▲ 列当花序

▲ 市场上的列当植株

▲ 列当果实

附　方

（1）治肠炎、细菌性痢疾：列当50g，加水1L，煮沸10～20min，稍凉后用煎液洗脚5～10min（勿洗过膝），每日洗1次。

（2）治小儿腹泻：列当一把，煎汤洗脚，不要洗过膝盖，否则反而会便秘。对重症则无效（绥中、阜新、义县民间方）。

（3）治阳事不兴：列当1kg，捣筛毕，以酒6L浸多宿，遂性饮之。

（4）治肾寒腰痛：列当250g，白酒1L，装坛内，炖30min。每晚饭后服一盅。

（5）治体虚、腰腿酸软：列当、续断、寄生各15g。水煎服。

（6）治体虚、大便干燥：列当、火麻仁各15g。水煎服。

◎参考文献◎

［1］江苏新医学院.中药大辞典（上册）[M].上海：上海科学技术出版社，1977:854.

［2］朱有昌.东北药用植物[M].哈尔滨：黑龙江科学技术出版社，1989:1045-1046.

［3］《全国中草药汇编》编写组.全国中草药汇编（上册）[M].北京：人民卫生出版社，1975:333-334.

▼列当植株（侧）

▲ 黄花列当花

▼ 黄花列当花序

黄花列当 *Orobanche pycnostachya* Hance

<table>
<tr><td>俗　　名</td><td>兔子拐棍　独根草</td></tr>
<tr><td>药用部位</td><td>列当科黄花列当的干燥全草。</td></tr>
</table>

俗　　名　　兔子拐棍　独根草

药用部位　　列当科黄花列当的干燥全草。

原 植 物　　二年生或多年生寄生草本，株高 10 ～ 40 cm。叶卵状披针形或披针形，长 1.0 ～ 2.5 cm。花序穗状，圆柱形，长 8 ～ 20 cm，顶端锥状，具多数花；苞片卵状披针形，长 1.3 ～ 2.0 cm；花萼长 1.2 ～ 1.5 cm，2 深裂至基部，每裂片又再 2 裂；花冠黄色，长 2 ～ 3 cm，筒中部稍弯曲，在花丝着生处稍上方缢缩，向上稍增大；上唇 2 浅裂，偶见顶端微凹，下唇长于上唇，3 裂，中裂片常较大，全部裂片近圆形；雄蕊 4，花丝着生于距筒基部 5 ～ 7 mm 处，花药长卵形，花柱稍粗壮，长约 1.5 cm。蒴果长圆形，长约 1 cm，直径 3 ～ 4 mm。种子多数，干后黑褐色，长圆形，长 0.35 ～ 0.38 mm。花期 5—6 月，果期 7—8 月。

生　　境　　寄生于山坡、草地、灌丛、疏林等地的蒿属植物根上。

分　　布　　黑龙江黑河、尚志、五常、宁安、东宁、穆棱、密山、虎林、饶河、宝清、佳木斯市区、桦南、勃利、汤原、铁力、伊春市区等地。

▲ 黄花列当植株（侧）

吉林长白山各地及洮南、乾安、长春等地。辽宁沈阳、鞍山、昌图、北镇、彰武等地。内蒙古额尔古纳、根河、牙克石、科尔沁右翼前旗、扎鲁特旗、扎赉特旗、科尔沁右翼中旗、科尔沁左翼中旗、科尔沁左翼后旗、克什克腾旗、翁牛特旗、巴林右旗、巴林左旗、敖汉旗、宁城、东乌珠穆沁旗、西乌珠穆沁旗、阿巴嘎旗、苏尼特左旗、苏尼特右旗、正蓝旗、镶黄旗、正镶白旗等地。河北、山西、陕西、河南、山东、安徽。朝鲜、俄罗斯（西伯利亚）。

采制　夏初采收全草，除去泥沙，洗净，晒成八成干时，捆成小捆，再进一步晾晒，直到完全干燥为止。

性味功效　味甘，性温。有补肾助阳、强筋骨的功效。

主治用法　用于腰膝冷痛、阳痿、遗精、小儿腹泻、肠炎及痢疾等。水煎服或浸酒服。

▲ 黄花列当幼株

▲ 黄花列当果实

外用洗脚。

用　　量　4.5 ～ 9.0 g。外用适量。

◎**参考文献**◎

［1］江苏新医学院.中药大辞典（上册）[M].上海：上海科
　　学技术出版社，1977:854.

［2］朱有昌.东北药用植物 [M].哈尔滨：黑龙江科学技术出
　　版社，1989:1045-1046.

［3］钱信忠.中国本草彩色图鉴（第四卷）[M].北京：人民
　　卫生出版社，2003:536-537.

▲ 黄花列当植株

▲ 市场上的黄花列当植株

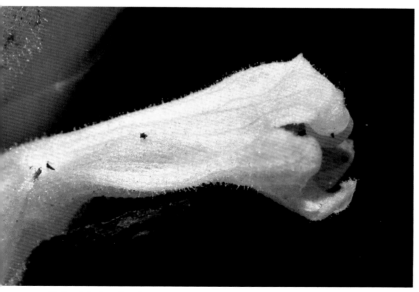

▲ 黄花列当花（侧）

▲ 黄花列当花（白色）

黑水列当 *Orobanche pycnostachya* var. *amurensis* G.Beck.

俗　　名　兔子拐棍　独根草

药用部位　列当科黑水列当的干燥全草。

原 植 物　多年生寄生草本，高 10～30 cm，被短腺毛。茎直立，具槽，带黄褐色，粗 3～6 mm，基部有时稍弯曲。叶鳞片状，披针形或披针状长圆形，长约 15 mm，先端渐尖。穗状花序圆柱状，长 10～14 cm，宽 2.5～4.5 cm，通常花疏生，尤其花序下部常间断；苞片披针形，长约 1.5 mm，先端长渐尖；花萼 2 中裂至深裂，裂片再分裂成线状披针形的细长尖的小裂片，与苞片近等长或稍长，被腺毛；花冠蓝色至蓝紫色，被腺毛，长 20～30 mm，筒部较细长，稍向前弯曲，下唇比上唇稍长；花丝基部被短毛，花药被长毛；花柱细长超出花冠外，柱头 2 浅裂，无毛。蒴果。花期 5—7 月，果期 7—8 月。

生　　境　寄生于山坡、草地、灌丛、疏林等地的蒿属（*Artemicia*）植物根上。

分　　布　黑龙江黑河、尚志、五常、宁安、东宁、佳木斯、伊春、大庆市区、杜尔伯特等地。吉林蛟河、和龙等地。辽宁鞍山、大连、铁岭、昌图、北

▲ 黑水列当花序

镇、义县、彰武等地。内蒙古额尔古纳、根河、牙克石、科尔沁右翼前旗等地。朝鲜、俄罗斯（西伯利亚中东部）。

附　　注　其采制、性味功效、主治用法、用量同黄花列当。

◎参考文献◎

[1] 朱有昌. 东北药用植物 [M]. 哈尔滨：黑龙江科学技术出版社，1989:1045-1046.

[2] 中国药材公司. 中国中药资源志要 [M]. 北京：科学出版社，1994:1196.

[3] 江纪武. 药用植物辞典 [M]. 天津：天津科学技术出版社，2005:555.

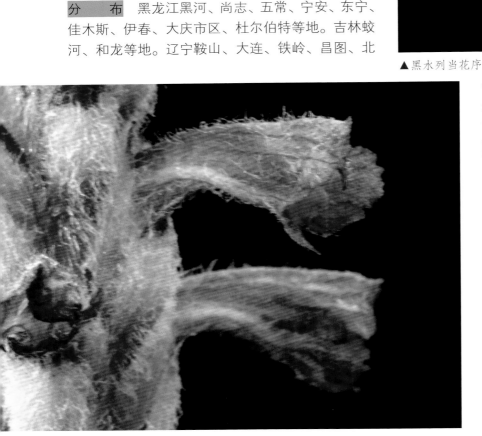

▲ 黑水列当花

▲黑水列当植株

▲ 弯管列当植株

弯管列当 *Orobanche cernua* Loefling

别　　名	二色列当　欧亚列当　向日葵列当
俗　　名	兔子拐棍　独根草
药用部位	列当科弯管列当的干燥全草。

原 植 物　一年生、二年生或多年生寄生草本，高 15～40 cm，常具多分枝的肉质根。茎黄褐色，圆柱状。叶三角状卵形或卵状披针形，长 1.0～1.5 cm。花序穗状，长 5～20 cm，具多数花；苞片卵形或卵状披针形，长 1.0～1.5 cm；花萼钟状，长 1.0～1.2 cm；花冠长 1.0～2.2 cm，向上缢缩，口部稍膨大，筒部淡黄色；上唇 2 浅裂，下唇稍短于上唇，3 裂，裂片淡紫色或淡蓝色，近圆形；雄蕊 4，花丝着生于距筒基部 5～7 mm 处，长 6～8 mm，花药卵形，长 1.0～1.2 mm；子房卵状长圆形，花柱稍粗壮，长 6～8 mm，柱头 2 浅裂。蒴果长圆形或长圆状椭圆形，长 1.0～1.2 cm。种子长椭圆形。花期 7—8 月，果期 8—9 月。

生　　境　寄生于山坡、草地、灌丛、疏林等地的蒿属植物根上。

分　　布　吉林长岭、通榆、镇赉等地。辽宁阜新。内蒙古科尔沁右翼中旗、科尔沁左翼后旗、正蓝旗、镶黄旗、正镶白旗等地。河北、山西、陕西、甘肃、青海、新疆。俄

▼ 弯管列当花（侧）

▼ 弯管列当花

▲ 弯管列当花序

◎参考文献◎

[1] 中国药材公司.中国中药资源
    志要 [M].北京：科学出版社，
    1994:1196.
[2] 江纪武.药用植物辞典 [M].天
    津：天津科学技术出版社，
    2005:555.

▼ 弯管列当幼株

罗斯（西伯利亚）、蒙古。亚洲（中部）、欧洲。

采 制 夏初采收全草，除去泥沙，洗净，晒成
八成干时，捆成小捆，再进一步晾晒，直到完全干
燥为止。

性味功效 有补肾助阳、强筋骨、止泻的功效。

用 量 外用适量。

▲ 美丽列当植株

▲ 美丽列当花序

美丽列当 *Orobanche anoena* C. A. Mey.

药用部位 列当科美丽列当全草。

原 植 物 二年生或多年生草本,植株高 15 ~ 30 cm。茎直立,基部稍增粗。叶卵状披针形,长 1 ~ 1.5 cm,宽约 0.5 cm。花序穗状,短圆柱形,长 6 ~ 12 cm,宽 3.5 ~ 5.0 cm;苞片与叶同形,长 1.0 ~ 1.2 cm,宽 3.5 ~ 4.5 mm;花萼长 1.0 ~ 1.4 cm;花冠近直立或斜生,长 2.5 ~ 3.5 cm,在花丝着生处变狭,向上稍缢缩,然后渐漏斗状扩大,裂片常为蓝紫色,筒部淡黄白色,上唇 2 裂,裂片半圆形或近圆形,长 2.5 ~ 3.5 mm,下唇长于上唇,3 裂,裂片近圆形,直径 0.4 ~ 0.6 cm;花药卵形;雌蕊长 2.0 ~ 2.2 cm,子房椭圆形,花柱长 1.2 ~ 1.5 cm,柱头 2 裂,裂片近圆形,直径 1.0 ~ 1.5 mm。果实椭圆状长圆形,长 1.0 ~ 1.2 cm,直径 3 ~ 4 mm。种子长圆形,长约 0.45 mm,直径 0.25 mm,花期 5—6 月,果期 6—8 月。

生 境 寄生于生活在荒漠沙质山坡上篙属植物根上。

分 布 辽宁彰武。内蒙古科尔沁左翼后旗。新疆。俄罗斯、蒙古、伊朗、阿富汗、巴勒斯坦。亚洲(中部)。

采 制 夏季采收全草,洗净、晒干。

性味功效 有补肾壮阳、强筋壮骨的功效。

主治用法 用于腰膝冷痛、阳痿、遗精、肠炎、小儿久泻、神经官能症等。水煎服。

用 量 适量。

◎参考文献◎

[1] 江纪武. 药用植物辞典 [M]. 天津:天津科学技术出版社,2005:555.

▲ 黄筒花植株　　　▼ 黄筒花幼株

黄筒花属 *Phacellanthus* Sieb. et Zucc.

黄筒花　*Phacellanthus tubiflorus* Sieb. et Zucc.

药用部位　列当科黄筒花的干燥全草。

原 植 物　多年生肉质寄生小草本，高 5 ~ 11 cm。茎直立，单生或簇生，不分枝。叶卵状三角形或狭卵状三角形，长 5 ~ 10 mm。

▼ 黄筒花花

▲黄筒花果实

花常4至十几朵簇生于茎端成近头状花序；苞片1，宽卵形至长椭圆形，长1.5～2.3 cm；无花萼；花冠筒状二唇形，白色，长2.5～3.5 cm，筒部长2.5～3.0 cm，上唇顶端微凹或2浅裂，下唇3裂，裂片近等大，长圆形，长3 mm；雄蕊4，花丝纤细，着生于距筒基部1.0～1.2 cm处，长1.0～1.2 cm，花药2室，卵形；子房椭圆球形，侧膜胎座4～6，花柱伸长，长1.3～1.6 cm，柱头棍棒状，近2浅裂。蒴果长圆形，长1.0～1.4 cm。种子多数，卵形。花期7月，果期8月。

| 生　　境 | 寄生于针阔混交林内阴湿处木本植物的根上。 |

分　　布　吉林安图、抚松、长白、临江、通化、集安、柳河、和龙等地。辽宁本溪、凤城、宽甸、庄河等地。河北、山西。朝鲜、俄罗斯（西伯利亚中东部）。

采　　制　夏、秋季采收全草，除去泥土，洗净，晒干。

性味功效　味甘，性温。有温肾、消胀、止痛的功效。

主治用法　用于阳痿、遗精、肝炎、腰膝冷痛、肠燥便秘等。水煎服。

用　　量　6～15 g。

▼黄筒花幼株群落

◎参考文献◎

［1］钱信忠.中国本草彩色图鉴（第四卷）[M].北京：
　　　人民卫生出版社，2003:573-574.

［2］中国药材公司.中国中药资源志要[M].北京：科学
　　　出版社，1994:1196.

［3］江纪武.药用植物辞典[M].天津：天津科学技术出版社，
　　　2005:589.

▲市场上的黄筒花植株

肉苁蓉属 *Cistanche* Hoffmg. et Link

沙苁蓉 *Cistanche sinensis* G. Beck

药用部位　列当科沙苁蓉全草。

原植物　多年生寄生草本，植株高 15 ~ 70 cm。茎鲜黄色，生于茎下部的叶紧密，卵状三角形，长 0.6 ~ 1.0 cm，宽 4 ~ 8 mm；卵状披针形，长 0.5 ~ 2.0 cm，宽 5 ~ 6 mm。穗状花序顶生，长 5 ~ 15 cm，直径 4 ~ 6 cm；苞片卵状披针形或线状披针形，长 1.6 ~ 2.0 cm，宽 3 ~ 7 mm；小苞片 2，比花萼稍短，线形或狭长圆状披针形；花萼近钟状，长 1.2 ~ 2.2 cm；雄蕊 4，花丝着生于距筒基部 4 ~ 7 mm 处，长 1.4 ~ 1.6 cm，基部密被一

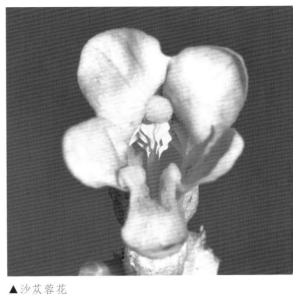

▲ 沙苁蓉花

▼ 沙苁蓉植株（花白色）

▲沙苁蓉居群

▲沙苁蓉植株

小簇黄白色长柔毛，花药长卵形，密被皱曲长柔毛，长3～4mm；子房卵形，长6～7mm，宽3mm，花柱比花丝稍长，柱头近球形。蒴果长卵状球形或长圆形，长1.0～1.5cm。种子多数，长圆状球形，长约0.4mm，干后褐色，外面网状。花期5—6月，果期6—8月。

生　　境　寄生于红砂、霸王等植物根部。

分　　布　内蒙古二连浩特、苏尼特左旗、苏尼特右旗、阿巴嘎旗等地。宁夏、甘肃、新疆等。蒙古。

采　　制　春末夏初采收全草，洗净、晒干。

性味功效　味苦，性寒。有温阳益精、润肠通便的功效。

主治用法　用于肠燥便秘。水煎服。

用　　量　9～30g。

◎参考文献◎

[1] 江纪武.药用植物辞典[M].天津：天津科学技术出版社，2005:181.

▲沙苁蓉植株（侧，花浅黄色）

▲沙苁蓉植株（侧，花淡黄色）

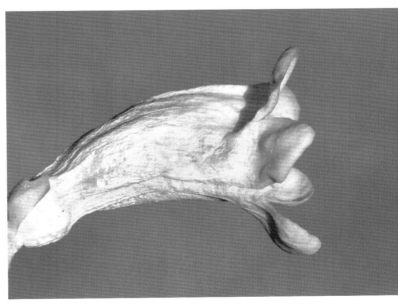

▲沙苁蓉花（侧）

▲黑龙江大佳河省级自然保护区乌苏里江湿地夏季景观

▲ 弯距狸藻群落　　　▼ 弯距狸藻捕虫叶

狸藻科 Lentibulariaceae

本科共收录 1 属、1 种。

狸藻属 *Utricularia* L.

弯距狸藻 *Utricularia vulgaris* subsp. Macrorhiza（Le Conte）R. T. Clausen

别　　　名　狸藻

药用部位　狸藻科弯矩狸藻的干燥全草。

原 植 物　多年生水生草本。匍匐枝圆柱形，长 15 ~ 80 cm，多分枝。叶器多数，互生，2 裂达基部，裂片轮廓呈卵形、椭圆形或长圆状披针形，长 1.5 ~ 6.0 cm。捕虫囊通常多数，侧生于叶器裂片上，斜卵球状。花序直立，长 10 ~ 30 cm；花序梗圆柱状；苞片与鳞片同形，基部着生，宽卵形、圆形或长圆形；花梗丝状，长 6 ~ 15 mm。花萼 2 裂达基部，上唇顶端微钝，下唇顶端截形或微凹。花冠黄色，长 12 ~ 18 mm；上唇卵形至近圆形，下唇横椭圆形；距筒状，基部宽圆锥状；花丝线形，药室会合；子房球形。蒴果球形，长 3 ~ 5 mm，周裂。种子扁压，直径 0.5 ~ 0.7 mm。花期 6—8 月，果期 7—9 月。

生　境　生于水泡子中、河边水中或沼泽地，常聚集成片生长。

分　布　黑龙江尚志、五常、东宁、宁安、穆棱、密山、虎林、饶河、抚远、同江、佳木斯等地。吉林长白山各地及洮南、扶余、乾安等地。辽宁新民、康平、辽阳、盖州、彰武等地。内蒙古额尔古纳、牙克石、扎兰屯、科尔沁右翼前旗、科尔沁右翼中旗、科尔沁左翼后旗、克什克腾旗、翁牛特旗、巴林左旗、巴林右旗、阿鲁科尔沁旗、喀喇沁旗、敖汉旗、

▲ 弯距狸藻花

▲ 弯距狸藻植株

▲ 弯距狸藻花（侧）

东乌珠穆沁旗、西乌珠穆沁旗、阿巴嘎旗、正蓝旗、正镶白旗、镶黄旗等地。河北、山东、河南、山西、陕西、四川、甘肃、青海、新疆。北半球绝大部分温带地区。

采　制　夏、秋季采收全草，晒干药用。

性味功效　味淡，性平。有消炎、解毒的功效。

主治用法　用于目赤红肿、急性结膜炎。水煎服。外用鲜品捣烂敷患处。

用　量　适量。

◎参考文献◎

［1］钱信忠 . 中国本草彩色图鉴（第四卷）[M]. 北京：人民卫生出版社，2003:548-549.

［2］中国药材公司 . 中国中药资源志要 [M]. 北京：科学出版社，1994:1196.

［3］江纪武 . 药用植物辞典 [M]. 天津：天津科学技术出版社，2005:835.

▲ 弯距狸藻果实

▲吉林圆池国家级自然保护区湿地夏季景观

▲透骨草幼株

▼透骨草果实

透骨草科 Phrymaceae

本科共收录 1 属、1 种。

透骨草属 *Phryma* L.

透骨草 *Phryma leptostachya* subsp. *asiatica* （Hara）Kitamura

别 名	毒蛆草 黏人裙
俗 名	接生草 龙须蒿 藤草
药用部位	透骨草科透骨草的全草（入药称"老婆子针线"）。
原 植 物	多年生草本，高 30 ~ 70 cm。叶对生，叶片卵形或

三角状卵形，薄纸质，长 4 ~ 10 cm。总状花序细长如穗状，顶生或腋生，长 6 ~ 14 cm；花小，疏生；花基部具苞片 1，披针形，小苞片 2，钻形；花萼筒状，筒部长 2.5 ~ 3.0 mm，上唇 3 裂片刺芒状，长 1.5 ~ 2.0 mm，下唇 2 齿裂三角状；花冠白色，常带淡紫色，长 5 ~ 6 mm，上唇 2 裂片齿状，长约 0.5 mm，钝尖，下唇长于上唇，3 裂片钝圆，中裂较大；雄蕊 4，2 强；子房狭倒卵形或长圆形，花柱稍短于雄蕊。瘦果包于宿存萼内，棒状，下垂，贴近花轴，长 6 ~ 8 mm。种子 1，

▼ 透骨草花（背）

长椭圆形，长3～4 mm，淡黄褐色，有纵线。花期7—8月，果期8—9月。

生　境　生于林下、灌丛、林缘等较阴湿处。

分　布　黑龙江尚志、五常、东宁、宁安、穆棱、密山、虎林、勃利、汤原、林口、桦南、佳木斯市区、伊春等地。吉林长白山各地。辽宁丹东市区、宽甸、凤城、本溪、桓仁、清原、沈阳、鞍山、大连、绥中、凌源等地。河北、河南、山东、江苏、安徽、浙江、江西、福建、山西、陕西、湖北、湖南、广西、四川、贵州、甘肃、云南、西藏。朝鲜、俄罗斯（西伯利亚中东部）、日本、越南、印度、尼泊尔、巴基斯坦。

采　制　夏、秋季采收全草，除去杂质，晒干。

性味功效　味苦、涩，性凉。有清热解毒、利湿、杀虫、活血消肿的功效。

主治用法　用于黄水疮、疥疮、漆疮、湿疹、疮毒感染发热、跌打损伤、骨折等。水煎服。外用鲜草捣烂敷患处

▲透骨草花

▼透骨草花序

或研末调敷。

用　量　15 ~ 20 g。外用适量。

附　方

（1）治黄水疮：透骨草适量。捣烂外涂。

（2）治疮毒：透骨草适量。捣烂，加猪油及花椒粉末调搽。

（3）治疥疮：透骨草、花椒、木鳖子、冰片、黄檗、硫黄各适量。共研为细末。麻油调涂。

（4）治疮毒发热：透骨草根 25 ~ 50 g。煎水服。

（5）治虫疮：透骨草、雄黄、花椒、硫黄各适量。共研细末，调猪油外擦。

◎参考文献◎

［1］江苏新医学院 . 中药大辞典（上册）[M]. 上海：上海科学技术出版社，1977:848–849.

［2］朱有昌 . 东北药用植物 [M]. 哈尔滨：黑龙江科学技术出版社，1989:1048–1049.

［3］钱信忠 . 中国本草彩色图鉴（第二卷）[M]. 北京：人民卫生出版社，2003:341–342.

▲透骨草植株

▲车前幼株居群

▼车前果穗

车前科 Plantaginaceae

本科共收录1属、6种、1变种。

车前属 *Plantago* L.

车前 *Plantago asiatica* L.

别　　名　车轮草
俗　　名　车轱辘菜　车轱轳菜　车轮菜籽　大粒车前子　驴耳朵菜　牛舌草　猪耳朵草　车串串
药用部位　车前科车前的种子（称"车前子"）及全草（称"车前草"）。
原植物　二年生或多年生草本。须根多数。叶基生，呈莲座状；叶片薄纸质或纸质，宽卵形至宽椭圆形，长4～12 cm。花序3～10，直立或弓曲上升；花序梗长5～30 cm；穗状花序细圆柱状，长3～40 cm，紧密或稀疏，下部常间断；苞片狭卵状三角形或三角状披针形，长2～3 mm；花具短梗；花萼长2～3 mm，萼片先端钝圆或钝尖；花冠白色，冠筒与萼片约等长，裂片狭三角形，长约1.5 mm；雄蕊着生于冠筒内面近基部，花药卵状椭圆形，长1.0～1.2 mm，白色；胚珠7～18。蒴果纺锤状卵形、卵球形或圆锥状卵形，长3.0～4.5 mm。种子5～12，卵状椭圆形或椭圆形，长1.2～2.0 mm。花期7—8月，果期8—9月。

生　境　生于山野、路旁、荒地、田间小路、田边及住宅附近，常聚集成片生长。

分　布　东北地区各地。全国绝大部分地区。朝鲜、俄罗斯、日本、尼泊尔、马来西亚、印度尼西亚。

采　制　夏季未开花前采收全草，洗净，晒干。秋季果实成熟时，割取果穗，晒干后搓出种子，除去杂质，晒干。

性味功效　种子：味甘，性微寒。有清热利尿、渗湿通淋、明目、祛痰的功效。全草：味甘，性寒。有清热利尿、祛痰、凉血、解毒的功效。

主治用法　种子：用于泌尿系统感染、尿路结石、水肿胀满、小便不利、热淋涩痛、带下、尿血、衄血、急性黄疸型肝炎、细菌性痢疾、目赤肿痛、急性结膜炎、痰热

▲ 车前植株

▲ 车前种子

咳嗽、支气管炎及皮肤溃疡等。水煎服。内伤劳倦、阳气下陷、肾虚精滑及内无湿热者慎用。全草：用于水肿尿少、热淋涩痛、暑湿泻痢、吐血、衄血、痈肿、疮毒等。水煎服。外用鲜品捣烂敷患处。

用　量　种子：7.5～15.0 g。外用适量。全草：15～25 g（鲜品30～60 g）。

附　方

（1）治泌尿系感染：车前草、虎杖、马鞭草各50 g，茅根、蒲公英、海金沙各25 g，忍冬藤、紫花地丁、十大功劳各15 g。加水煎

成 300 ml，每日 1 剂，分 6 次服。

（2）治肠炎：鲜车前草 25 g（干品 15 g）。水煎服，每日 2 次。

（3）治小儿细菌性痢疾：鲜车前草 50 g。加适量水煎成 100 ml，每日服 30 ml，3 ~ 4 d 为一个疗程。平均 2 d 症状消失，大便次数正常。

（4）治慢性气管炎：车前草（干品）洗净，煎煮 2 次，过滤去渣，浓缩成膏，烘干粉碎制粒，压成 0.5 g 片剂。每次 2 片，每日 3 次（每日量相当于干品 50 g）。

（5）治慢性肾盂肾炎：车前草 50 g，柴胡、黄芩、金银花、蒲公英（或紫花地丁）、滑石各 25 g，生地、续断各 20 g，枳实、当归各 15 g，生甘草 5 g。水煎服。

（6）治小便不通：车前草 500 g，水 3000 ml，煎取 1500 ml，分三服。又方：用生车前草捣取自然汁半碗，入蜜一匙调下。或用车前子 50 g，炒微黄，每隔 3 ~ 5 min 嚼服少许，6 h 内全部吃完。

（7）治尿血、鼻出血、小便涩痛：车前草捣烂。取汁 300 ml，空腹服之。或用车前草、地骨皮、旱莲草各 15 g。水煎服。

（8）治水肿：车前子、牛蒡子、牵牛子各等量。研成细末，加适量白糖，每次 5 g，日服 3 次。

（9）治感冒：车前草、陈皮各适量。水煎服。

（10）治风热目暗涩痛：车前子、黄连各 50 g。研成末，食后温酒服 5 g，每日 2 次。

附　注　本品为《中华人民共和国药典》（2020 年版）收录的药材，也为东北地道药材。

▲ 车前花

▲ 车前花序

车前幼苗

▲ 车前幼株

◎参考文献◎

［1］江苏新医学院. 中药大辞典（上册）[M]. 上海：上海科学技术出版社，1977:401-404.

［2］朱有昌. 东北药用植物 [M]. 哈尔滨：黑龙江科学技术出版社，1989:1050-1052.

［3］《全国中草药汇编》编写组. 全国中草药汇编（上册）[M]. 北京：人民卫生出版社，1975:169-170.

▲ 市场上的车前植株（鲜）

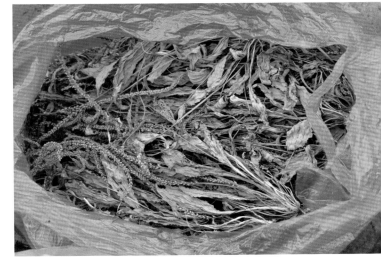

▲ 市场上的车前植株（干）

▲平车前植株（花期）

▼平车前果实

▲平车前花

平车前 *Plantago depressa* Willd.

别　　名	小车前　车轮草
俗　　名	车轱辘菜　驴耳朵菜　车前草　车串串
药用部位	车前科平车前的种子（称"车前子"）及全草（称"车前草"）。
原 植 物	一年生或二年生草本。直根长，具多数侧根。叶基生

呈莲座状，平卧、斜展或直立；叶椭圆形、椭圆状披针形或卵状披针形，长 3 ~ 12 cm。花序 3 ~ 10；花序梗长 5 ~ 18 cm；穗状花序细圆柱状，长 6 ~ 12 cm；苞片三角状卵形，长 2.0 ~ 3.5 mm；花萼长 2.0 ~ 2.5 mm，龙骨突宽厚；花冠白色，冠筒等长或略长于萼片，裂片极小，椭圆形或卵形；雄蕊着生于冠筒内面近顶端，同花柱明显外伸，花药长 0.6 ~ 1.1 mm，先端具宽三角状小突起；胚珠 5。蒴果卵状椭圆形至圆锥状卵形，长 4 ~ 5 mm，于基部上方裂开。种子 4 ~ 5，椭圆形，腹面平坦，长 1.2 ~ 1.8 mm，黄褐色至黑色。花期 6—7 月，果期 8—9 月。

生　境　生于山野、路旁、田埂、河边及住宅附近，常聚集成片生长。

分　布　东北地区各地。河北、山东、江苏、河南、安徽、江西、山西、陕西、湖北、四川、宁夏、甘肃、青海、云南、新疆、西藏。朝鲜、俄罗斯（西伯利亚）、蒙古、哈萨克斯坦、阿富汗、巴基斯坦、印度。

采　制　夏季未开花前采收全草，洗净，晒干。秋季果实成熟时，割取果穗，晒干后搓出种子，除去杂质，晒干。

性味功效　种子：味甘，性微寒。有清热利尿、渗湿通淋、明目、祛痰的功效。全草：味甘，性寒。有清热利尿、祛痰、

▲毛平车前植株

▼毛平车前幼株

▼平车前幼苗

▲平车前花序

▲平车前植株（果期）

▲市场上的平车前幼株

▲平车前种子

凉血、解毒的功效。

主治用法　种子：用于泌尿系统感染、尿路结石、水肿胀满、小便不利、热淋涩痛、带下、尿血、衄血、急性黄疸型肝炎、细菌性痢疾、目赤肿痛、急性结膜炎、痰热咳嗽、支气管炎及皮肤溃疡等。水煎服。内伤劳倦、阳气下陷、肾虚精滑及内无湿热者慎用。全草：用于水肿尿少、热淋涩痛、暑湿泻痢、吐血、衄血、痈肿、疮毒等。水煎服。外用鲜品捣烂敷患处。

用　　量　种子：7.5 ~ 15.0 g。外用适量。全草：15 ~ 25 g（鲜品30 ~ 60 g）。外用适量。

附　　注

（1）本品为《中华人民共和国药典》（2020 年版）收录的药材。

（2）在东北尚有 1 变种：

毛平车前 var. *montana* Kitag.，叶通常近全缘，与叶柄、花葶均密被毛。其他与原种同。

◎参考文献◎

［1］朱有昌. 东北药用植物 [M]. 哈尔滨：黑龙江科学技术出版社，1989：1052−1053.

［2］中国药材公司. 中国中药资源志要 [M]. 北京：科学出版社，1994：1198.

［3］江纪武. 药用植物辞典 [M]. 天津：天津科学技术出版社，2005：617.

大车前花

▲ 大车前幼株

大车前 *Plantago major* L.

别　名　大叶车前

俗　名　车轱辘菜　车轱辂菜　车轮菜籽　驴耳朵菜　牛舌草　猪耳朵草

药用部位　车前科大车前的种子（称 "车前子"）及全草（称 "车前草"）。

原植物　二年生或多年生草本。须根多数。根状茎粗短。叶基生呈莲座状；叶宽卵形至宽椭圆形，长 3 ~ 30 cm。花序 1 至数个；花序梗直立或弓曲上升，长 2 ~ 45 cm；穗状花序细圆柱状，1 ~ 40 cm；苞片宽卵状三角形，龙骨突宽厚；花萼长 1.5 ~ 2.5 mm，萼片先端圆形，边缘膜质，龙骨突不达顶端；花冠白色，无毛，冠筒等长或略长于萼片，裂片披针形至狭卵形，长 1.0 ~ 1.5 mm，于花后反折；雄蕊着生于冠筒内面近基部，与花柱明显外伸，花药椭圆形，长 1.0 ~ 1.2 mm；胚珠 12 ~ 40。蒴果近球形、卵球形或宽椭圆球形。种子 8 ~ 34，卵形、椭圆形或菱形，长 0.8 ~ 1.2 mm。花期 6—8 月，果期 7—9 月。

生　境　生于草地、草甸、河滩、沟边、沼泽地、山坡路旁、田边及荒地等处。

分　布　吉林集安。辽宁沈阳市区、铁岭、法库、开原、康平、朝阳、建平、彰武等地。河北、山西、山东、江苏、福建、台湾、陕西、广西、海南、四川、甘肃、青海、云南、新疆、西藏。朝鲜。北美洲。

▲市场上的大车前幼株

采　制　夏季未开花前采收全草，洗净，晒干。秋季果实成熟时，割取果穗，晒干后搓出种子，除去杂质，晒干。

性味功效　种子：味甘，性微寒。有清热利尿、渗湿通淋、明目、祛痰的功效。全草：味甘，性寒。有清热利尿、祛痰、凉血、解毒的功效。

主治用法　种子：用于泌尿系统感染、尿路结石、水肿胀满、小便不利、热淋涩痛、带下、尿血、衄血、急性黄疸型肝炎、细菌性痢疾、目赤肿痛、急性结膜炎、痰热咳嗽、支气管炎及皮肤溃疡等。水煎服。内伤劳倦、阳气下陷、肾虚精滑及内无湿热者慎用。全草：用于水肿尿少、热淋涩痛、暑湿泻痢、吐血、衄血、痈肿、疮毒等。水煎服。外用鲜品捣烂敷患处。

用　量　种子：7.5 ～ 15.0 g。外用适量。全草：15 ～ 25 g（鲜品30 ～ 60 g）。

▲大车前花序

▲大车前果实

▲ 大车前植株

◎参考文献◎

［1］中国药材公司. 中国中药资源志要 [M]. 北京：科学出版社，1994:1198.

［2］江纪武. 药用植物辞典 [M]. 天津：天津科学技术出版社，2005:618.

▲长叶车前幼株

长叶车前 *Plantago lanceolata* L.

别　　名　披针叶车前　欧洲车前　欧车前　窄叶车前

俗　　名　车轱辘菜　车轱轳菜

药用部位　车前科长叶车前的种子（称"车前子"）及全草（称"车前草"）。

原 植 物　多年生草本。直根粗长。根状茎粗短。叶基生呈莲座状；叶线状披针形、披针形或椭圆状披针形，长 6 ~ 20 cm。花序 3 ~ 15；花序梗直立或弓曲上升，长 10 ~ 60 cm；穗状花序幼时通常呈圆锥状卵形，成长后变短圆柱状或头状，长 1 ~ 8 cm，紧密；苞片卵形或椭圆形，长 2.5 ~ 5.0 mm；花萼长 2.0 ~ 3.5 mm，萼片龙骨突不达顶端，膜质侧片宽；花冠白色，裂片披针形或卵状披针形，长 1.5 ~ 3.0 mm，先端尾状急尖；雄蕊着生于冠筒内面中部，与花柱明显外伸，花药椭圆形，

▲长叶车前种子

▲长叶车前植株

长 2.5 ~ 3.0 mm；胚珠 2 ~ 3。蒴果狭卵球形，长 3 ~ 4 mm。种子 1 ~ 2，狭椭圆形至长卵形，长 2.0 ~ 2.6 mm。花期 5—6 月，果期 6—7 月。

生　境　生于山坡、路旁及草地等处，常聚集成片生长。

分　布　黑龙江哈尔滨、伊春、牡丹江、鸡西、七台河等地。吉林集安、磐石等地。辽宁大连。山东、江苏、浙江、江西、甘肃、云南、新疆。朝鲜、俄罗斯、蒙古。欧洲、北美洲。

采　制　夏季未开花前采收全草，洗净，晒干。秋季果实成熟时，割取果穗，晒干后搓出种子，除去杂质，晒干。

性味功效　味甘，性寒。有清热利尿、祛痰止咳、明目的功效。

主治用法　用于泌尿系统感染、尿路结石、肾炎水肿、小便不利、肠炎、菌痢、急性黄疸型肝炎、支气管炎、急性眼结膜炎等。水煎服。

用　量　全草：15 ~ 30 g。种子：3 ~ 9 g。

◎参考文献◎

［1］钱信忠.中国本草彩色图鉴（第四卷）[M].北京：人民卫生出版社，2003:131－132.

［2］中国药材公司.中国中药资源志要[M].北京：科学出版社，1994:1198.

［3］江纪武.药用植物辞典[M].天津：天津科学技术出版社，2005:618.

▲长叶车前果穗

▲长叶车前花序

▲ 盐生车前植株

盐生车前 *Plantago maritima* subsp. *ciliata* Printz

俗　名　车轱辘菜　车轱轳菜

药用部位　车前科盐生车前的种子（称"车前子"）及全草（称"车前草"）。

原植物　多年生草本。直根粗长。根状茎粗，长可达 5cm，常有分枝。叶簇生呈莲座状、平卧、斜展或直立，线形，长 7 ~ 32 cm，宽 2 ~ 8 mm，先端长渐尖，边缘全缘，平展或略反卷。花序 1 至多个；花序梗直立或弓曲上升，长 10 ~ 30 cm；穗状花序圆柱状，长 2 ~ 17 cm，紧密或下部间断；苞片三角状卵形或披针状卵形，长 2.0 ~ 2.5 mm，先端短渐尖，龙骨突厚，不达顶端；花萼长 2.2 ~ 3.0 mm，龙骨突厚，不达萼片顶端，前对萼片狭椭圆形，稍不对称，后对萼片宽椭圆形；花冠淡黄色，冠筒约与萼片等长，外面散生短毛，裂片宽卵形至长圆状卵形，长约 1.5 mm，于花后反折；胚珠 3 ~ 4。蒴果圆锥状卵形，长 2.7 ~ 3.0 mm。种子 1 ~ 2，椭圆形或长卵形，长 1.6 ~ 2.3 mm。花期 6—7 月，果期 7—8 月。

生　境　生于戈壁、盐湖边、盐碱地、河漫滩及盐化草甸等处。

分　布　黑龙江泰来、杜尔伯特、肇东、肇源等地。吉林通榆、洮南、镇赉、长岭等地。内蒙古新巴尔虎左旗、新巴尔虎右旗、扎鲁特旗、翁牛特旗、苏尼特左旗、苏尼特右旗等地。河北、陕西、甘肃、青海、新疆。俄罗斯、蒙古、哈萨克斯坦、吉尔吉斯斯坦、阿富汗、伊朗等。

附　注　其采制、性味功效、主治用法及用量同车前。

◎参考文献◎

［1］中国药材公司.中国中药资源志要 [M]. 北京：科学出版社，1994:1198.

［2］江纪武.药用植物辞典 [M]. 天津：天津科学技术出版社，2005:618.

▲ 盐生车前花序

条叶车前 *Plantago minuta* Pall.

别　　名　细叶车前　来森车前　小车前

药用部位　车前科条叶车前全草。

原 植 物　一年生草本。根状茎短。叶基生呈莲座状，平卧或斜展；叶片硬纸质，线形、狭披针形或狭匙状线形，长 3 ～ 8 cm，宽 1.5 ～ 8.0 mm，先端渐尖，边缘全缘，基部渐狭并下延，叶柄不明显，脉 3，基部扩大成鞘状。花序 2 至多数；穗状花序短圆柱状至头状，长 0.6 ～ 2.0 cm，紧密，有时仅具少数花；苞片宽卵形或宽三角形，长 2.2 ～ 2.8 mm，宽稍过于长，龙骨突延及顶端，先端钝圆；花萼长 2.7 ～ 3.0 mm，龙骨突较宽厚；花冠白色，冠筒约与萼片等长，裂片狭卵形，长 1.4 ～ 2.0 mm；雄蕊着生于冠筒内面近顶端，花丝与花柱明显外伸，花药近圆形，先端具三角形小尖头，长约1mm。蒴果卵球形或宽卵球形，长3.5 ～ 5.0 mm。种子2，椭圆状卵形或椭圆形，长2.5 ～ 4.0 mm。花期6—8月，果期7—9月。

生　境　生于戈壁滩、沙地、沟谷、河滩、沼泽地、盐碱地及田边等处。

分　布　内蒙古西乌珠穆沁旗、苏尼特右旗、苏尼特左旗等地。山西、陕西、宁夏、甘肃、青海、新疆、西藏。俄罗斯、蒙古、哈萨克斯坦等。

采　制　夏、秋季采收全草，洗净、晒干。

附　注　本种为青海省药用植物。收载于《青海省中草药野外辨认手册》一书中。

◎参考文献◎

［1］江纪武．药用植物辞典 [M]．天津：天津科学技术出版社，2005:618.

▲条叶车前花序

▼条叶车前植株（花期）

▲黑龙江南翁河国家级自然保护区湿地秋季景观

▲ 六道木植株

▲ 六道木花（侧）

▼ 六道木果实

忍冬科 Caprifoliaceae

本科共收录 6 属、16 种、1 变种、2 变型。

六道木属 *Abelia* R. Br.

六道木 *Abelia biflora* Turcz.

别　　名	二花六道木　六条木
俗　　名	降龙木
药用部位	忍冬科六道木的果实。
原植物	落叶灌木，高 1 ~ 3 m。叶矩圆形至矩圆状披针

形，长 2 ~ 6 cm。花单生于小枝上叶腋，无总花梗；花梗长 5 ~ 10 mm，被硬毛；小苞片三齿状，齿一长二短，花后不落；萼筒圆柱形，疏生短硬毛，萼齿 4，狭椭圆形或倒

▲ 六道木花

▲ 市场上的六道木茎

卵状矩圆形，长约 1 cm；花冠白色、淡黄色或带浅红色，狭漏斗形或高脚碟形，外面被短柔毛，杂有倒向硬毛，4 裂，裂片圆形，筒为裂片长的 3 倍，内密生硬毛；雄蕊 4，2 强，着生于花冠筒中部，内藏，花药长卵圆形；子房 3 室，仅 1 室发育，花柱长约 1 cm，柱头头状。果实具硬毛，冠以 4 枚宿存而略增大的萼裂片。种子圆柱形，长 4 ~ 6 mm。花期 5—6 月，果期 8—9 月。

生　境　生于多石质山地灌丛或高山岩石缝隙中。

分　布　黑龙江林口。吉林集安、通化、吉林等地。辽宁凌源、建昌、绥中、朝阳、北镇、凤城、本溪等地。内蒙古宁城。河北、山西。朝鲜。

采　制　夏季采收果实，除去杂质，

▲ 六道木枝条

▲六道木花（淡粉色）

洗净，晒干。

性味功效　有祛风湿、消肿毒的功效。

主治用法　用于风湿筋骨疼痛、痈毒红肿等。水煎服。外用捣烂敷患处或研末调敷。

用　　量　适量。

◎参考文献◎

［1］中国药材公司.中国中药资源志要 [M].北京：科学出版社，1994:1198.

［2］江纪武.药用植物辞典 [M].天津：天津科学技术出版社，2005:1.

▲六道木茎

▲ 小叶忍冬植株

忍冬属 *Lonicera* L.

小叶忍冬 *Lonicera microphylla* Willd. ex Roem. et Schult.

别　　名　麻配

药用部位　忍冬科小叶忍冬的枝叶及花蕾。

原 植 物　落叶灌木，高达 2～3 m。叶倒卵形、倒卵状椭圆形至椭圆形或矩圆形，长 5～22 mm。总花梗成对生于幼枝下部叶腋，长 5～12 mm，稍弯曲或下垂；苞片钻形，长略超过萼檐或达萼筒的 2 倍；相邻两萼筒几乎全部合生，萼檐浅短，环状或浅波状，齿不明显；花冠黄色或白色，长 7～14 mm，唇形，唇瓣长约等于基部一侧具囊的花冠筒，上唇裂片直立，矩圆形，下唇反曲；雄蕊着生于唇瓣基部，与花柱均稍伸出，花丝有极疏短糙毛，花柱有密或疏的糙毛。果实红色或橙黄色，圆形，直径 5～6 mm。种子淡黄褐色，光滑，矩圆形或卵状椭圆形，长 2.5～3.0 mm。花期 5—6 月，果熟期 8—9 月。

▼ 小叶忍冬花（侧）

▼ 小叶忍冬花

▲小叶忍冬枝条（果期）

▼小叶忍冬果实

▼小叶忍冬枝条（花期）

生　　境　生于干旱多石山坡、草地、灌丛、河谷疏林下及林缘等处。

分　　布　内蒙古正蓝旗、镶黄旗、正镶白旗、太仆寺旗等地。河北、山西、宁夏、甘肃、青海、新疆、西藏。蒙古、俄罗斯（西伯利亚）、阿富汗、印度。

采　　制　春、夏季未开花前采收茎枝，除去杂质，洗净，晒干。夏季采摘叶子，除去杂质，晒干。春季采摘花蕾，除去杂质，阴干。

性味功效　有清热解毒、强心消肿、固齿的功效。

用　　量　适量。

◎参考文献◎

[1] 中国药材公司. 中国中药资源志要 [M]. 北京：科学出版社，1994:1203-1204.

[2] 江纪武. 药用植物辞典 [M]. 天津：天津科学技术出版社，2005:476.

忍冬 *Lonicera japonica* Thunb.

| 别　　名 | 金银花　忍冬花 |

| 俗　　名 | 二宝花　茶叶花 |

药用部位　忍冬科忍冬的茎枝（称"忍冬藤"）、花蕾（称"金银花"）及果实（称"银花子"）。

原植物　半常绿藤本。枝条褐色至赤褐色。叶纸质，卵形至矩圆状卵形，长 3.0 ～ 9.5 cm。总花梗通常单生于小枝上部叶腋；苞片大，叶状，卵形至椭圆形，长达 2 ～ 3 cm；小苞片顶端圆形或截形，长约 1 mm；萼筒长约 2 mm，萼齿卵状三角形或长三角形；花冠白色，有时基部向阳面呈微红色，后变黄色，长 2 ～ 6 cm，唇形，筒稍长于唇瓣，很少近等长，外被多数少倒生的开展或半开展糙毛和长腺毛，上唇裂片顶端钝形，下唇带状而反曲；雄蕊和花柱均高出花冠。果实圆形，直径 6 ～ 7 mm，熟时蓝黑色，有光泽。种子卵圆形或椭圆形，褐色，长约 3 mm，中部有一凸起的脊。花期 6—7 月，果熟期 8—9 月。

生　　境　生于山坡灌丛或疏林中，常缠绕在其他树木上生长。

分　　布　吉林珲春、集安、靖宇等地。辽宁丹东市区、宽甸、东港、凤城、本溪、桓仁、鞍山市区、岫岩、庄河、盖州、海城、大连市区、营口、北镇、义县、建昌、绥中、凌源、喀左等地。全国大部分地区（除黑龙江、内蒙古、宁夏、青海、新疆、海南和西藏外）。朝鲜、日本。

采　　制　夏、秋季采摘花蕾，除去杂质，阴干；或用硫黄熏后干燥。生用或制成露剂。春、夏季未开花前采收茎枝，除去杂质，洗净，晒干。秋季采收成熟果实，除去杂质，晒干。

性味功效　茎枝：味甘，性寒。有清热解毒、通经活络的功效。花蕾：味甘，性寒。有清热解毒、疏散风热的功效。果实：味苦、涩，性凉。有凉血、化湿热的功效。

主治用法　茎枝：用于上呼吸道感染、流行性感冒、荨麻疹、腮腺炎、传染性肝炎、热毒血痢、筋骨疼痛、风湿性关节炎、疔疮肿毒及肺炎等。水煎服。外用熬水熏洗、熬膏贴或研末调敷。花蕾：用于上呼吸道感染、流行性感冒、扁桃体炎、急性乳腺炎、急性结膜炎、大叶性肺炎、肺脓肿、细菌性痢疾、急性阑尾炎、痈疖脓肿、丹毒、外伤感染、子宫颈糜烂、

▲忍冬花

芦　▲忍冬果实

瘰疬及痔瘘等。水煎服。气虚、寒湿及脾胃虚寒者忌服。果实：用于肠风、赤痢等。水煎服。

用　量 茎枝：15 ～ 50 g。外用适量。花蕾：15 ～ 25 g。果实：5 ～ 15 g。

附　方

（1）治感冒：（银翘散）金银花、连翘各 20 g，竹叶 25 g，荆芥穗 10 g，薄荷、甘草各 5 g，淡豆豉 15 g，牛蒡子、桔梗各 17.5 g，根 30 g。共研粗末，每次 30 g。水煎服。

（2）治钩端螺旋体病：预防：金银花、连翘各 50 g，白茅根 100 g，黄芩 30 g，藿香 20 g。在接触疫水期内，每日 1 剂，3 次煎服。又方：上方减白茅根 50 g，加栀子 25 g，淡竹叶（或竹叶卷心）20 g，通草 15 g。加水 500 ml，煮沸 0.5 h，取煎液，药渣煎 2 次，每次加水 200 ml，合并 3 次煎液，加冷开水至 600 ml。在发热期间，每服 100 ml。每隔 4 h 服 1 次。退热后，可每隔 6 h 服 1 次，每次服 150 ml。连服 3 ～ 5 d 以巩固疗效。

（3）治急性单纯性阑尾炎：金银花 100 ～ 150 g，蒲公英 50 ～ 100 g，甘草 15 ～ 25 g。每日 1 剂，早晚两次煎服。

（4）治出血性麻疹：金银花、紫草、赤芍、丹皮、生地黄各 15 g，生甘草 7.5 g。水煎服。

（5）治子宫颈糜烂：金银花粗粉 1 kg，体积分数为 40% 的酒精 1 500 ml。先浸 48 h 后，滤液煎至 400 ml。每日 1 ～ 2 次，外搽局部。7 ～ 12 d 为一个疗程。

（6）治外伤感染骨髓炎：金银花50 g，连翘40 g，地丁、野葡萄根各25 g，黄芩15 g，丹皮10 g。水煎服。

（7）治咽炎、大叶性肺炎、肺脓肿、支气管炎、皮肤感染：忍冬藤、芦竹根、三颗针、蒲公英各50 g，犁头草、紫花地丁各25 g。水煎服。每日1剂。

（8）治细菌性痢疾、肠炎：忍冬藤100 g，加水浸泡12 h，然后用文火煮3 h，加入适量蒸馏水，使溶液成为100 ml，过滤，再加少量质量分数0.1%安息香酸钠做防腐剂。每日每千克体重为1.6～2.4 ml，分4～6次服。

（9）治传染性肝炎：忍冬藤100 g。加水1 000 ml，煎至400 ml，早晚分服。15 d为一个疗程，每疗程间隔1～3 d。

（10）治一切内外痈肿：金银花200 g，甘草150 g。水煎顿服，能饮者用酒煎服。

（11）解农药中毒（1059、1605、4049等有机磷制剂）：金银花100～150 g，明矾10 g，大黄25 g，甘草100～150 g。水煎冷服，每剂做一次服，每日2剂。

▲忍冬植株

（12）治初期急性乳腺炎：金银花40 g，蒲公英25 g，连翘、陈皮各15 g，青皮、生甘草各10 g。水煎2次，并分2次服，每日1剂，严重者可1 d服两剂。

（13）治风湿性关节炎：忍冬藤50 g，豨莶草20 g，鸡血藤25 g，老鹳草25 g，白薇20 g。水煎服。

（14）治急性菌痢：金银花500 g，黄连、黄芩各150 g。制成煎剂1 000 ml，每服30 ml，每日4次，直至痊愈。又方：金银花320 g，紫皮大蒜1 000 g，茶叶1 200 g，甘草120 g。制成糖浆剂4 000 ml，成人每服20 ml，每日3次，连服2～7 d。

附　注

（1）花的蒸馏液入药，可治疗暑温口渴、热毒疮疖。

（2）本品为《中华人民共和国药典》（2020年版）收录的药材。

◎参考文献◎

［1］江苏新医学院.中药大辞典（上册）[M].上海：上海科学技术出版社，1977:1194-1196，1403-1405，1414，2169.

［2］朱有昌.东北药用植物[M].哈尔滨：黑龙江科学技术出版社，1989:1059-1061.

［3］《全国中草药汇编》编写组.全国中草药汇编（上册）[M].北京：人民卫生出版社，1975:540-542.

蓝靛果种子

▲ 蓝靛果植株

蓝靛果 *Lonicera caerulea* L. var. *edulis* Turcz. ex Herd.

别　　名	蓝果忍冬　蓝靛果忍冬　甘肃金银花
俗　　名	羊奶子　黑瞎子果　狗奶子　甸果　哈塘果　山茄子
药用部位	忍冬科蓝靛果的花蕾、嫩枝及叶。

原 植 物　落叶灌木，高 1.5 m。树皮片状剥裂。多分枝，直立或开展，老枝棕色，壮枝节部常有大型盘状的托叶，茎犹如贯穿其中。冬芽叉开，长卵形，顶锐尖，有时具副芽。叶矩圆形、卵状矩圆形或卵状椭圆形，稀卵形，长 2 ～ 10 cm，顶端尖或稍钝，基部圆形，两面疏生短硬毛，下面中脉毛较密且近水平开展。花生于叶腋；总花梗长 2 ～ 10 mm；苞片条形，长为萼筒的 2 ～ 3 倍；花冠黄白色，常带粉红色或紫色，长 1.0 ～ 1.3 cm，基部具浅囊，筒比裂片长 1.5 ～ 2.0 倍；雄蕊的花丝上部伸出花冠外；花柱无毛，伸出。浆果蓝黑色，稍被白粉，椭圆形至准圆状椭圆形，长约 1.5 cm。花期 5—6 月，果期 7—8 月。

生　　境　生于河岸、山坡、林缘等处，往往在光线充足的湿地生长比较旺盛，常成单优势的大面积群落。

分　　布　黑龙江塔河、呼玛、黑河、伊春市区、铁力、勃利、尚志、五常、海林、宁安、东宁、穆棱、密山、虎林、饶河、宝清、桦南、汤原等地。吉林长白、抚松、安图、和龙、靖宇、柳河、

▲ 蓝靛果果实（蓝色）

▼ 蓝靛果果实（杂色）

▲ 蓝靛果枝条（果期）

◀ 市场上的蓝靛果果实

▼ 蓝靛果枝条（花期）

临江、敦化、汪清等
地。内蒙古根河、阿尔
山、阿鲁科尔沁旗、克什
克腾旗、东乌珠穆沁旗、西
乌珠穆沁旗等地。河北、山西、
宁夏、四川、甘肃、青海、云南。
朝鲜、俄罗斯（西伯利亚中东部）、
日本。亚洲（西部）、欧洲。

采　　制　春末夏初采摘花蕾，
除去杂质，阴干。春、夏季采摘
嫩枝和叶，晒干。

性味功效　味甘，性凉。有清热
解毒、舒筋活络的功效。

主治用法　用于咽喉肿痛、疮疖、
感冒、热痢便血、目赤等。

用　　量　适量。

▲ 蓝靛果花

▼ 蓝靛果花（黄绿色）

▲ 蓝靛果花（侧）

◎参考文献◎

［1］钱信忠.中国本草彩色图鉴（第五卷）[M].北京：人民卫生出版社，2003:261-262.

［2］中国药材公司.中国中药资源志要[M].北京：科学出版社，1994:1200.

［3］江纪武.药用植物辞典[M].天津：天津科学技术出版社，2005:475.

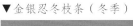
▲金银忍冬植株
▼金银忍冬枝条（冬季）

▲金银忍冬种子

金银忍冬 *Lonicera maackii*（Rupr.）Maxim.

别　　名　马氏忍冬　小花金银花

俗　　名　王八骨头　千层皮

药用部位　忍冬科金银忍冬的干燥花蕾。

原 植 物　落叶灌木，高达 4 m，茎干直径达 10 cm。叶卵状椭圆形至卵状披针形。花芳香，生于幼枝叶腋，总花梗长 1～2 mm，短于叶柄；苞片条形，有时条状倒披针形而呈叶状，长 3～6 mm；小苞片连合成对，长为萼筒的 1/2 至几相等，顶端截形；相邻两萼筒分离，长约 2 mm，萼檐钟状，为萼筒长的 2/3 至相等，干膜质，萼齿宽三

▲ 金银忍冬枝条（秋季）

角形或披针形，不相等，顶尖，裂隙约达萼檐之半；花冠先白色后变
黄色，长 1 ~ 2 cm，外被短伏毛或无毛，唇形，筒长约为唇瓣的
1/2；雄蕊与花柱长达花冠的约 2/3。果实暗红色，圆形，直
径 5 ~ 6 mm。种子具蜂窝状微小浅凹点。花期 5—6 月，
果期 9—10 月。

　　生　境　生于林下、灌丛间、荒山坡及河岸湿润
地等处。

　　分　布　黑龙江伊春市区、铁力、勃利、尚志、
五常、海林、延寿、林口、宁安、东宁、绥芬河、
穆棱、密山、虎林、饶河、宝清、桦南、汤原等地。
吉林长白山各地。辽宁宽甸、本溪、凤城、抚顺、
桓仁、鞍山市区、岫岩、庄河、大连市区、抚顺、
沈阳、西丰、北镇、彰武等地。河北、山西、山东、
江苏、安徽、浙江、河南、陕西、湖北、湖南、四川、
贵州、甘肃、云南、西藏。朝鲜、俄罗斯（西伯利亚中
东部）、日本。

　　采　制　春末夏初采摘含苞未放的花蕾，放在凉席上摊开，
晒干。

　　性味功效　味淡，性平。有清热解毒、祛风解表、消肿止痛的功效。

▲ 金银忍冬果实

▲金银忍冬枝条（夏季）

主治用法 用于上呼吸道感染、流行性感冒、扁桃体炎、急性乳腺炎、大叶性肺炎、肺脓肿、急性结膜炎等。水煎服。外用鲜品捣烂敷患处。

用　量 9 ~ 15 g。外用适量。

附　注 根、茎叶及全株也可入药，可治疗头晕、跌打损伤、梅毒等。

▼金银忍冬花

◎参考文献◎

[1] 钱信忠.中国本草彩色图鉴（第三卷）[M].北京：人民卫生出版社，2003:369-370.

[2] 中国药材公司.中国中药资源志要[M].北京：科学出版社，1994:1203.

[3] 江纪武.药用植物辞典[M].天津：天津科学技术出版社，2005:476.

市场上的金花忍冬枝条

▲ 金花忍冬植株

◀ 金花忍冬果实（红色）

▼ 金花忍冬果实（橙色）

金花忍冬 *Lonicera chrysantha* Turcz.

别　　名　黄花忍冬　黄金忍冬
俗　　名　王八骨头　黄金银花
药用部位　忍冬科金花忍冬的花蕾、嫩枝及叶。
原 植 物　落叶灌木，高达 4 m。叶菱状卵形、菱状披针形、倒卵形或卵状披针形，长 4 ~ 12 cm；总花梗细，长 1.5 ~ 4.0 cm；苞片条形或狭条状披针形，长 2.5 ~ 8.0 mm，常高出萼筒；小苞片分离，卵状矩圆形、宽卵形、倒卵形至近圆形，长约 1 mm，为萼筒的 1/3 ~ 2/3；相邻两萼筒分离，长 2.0 ~ 2.5 mm，常无毛而具腺，萼齿圆卵形、半圆形或卵形，顶端圆或钝；花冠先白色后变黄色，长 0.8 ~ 2.0 cm，外面疏生短糙毛，唇形，唇瓣长 2 ~ 3 倍于筒，基部有一深囊

▲金花忍冬枝条（果期）

或有时囊不明显；雄蕊和花柱短于花冠，花丝中部以下有密毛，药隔上半部有短柔伏毛。果实红色，圆形，直径约5 mm。花期5—6月，果期8—9月。

生　境　生于沟谷、林下、林缘及灌丛等处。

分　布　黑龙江塔河、呼玛、黑河、伊春市区、铁力、勃利、尚志、五常、海林、延寿、林口、宁安、东宁、绥芬河、穆棱、密山、虎林、饶河、宝清、桦南、汤原等地。吉林长白山各地。辽宁本溪、桓仁、宽甸、鞍山市区、岫岩、凌源、建昌等地。内蒙古牙克石、阿尔山、科尔沁右翼前旗等地。河北、山东、江西、河南、湖北、山西、陕西、四川、宁夏、甘肃、青海。朝鲜、俄罗斯（西伯利亚）。

▼金花忍冬幼株

▲ 金花忍冬枝条（花期）

▼ 金花忍冬花

▲ 金花忍冬花（背）

采　　制　春末夏初采摘花蕾，除去杂质，阴干。春、夏季采摘嫩枝和叶，除去杂质，洗净，晒干。

性味功效　有清热解毒、消散痈肿、消炎的功效。

主治用法　用于热毒疮痈。

用　　量　适量。

◎参考文献◎

［1］中国药材公司. 中国中药资源志要 [M]. 北京：科学出版社，1994:1120.

［2］江纪武. 药用植物辞典 [M]. 天津：天津科学技术出版社，2005:475.

▲葱皮忍冬植株

▲葱皮忍冬花（白色）

▼葱皮忍冬花（金黄色）

葱皮忍冬 *Lonicera ferdinandii* Franch.

别　名　波叶忍冬　秦岭忍冬　秦岭
金银花

俗　名　狗奶子

药用部位　忍冬科葱皮忍冬的叶。

原植物　落叶灌木，高达3 m。
壮枝的叶柄间有盘状托叶。叶卵形
至卵状披针形或矩圆状披针形，长
3～10 cm。苞片大，叶状，披针形
至卵形，长达1.5 cm；小苞片合生成
坛状壳斗，完全包被相邻两萼筒，直
径约2.5 mm，果熟时达7～13 mm；
萼齿三角形，顶端稍尖，被睫毛；花

冠白色,后变淡黄色,长 1.3 ~ 2.0 cm,外面密被反折短刚伏毛、开展的微硬毛及腺毛,唇形,筒比唇瓣稍长或近等长,基部一侧肿大,上唇浅 4 裂,下唇细长反曲;花柱上部有柔毛。果实红色,卵圆形,长达 1 cm,外包撕裂的壳斗,各含 2 ~ 7 颗种子。种子椭圆形,长 6 ~ 7 mm,密生锈色小凹孔。花期 5—6 月,果期 9—10 月。

生　境　生于向阳山坡林中或林缘灌丛中。

分　布　黑龙江东宁、宁安等地。吉林集安。辽宁宽甸、大连等地。河北、河南、山西、陕西、四川、宁夏、甘肃、青海。朝鲜。

采　制　春末夏初采摘嫩叶,放在凉席上摊开,晒干。

性味功效　有清热解毒、抗菌消炎的功效。

用　量　适量。

◎参考文献◎

[1] 江纪武. 药用植物辞典 [M]. 天津:天津科学技术出版社,2005:475.

◀葱皮忍冬果实　　　　　　　　　　　▼葱皮忍冬枝条

▲华北忍冬枝条

◀华北忍冬种子

▼华北忍冬果实

华北忍冬 *Lonicera tatarinowii* Maxim.

别　名　藏花忍冬　华北金银花　秦氏忍冬

俗　名　王八骨头

药用部位　忍冬科华北忍冬的干燥花蕾和嫩枝。

原植物　落叶灌木，高达 2 m。叶矩圆状披针形或矩圆形，长 3 ~ 7 cm。总花梗纤细，长 1.0 ~ 2.5 cm；苞片三角状披针形，长约为萼筒之半，无毛；杯状小苞长为萼筒的 1/5 ~ 1/3，有缘毛；相邻两萼筒合生至中部以上，很少完全分离，长约 2 mm，无毛，萼齿三角状披针形，不等形，比萼筒短；花冠黑紫色，唇形，长约 1 cm，筒长为唇瓣的 1/2，基部一侧稍肿大，上唇两侧裂深达全长的 1/2，中裂较短，下唇舌状；雄蕊生于花冠喉部，约与唇瓣等长；子房 2 ~ 3

▲ 华北忍冬花

室。果实红色，近圆形，直径 5 ~ 6 mm。种子褐色，矩圆形或近圆形，长 3.5 ~ 4.5 mm，表面颗粒状而粗糙。花期 6—7 月，果期 8—9 月。

生　境　生于山坡杂木林或灌丛中。

分　布　黑龙江虎林、密山等地。吉林长白、抚松、安图、和龙、蛟河等地。辽宁本溪、凤城、桓仁等地。内蒙古宁城。河北、山东。朝鲜、蒙古。

▼ 华北忍冬花（侧）

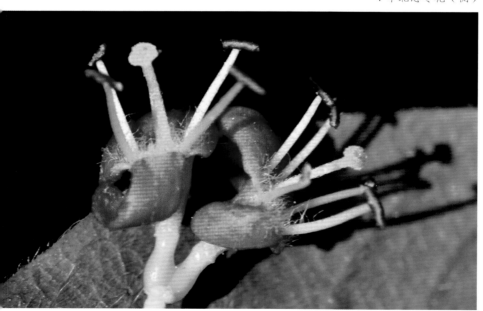

采　制　春末夏初采摘含苞未放的花蕾，放在凉席上摊开，晒干。春、夏季采摘嫩枝，除去杂质，洗净，晒干。

性味功效　有祛风湿、通经络的功效。

用　量　适量。

◎参考文献◎

[1] 中国药材公司. 中国中药资源志要 [M]. 北京：科学出版社，1994:1205-1206.

[2] 江纪武. 药用植物辞典 [M]. 天津：天津科学技术出版社，2005:477.